电子设计创新指导

张循利　张成亮　编著

科 学 出 版 社

北　京

内 容 简 介

电子电路设计与制作是一门实践性、应用性很强的课程。本书由浅入深，从元器件的识别、装配到常用电路设计，全面介绍电子电路设计、制作所需基础知识和技术技能。本书共 6 章，主要内容包括电子元器件及选用、电子工艺基础、模拟电子电路、数字电子电路、常用电子电路设计、传感器及其应用。

本书可作为高等学校电子信息类专业本科生教材，也可供高职高专相关专业作实践教材使用。

图书在版编目(CIP)数据

电子设计创新指导/张循利，张成亮编著. —北京：科学出版社，2020.4
ISBN 978-7-03-064112-0

Ⅰ. ①电… Ⅱ. ①张… ②张… Ⅲ. ①电子电路-电路设计 Ⅳ. ①TN702

中国版本图书馆 CIP 数据核字(2019)第 295326 号

责任编辑：潘斯斯/责任校对：王萌萌
责任印制：赵 博/封面设计：迷底书装

科学出版社出版
北京东黄城根北街 16 号
邮政编码：100717
http://www.sciencep.com
北京厚诚则铭印刷科技有限公司印刷
科学出版社发行 各地新华书店经销
*
2020 年 4 月第 一 版 开本：720×1000 1/16
2025 年 1 月第五次印刷 印张：13
字数：295 000

定价：59. 00 元
(如有印装质量问题，我社负责调换)

前　言

随着新一轮科技革命和产业变革的蓬勃兴起，新工科的建设与发展已成为新时代经济社会发展的迫切需要。2017年2月，教育部适时推出了新工科建设计划，新工科建设迅速成为高等教育界关注的热点。如何加强工科大学生的工程实践能力和创新创业能力，成为各高校教学改革的重点。我们在滨州学院的大力支持下，从培养学生兴趣出发，以理论知识满足教学基本要求、重点突出实践应用为主导思想编写了本书。

本书降低理论学习难度，增强知识的扩展应用。通过本书的学习和实践，学生可以学会基本电路设计的理论和方法，掌握电子系统制作和调试的技能。本书帮助学生树立从实际出发的工程观念，培养他们的创新意识，为今后从事工程技术工作打下坚实的基础。

本书共6章，主要内容包括电子元器件及选用、电子工艺基础、模拟电子电路、数字电子电路、常用电子电路设计、传感器及其应用。

本书由张循利、张成亮编写，其中，张成亮负责编写第1～4章，张循利负责编写第5、6章。在本书编写过程中还得到高海阔老师和王健同学的热心帮助，在此一并表示感谢。

由于编者学识水平有限，书中不足之处在所难免，敬请读者批评指正。

编　者

2019年9月

目　　录

第 1 章　电子元器件及选用

1.1　电　阻　器

1.1.1　电阻器的种类与特性

电阻器通常简称为电阻，在电路中起限流、分流、降压、分压、负载及阻抗匹配等作用，还可与电容配合做滤波器，是电气设备中使用最多的元器件之一。

1. 电阻器的分类

电阻器的种类繁多，按其材料可分为碳膜电阻器、金属膜电阻器和线绕电阻器。

(1) 碳膜电阻器，如图 1-1 所示。碳膜电阻器是由碳沉积在瓷质基体上制成的，通过改变碳膜的厚度或长度得到不同的电阻值。其特点是价格低、高频特性好，但精度较差。碳膜电阻器是目前应用最广泛的电阻器，主要应用在各种电子产品中。

图 1-1　碳膜电阻器

(2) 金属膜电阻器，如图 1-2 所示。金属膜电阻器是由金属合金粉沉积在瓷质基体上制成的，通过改变金属膜的厚度或长度得到不同的电阻值。其特点是耐高温、精度高、高频特性好。金属膜电阻器主要应用于精密仪器仪表等电子产品中。

(3) 线绕电阻器，如图 1-3 所示。线绕电阻器是用康铜丝或锰铜丝缠绕在绝缘骨架上制成的。其特点是耐高温、精度高、噪声小、功率大，但高频特性差。线绕电阻器主要应用于低频的精密仪器仪表等电子产品中。

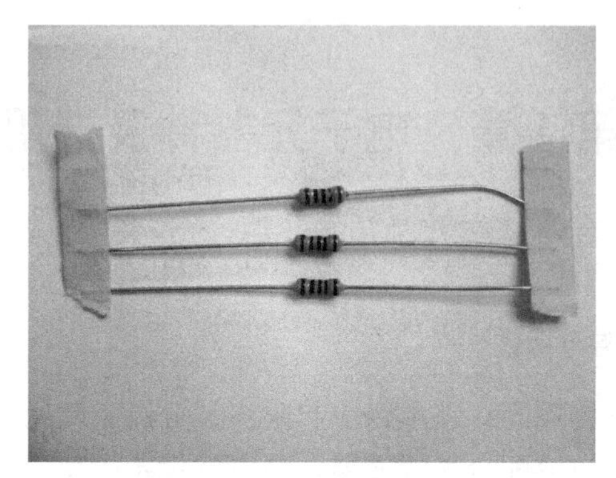

图 1-2　金属膜电阻器

图 1-3　线绕电阻器

(4)水泥电阻器，如图 1-4 所示。水泥电阻器是一种陶瓷绝缘功率型线绕电阻器。其特点是功率大、散热好、阻值稳定、绝缘性强。水泥电阻器主要应用于彩色电视机、计算机及精密仪器仪表等电子产品中。

图 1-4　水泥电阻器

按电阻的功能，电阻器可分为保险电阻器、压敏电阻器、热敏电阻器。

(1) 保险电阻器，如图 1-5 所示。保险电阻器在正常情况下具有普通电阻器的功能，一旦电路出现故障，超过其额定功率时，它会在规定时间内断开电路，从而达到保护其他元器件的作用。保险电阻器分为不可修复型和可修复型两种。

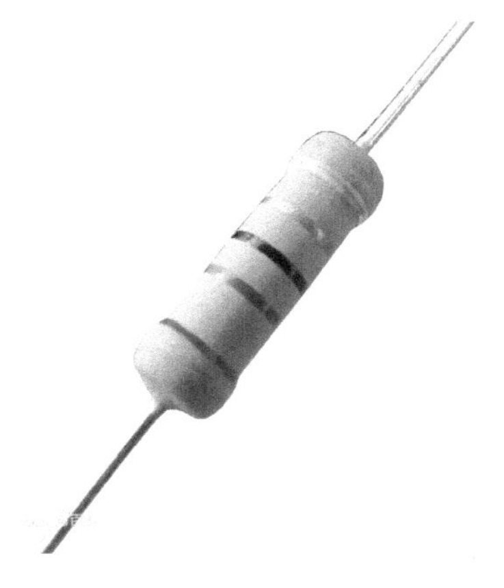

图 1-5　保险电阻器

(2) 压敏电阻器，如图 1-6 所示。压敏电阻器是一种对电压十分敏感的电阻器件，其导电性能随施加的电压呈非线性变化。当压敏电阻器两端电压低于其标称值时，呈高阻状态，相当于开路；当电压高于其标称值时，阻值急剧下降，呈低阻状态，使过电压通过它泄放，从而达到保护其他元器件的作用。一旦过电压消失，压敏电阻器就恢复高阻状态。压敏电阻器应用于彩色电视机、冰箱、洗衣机、传真机、漏电保护器等电子产品中。

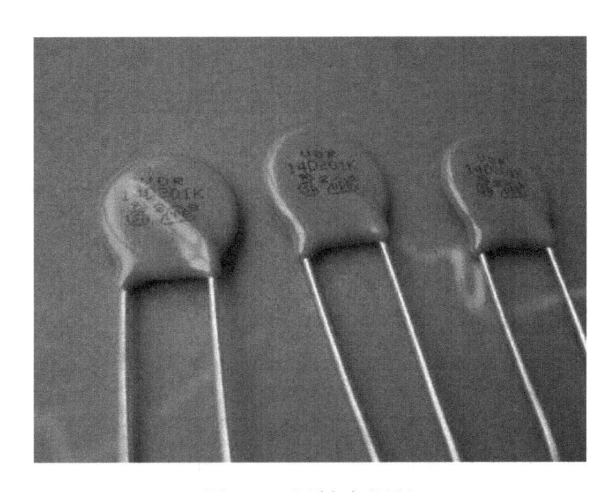

图 1-6　压敏电阻器

(3)热敏电阻器，如图1-7所示。热敏电阻器是一种对温度十分敏感的电阻器件，其阻值随温度变化而显著变化。阻值随温度升高而减小的热敏电阻器称为负温度系数热敏电阻器，用NTC表示；阻值随温度升高而增大的热敏电阻器称为正温度系数热敏电阻器，用PTC表示。在温度测量和温度补偿等电路中通常采用NTC热敏电阻器。彩色电视机的消磁电阻器、各种电路的过载保护等通常采用PTC热敏电阻器，PTC热敏电阻器也可作为发热元件用于加热保温设备中。

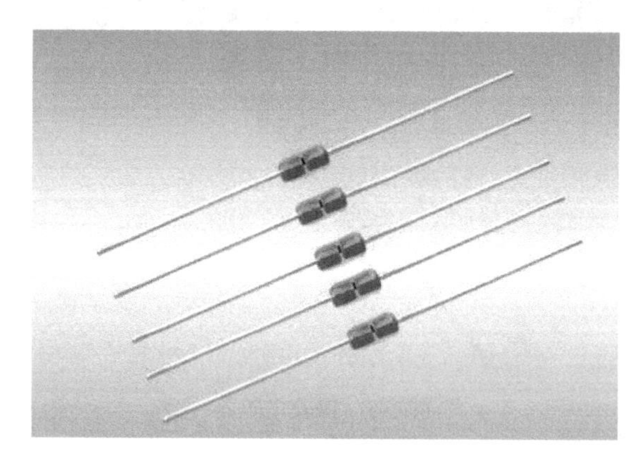

图1-7　热敏电阻器

2. 电阻器的参数和标注方法

电阻器的主要参数有标称阻值和允许误差、额定功率、温度系数、电压系数、最大工作电压、噪声电动势、频率特性及老化系数等。

1)标称阻值和允许误差

标称阻值是指电阻器上标出的名义阻值。而实际阻值往往与标称阻值有一定的偏差，这个偏差与标称阻值的百分比称为允许误差。国家标准规定普通电阻器的允许误差分为±5%、±10%和±20%三个等级。产品上标示的阻值，其单位为欧(Ω)、千欧(kΩ)、兆欧(MΩ)，标称阻值都应符合表1-1所列数值乘以$10^N\Omega$，其中，N为整数。例如，2.2这个标称阻值系列就有0.22Ω、2.2Ω、22Ω、220Ω、2.2kΩ、22kΩ等。

电阻器的标称阻值系列及允许误差见表1-1。

表示电阻器的标称阻值和允许误差的方法有直标法、色标法、文字符号直标法和数码法四种形式。

(1)直标法：在电阻器表面，直接用数字与单位符号标出阻值和允许误差。若电阻器上未标注偏差，则均为±20%。例如，在电阻器上印有22kΩ±5%，表示该电阻器的阻值为22kΩ，允许误差为±5%。

表 1-1　电阻器的标称阻值系列及允许误差

允许误差	系列代号	标称阻值系列
5%	E24	1.0 1.1 1.2 1.3 1.5 1.6 1.8 2.0 2.2 2.4 2.7 3.0 3.3 3.6 3.9 4.3 4.7 5.1 5.6 6.2 6.8 7.5 8.2 9.1
10%	E12	1.0 1.2 1.5 1.8 2.2 2.7 3.3 3.9 4.7 5.6 6.8 8.2
20%	E6	1.0 1.5 2.2 3.3 4.7 6.8

(2) 色标法：是将电阻器的类别及主要技术参数的数值用颜色(色环或色点)标注在它的外表面上。色标电阻(色环电阻)器可分为三环、四环、五环三种标法。其含义如图 1-8 和图 1-9 所示。

标称阻值第一位有效数字
标称阻值第二位有效数字
标称阻值有效数字后0的个数
允许误差

颜色	第一位有效值	第二位有效值	倍率	允许偏差
黑	0	0	10^{0}	
棕	1	1	10^{1}	
红	2	2	10^{2}	
橙	3	3	10^{3}	
黄	4	4	10^{4}	
绿	5	5	10^{5}	
蓝	6	6	10^{6}	
紫	7	7	10^{7}	
灰	8	8	10^{8}	
白	9	9	10^{9}	–20% ~ +50%
金			10^{-1}	±5%
银			10^{-2}	±10%
无色				±20%

图 1-8　两位有效数字阻值的色环表示法

三色环电阻器的色环表示标称阻值(允许误差均为±20%)。例如，色环为棕黑红，表示 10×10^{2}＝1.0kΩ±20%的电阻器。

四色环电阻器的色环表示标称阻值(二位有效数字)及精度。例如，色环为棕绿橙金表示 15×10^{3}＝15kΩ±5%的电阻器。

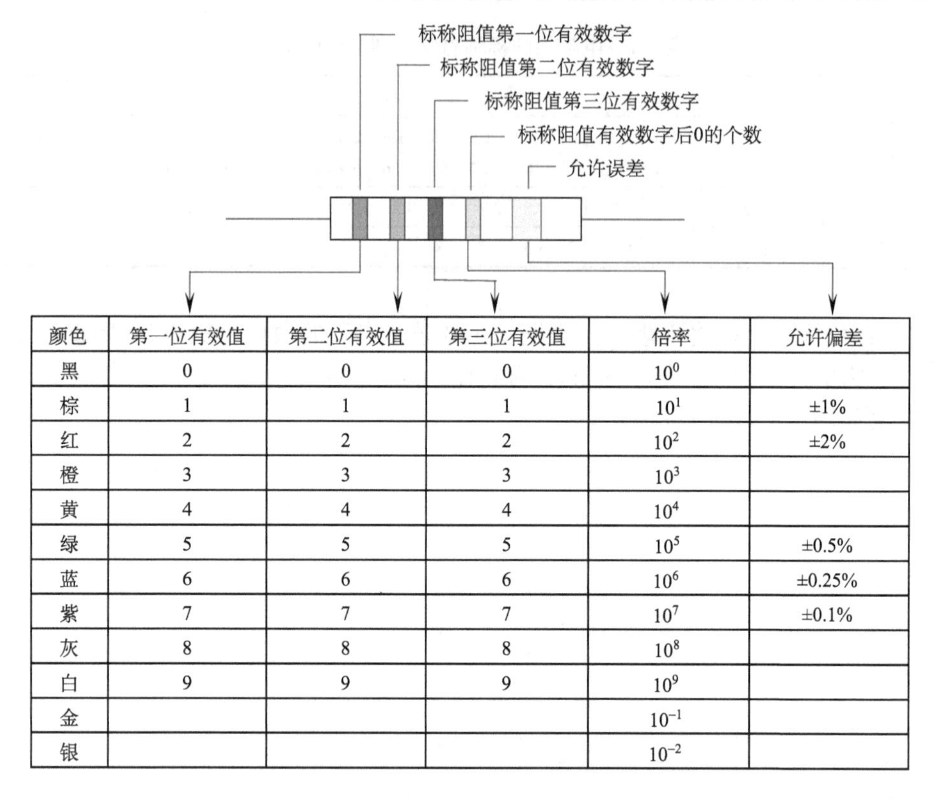

颜色	第一位有效值	第二位有效值	第三位有效值	倍率	允许偏差
黑	0	0	0	10^0	
棕	1	1	1	10^1	±1%
红	2	2	2	10^2	±2%
橙	3	3	3	10^3	
黄	4	4	4	10^4	
绿	5	5	5	10^5	±0.5%
蓝	6	6	6	10^6	±0.25%
紫	7	7	7	10^7	±0.1%
灰	8	8	8	10^8	
白	9	9	9	10^9	
金				10^{-1}	
银				10^{-2}	

图 1-9　三位有效数字阻值的色环表示法

五色环电阻器的色环表示标称阻值(三位有效数字)及精度。例如，色环为红紫绿黄棕表示 275×10^4=2.75MΩ±1%的电阻器。

一般四色环和五色环电阻器表示允许误差的色环的特点是该环离其他环的距离较远。较标准的表示应是表示允许误差的色环的宽度是其他色环的1.5～2倍。

有些色环电阻器由于厂家生产不规范，无法用上面的特征判断，这时只能借助万用表判断。

(3)文字符号直标法：用阿拉伯数字和文字符号两者有规律地组合起来表示标称阻值、额定功率、允许误差等级等。文字符号 R、K、M、G、T 表示电阻单位。文字符号前面的数字表示阻值的整数部分，后面的数字依次表示第一位小数阻值和第二位小数阻值。其文字符号所表示的单位如表 1-2 所示，如 1R5 表示 1.5Ω，2K7 表示 2.7kΩ。

表 1-2　文字符号直标法

文字符号	R	K	M	G	T
表示单位	欧姆(Ω)	千欧姆(10^3Ω)	兆欧姆(10^6Ω)	千兆欧姆(10^9Ω)	兆兆欧姆(10^{12}Ω)

例如：

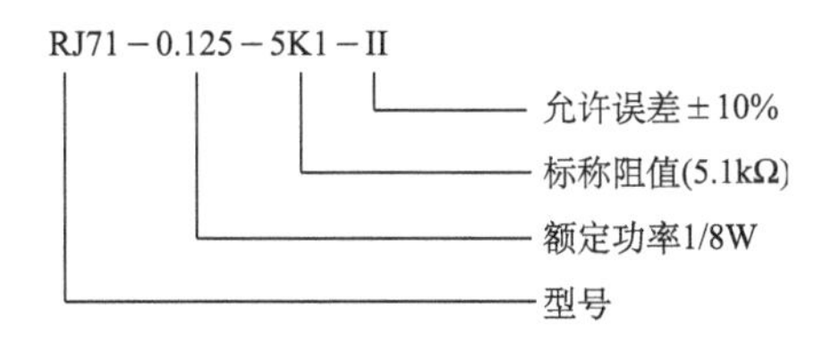

由标号可知，它是精密金属膜电阻器，额定功率为 1/8W，标称阻值为 5.1kΩ，允许误差为±10%。

(4) 数码法：在电阻器上用三位数码表示标称阻值的表示方法。数码从左到右，第一、二位为有效值，第三位为指数，即零的个数，单位为Ω。偏差通常采用文字符号表示，如表 1-3 所示。

表 1-3　数码法表示允许误差的文字符号

文字符号	D	F	G	J	K	M
允许偏差	±0.5%	±1%	±2%	±5%	±10%	±20%

2) 额定功率

电阻器在电路中长时间连续工作不损坏或不显著改变其性能所允许消耗的最大功率称为电阻器的额定功率。电阻器的额定功率并不是电阻器在电路中工作时一定要消耗的功率，而是电阻器在电路工作中所允许消耗的最大功率。为保证安全使用，一般选额定功率比它在电路中消耗的功率高 1～2 倍的电阻器。

3) 温度系数

电阻器的温度系数表示电阻器的稳定性随温度变化的特性。温度系数越大，其稳定性越差。

4) 电压系数

电压系数指外加电压每改变 1V 时，电阻器阻值相对的变化量。电压系数越大，电阻器对电压的依赖性越强。

5) 最大工作电压

最大工作电压指电阻器长期工作不发生过热或电击穿损坏时的电压。如果电压超过规定值，电阻器内部产生火花，引起噪声，甚至损坏。

1.1.2　电阻器的选用

1. 电阻值

首先需要选择的是电阻器的标称阻值，然后需要了解电阻器的工作温度、过电压及使用环境等，这些均能使阻值漂移。不同结构、不同工艺水平的电阻器，电阻值的精度及漂移值不同。在选用时，应注意这些影响电阻值的因素。

2. 额定功率

电阻器的额定功率需要满足电路设计所需电阻器的最小额定功率。在直流状态下，功率$P = I^2R$，其中，I为流经电阻器的电流值。选用时，电阻器的额定功率应大于这个值。在脉冲条件和间歇负荷下，电阻器能承受的实际功率可大于额定功率，但需注意：跨接在电阻器上的最高电压不应超过允许值；不允许连续过负荷；平均功率不得超过额定功率；电位器的额定功率是考虑整个电位器在电路中的加载情况，对部分加载情况下的额定功率应相应下调。

3. 高频特性

在高频时，阻值会随频率而变化。线绕电阻器的高频性能最差，合成电阻器次之，薄膜电阻器具有最好的高频性能。在频率高达 100 MHz 时，大多数薄膜电阻器的有效直流电阻的阻值尚能基本保持不变，但频率进一步升高时，阻值随频率的变化而变化显著。

4. 质量等级和质量系数

具体产品的相应质量级别和质量系数可查阅有关标准。

5. 各种电阻器的主要应用范围

碳膜电阻器的特点是价格低、体积小、过载能力强，但阻值稳定性差，热噪声和电流噪声均较大，电压系数和温度系数也较大。其主要用于初始容差不高于±5%、长期稳定性要求不高于±15%的电路中。

金属膜电阻器和金属氧化膜电阻器的高频性能好、电流噪声低、非线性较小、温度系数小、性能稳定，但功率较小。其主要用于要求高稳定、长寿命、高精度的场合，特别适合于高频应用，如高频调谐电路等。

线绕电阻器的特点是稳定性好、温度系数小、电压系数小、功率型的额定功率大，但体积大，且不能用于高频(50kHz 以上)。

碳膜电位器价格低，但稳定性不高，可用于长期稳定性不高于±20%的场合。其主要用于调整晶体管偏压，调整 RC 网络的时间常数和脉冲发生器的频率等。

线绕电阻器有精密型、半精密型和功率型等数种，分别用在有精度要求或功率要求的部位。

1.1.3　电阻器应用时应注意的问题

1. 电阻器的安装

电阻器安装时必须进行热设计，即考虑散热。大型功率电阻器应安装在金属底座上，以便散热。不能在没有散热器的情况下，将功率电阻器直接装在接线端或印制板上。功率电阻器应尽可能安装在水平位置，引线长度应短些，使其与印制(电路)板的接点能起散热作用，但又不能太短，且最好稍弯曲，以允许热胀冷缩，若用安装架，则要考虑其热胀冷缩的应力。当电阻器成行或成列安装时，要考虑通风的限制和相互散热的影响，并将其适当组合。在需要补充绝缘时，需考虑随之带来的散热问题。

2. 降额应用

对于固定电阻器和电位器，影响可靠性的最重要因素为电压、功率和环境温度；而对于热敏电阻器，则主要是功率和环境温度。因此，应对上述参数分别进行降额应用。因为合成电阻器为负温度系数和负电压系数，阻体易于烧坏，所以对其电压降额时应特别注意。各种金属膜电阻器和金属氧化膜电阻器在高频工作情况下，阻值下降；在低气压工作情况下，可承受最高工作电压将降低，降额应用时应特别注意。线绕功率电阻器可以经受比稳态工作电压高得多的脉冲电压，在使用中可作相应降额。对于电位器，应考虑随大气压力的降低，其承受最高工作电压将降低，在低气压应用时应进一步降额。

注意不同类型和不同阻值的电阻器都有使用电压的门限值。即使功率降额幅度很大(电流很小的情况下)，电压高于门限值，电阻器也会被烧毁。同时，对于各种类型的电阻器，其电流也不能高于其载体容限。在降额应用电阻器时(其他电子元器件也是如此)，其散热措施(本身或外置的)也是需要考虑的因素。

大量实验证明，当电阻器降额数低于 10%时，将得不到预期的降额效果，失效率会有所增加。因此，电阻器降额系数通常以 10%作为可靠性降额设计的下限值。

3. 防静电

容差较小(如±0.1%)的金属膜电阻器易受静电损伤。对于体积小、电阻率高的薄膜电阻器，静电可使其阻值发生显著变化(一般变小)，温度系数也相应变化。

4. 脉冲峰值电压

在脉冲工作时，即使平均功率不超过额定值，脉冲峰值电压和峰值功率也不允许太高，应满足下列要求：碳膜电阻器峰值电压不超过额定电压的 2 倍，峰值功率不得高于额定功率的 3 倍；薄膜电阻器峰值电压不超过额定电压的 1.4 倍，峰值功率不超过额定功率的 4 倍；线绕电阻器可以承受比通常工作电压高得多的脉冲，但在使用中要相应地降额。

5. 辅助绝缘

当电阻器或电位器与地之间的电位差大于 250 V 时，需要采用辅助绝缘措施，以防绝缘击穿。

1.1.4 零欧姆电阻的作用

零欧姆电阻又称为跨接电阻器，是一种特殊用途的电阻，多用于 PCB 设计等方面。主要应用如下。

(1) 在电路中没有任何功能，只是在 PCB 上为了调试方便或兼容设计等原因。

(2) 可以做跳线用，如果某段线路不用，直接不贴该电阻即可(不影响外观)。

(3) 在匹配电路参数不确定时，以零欧姆电阻代替，实际调试的时候，先确定参数，再以具体数值的元件代替。

(4) 想测某部分电路的耗电流时，可以去掉零欧姆电阻，接上电流表，这样方便测耗电流。

(5) 在布线时，如果实在布不过去，也可以加一个零欧姆电阻。

(6) 在高频信号下，充当电感或电容(与外部电路特性有关)用，主要是解决 EMC 问题。如地与地，电源和集成电路引脚间。

(7) 单点接地(指保护接地、工作接地、直流接地在设备上相互分开，各自成为独立系统)。只要是地，最终都要接到一起，然后入大地。如果不接在一起就是“浮地”，存在压差，容易积累电荷，造成静电。地是参考 0 电位，所有电压都是参考地得出的，地的标准要一致，故各种地应短接在一起。人们认为大地能够吸收所有电荷，始终维持稳定，是最终的地参考点。虽然有些板子没有接大地，但发电厂是接大地的，板子上的电源最终还是会返回发电厂入地。如果把模拟地和数字地大面积直接相连，会导致互相干扰，不短接又不妥。零欧姆电阻相当于很窄的电流通路，能够有效地限制环路电流，使噪声得到抑制。电阻在所有频带上都有衰减作用(零欧姆电阻也有阻抗)。

(8) 熔丝作用。做电路保护，充当低成本熔丝，如 USB 电路中以零欧姆电阻充当 USB 过流保护。PCB 上印制线的熔断电流较大，如果发生短路过流等故障，很难熔断，可能会带来更大的事故。由于零欧姆电阻电流承受能力比较弱，过流时就先将零欧姆电阻熔断了，从而将电路断开，防止更大事故的发生。

(9) 跨接时用于电流回路。当分割电地平面后，信号最短回流路径断裂，此时，信号回路不得不绕道，形成很大的环路面积，电场和磁场的影响就变强了，容易干扰/被干扰。在分割区上跨接零欧姆电阻，可以提供较短的回流路径，减小干扰。

(10)配置电路。一般产品上不要出现跳线和拨码开关。有时用户会乱动设置，容易引起误会，为了减少维护费用，应用零欧姆电阻代替跳线等焊在 PCB 上。空置跳线在高频时相当于天线，用贴片电阻效果更好。

1.2 电 容 器

1.2.1 电容器的种类与特性

电容器是一种储存电能的元件，由两个金属电极中间夹一层绝缘材料介质构成，在电路中起交流耦合、旁路、滤波、信号调谐等作用。

1. 电容器的分类

电容器按结构可分为固定电容器、可变电容器、微调电容器；按介质可分为空气介质电容器、固体介质(云母、独石、陶瓷、涤纶等)电容器及电解电容器(CD)；按有无极性可分为有极性电容器和无极性电容器。其中，云母、独石电容器具有较高的耐压性；电解电容器有极性，且具有较大的容量。

1)固定电容器

依据电容器的介质不同，固定电容器也有很多种类，如电解电容器、陶瓷电容器、云母电容器、纸介电容器、金属化纸介电容器、薄膜电容器等。电容器的电路符号如图 1-10 所示。

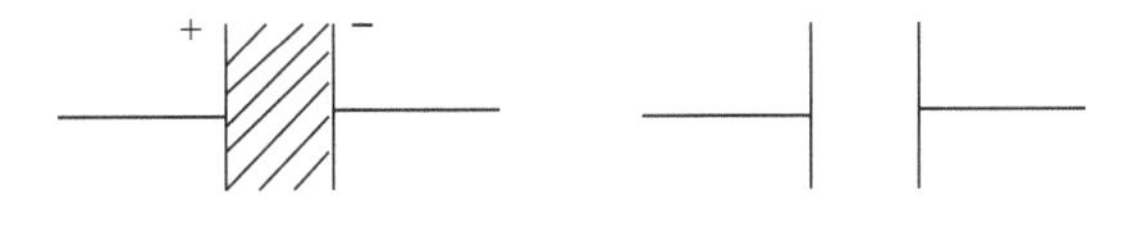

图 1-10　电容器的电路符号

(1)电解电容器。电解电容器有铝电解电容器和钽铌电解电容器两类。

铝电解电容器，是由铝圆筒做负极、里面装有液体电解质，插入一片弯曲的铝带做正极制成的。还需经直流电压处理，在正极的片上形成一层氧化膜做介质。其特点是容量大，但是漏电大、稳定性差，适用于电源滤波或低频电路中。

钽铌电解电容器，用金属钽或者铌做正极，用稀硫酸等配液做负极，用钽或铌表面生成的氧化膜做介质制成。其特点是体积小、容量大、性能稳定、寿命长、绝缘电阻大、温度性能好，用在要求较高的设备中。

电解电容器有正、负极之分，长引脚为正极，短引脚为负极，或由包覆的塑胶上的负号标示，可判断出负极引脚。安装时不能接错。若接错，电解作用会反向进行，氧化膜很快变薄，漏电流急剧增加，如果所加的直流电压过大，则电容器很快发热，甚至会引起爆炸。电解电容器外形如图 1-11 所示。

图 1-11　电解电容器外形

(2)陶瓷电容器(CCX)。陶瓷电容器用陶瓷做介质，先在陶瓷基体两面喷涂银层，然后烧成银质薄膜，以此做极板制成。其特点是体积小、耐热性好、损耗小、绝缘电阻较高，但耐压较低(一般为 60～70V)、容量小(一般为 1～1000pF)，适用于高频电路。铁电陶瓷电容器容量较大，但损耗和温度系数较大，适用于低频电路。瓷片电容器外形如图 1-12 所示。

(3)云母电容器(CY)。云母电容器是以云母做介质的电容器。先用金属箔或在云母片上喷涂银层来做极板，极板和云母一层一层叠合后，再压铸在胶木粉或封固在环氧树脂中制成。其特点是介质损耗小、绝缘电阻大、温度系数小、耐压高(几百至几千伏)，但其容量小(几十至几万皮法)，适用于高频电路。云母电容器外形如图 1-13 所示。

图 1-12　瓷片电容器外形

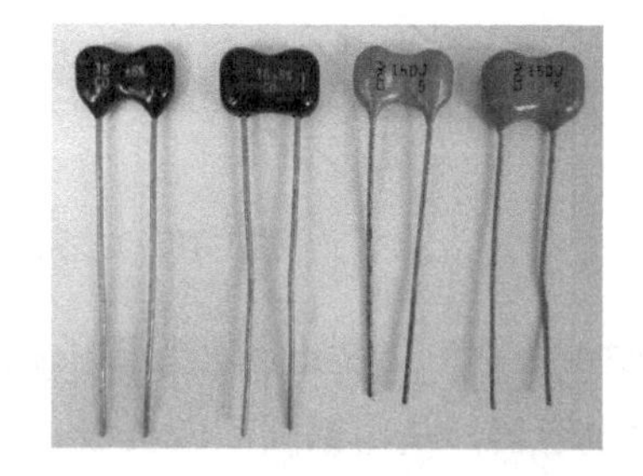

图 1-13　云母电容器外形

(4)纸介电容器(CZ)。纸介电容器先用两片金属箔做电极，夹在极薄的电容器纸中，卷成圆柱形或者扁柱形，然后密封在金属壳或者绝缘材料壳中制成。它的特点是体积较小、容量较大，但是固有电感和损耗比较大，适用于低频电路。

(5)金属化纸介电容器(CJ)。金属化纸介电容器结构基本与纸介电容器相同，它是在电容器纸上覆一层金属膜来代替金属箔，其体积小、容量较大，一般用于低频电路。金属化纸介电容器外形如图 1-14 所示。

(6) 薄膜电容器 (CL)。薄膜电容器结构与纸介电容器相同，介质是涤纶或聚苯乙烯。涤纶薄膜电容器的介质常数较高、体积小、容量大、稳定性较好，适宜做旁路电容。聚苯乙烯薄膜电容器的介质损耗小、绝缘电阻高，但温度系数大，可用于高频电路。涤纶薄膜电容器外形如图 1-15 所示。

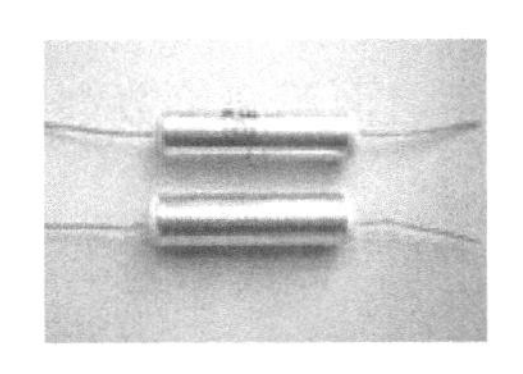

图 1-14　金属化纸介电容器外形

图 1-15　涤纶薄膜电容器外形

2) 可变电容器、微调电容器

(1) 可变电容器。其容量可在一定范围内连续变化。常有“单联”“双联”之分，可变电容器容量的改变是用改变极片间相对位置的方法来实现的。固定不动的一组极片称为定片，可动的一组极片称为动片。调整动片可改变两金属片重叠部分的面积，即可改变电容量。一般以空气做介质，也有用有机薄膜做介质的，如图 1-16 所示。

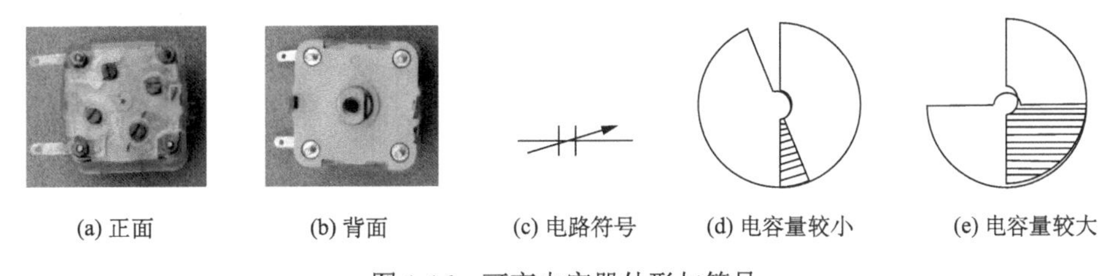

(a) 正面　(b) 背面　(c) 电路符号　(d) 电容量较小　(e) 电容量较大

图 1-16　可变电容器外形与符号

(2) 半可调电容器 (微调电容器)。电容量可在小范围内变化，其可变容量为十几至几十皮法，最高达 100pF (以陶瓷为介质时)。微调电容器外形如图 1-17 所示。

图 1-17　微调电容器外形

2. 电容器的主要参数

(1) 标称容量和允许误差。电容器的外壳表面上标出的容量值，称为电容器的标称容量。一般地，电容器上都直接写出其容量，也有用数字来标出容量的，通常在容量小于 10000pF 的时候，用 pF 做单位，大于 10000pF 的时候，用 μF 做单位。为简便起见，大于 100pF 而小于 1μF 的电容常常不注单位。没有小数点的，它的单位是 pF，有小数点的，它的单位是 μF。如有的电容上标有“332”(3300pF)三位有效数字，左起两位给出电容量的第一、二位数字，而第三位数字则表示在后加 0 的个数，单位是 pF。

标称容量和实际容量之间的偏差与标称容量之比的百分数称为电容器的允许误差。常用电容器的允许误差有±0.5%、±1%、±2%、±5%、±10%和±20%。

(2)额定工作电压。电容器在使用时，允许加在其两端的最大电压值称为工作电压，也称耐压或额定工作电压。使用时，外加电压最大值一定要小于电容器的额定工作电压，通常外加电压应在额定工作电压的 2/3 以下。

(3)绝缘电阻。电容器的绝缘电阻表征电容器的漏电性能，在数值上等于加在电容器两端的电压除以漏电流。绝缘电阻越大，漏电流越小，电容器质量越好。品质优良的电容器具有较高的绝缘电阻，一般在兆欧级以上。电解电容器的绝缘电阻一般较低，漏电流较大。

(4)介质损耗。电容器在电场作用下消耗的能量，通常用损耗功率和电容器的无功功率之比，即损耗角的正切值表示。损耗角越大，电容器的损耗越大，损耗角大的电容不适于在高频情况下工作。

3. 电容器的标注方法

电容器的基本单位是法拉(F)，这个单位太大，常用的单位是微法(μF)、纳法(nF)、皮法(pF)。$1F=10^3mF=10^6\mu F=10^9nF=10^{12}pF$。电容器的容量、误差和耐压都标注在电容器的外壳上，其标注方法有直标法、文字符号法、数字法和色标法。

(1)直标法。将容量、误差、耐压等参数直接标注在电容器上，常用于电解电容器参数的标注。

(2)文字符号法。使用文字符号法时，容量的整数部分写在容量单位符号的前面，容量的小数部分写在容量单位符号的后面，例如，2.2pF 记作 2p2，4700pF 等于 4.7nF，可记作 4n7。

允许误差用 D 表示±0.5%，F 表示±1%，G 表示±2%，J 表示±5%，K 表示±10%，M 表示±20%。

(3)数字法。在一些瓷片电容器上，常用三位数字表示标称容值，单位为 pF。

三位数字中，前两位表示有效数字，第三位表示倍率，即表示有效值后面 0 的个数。例如，电容器标出为 103，表示其容量为 10×10^3pF；电容器标出为 682J，表示其容量为 68×10^2pF，即 6 800pF，允许误差为±5%。

(4) 色标法。这种表示方法与电阻器的色环表示方法类似，其颜色所代表的数字与电阻器的色环完全一致，单位为 pF。

1.2.2　选用电容器时应注意的问题

(1) 交流电压额定值。在交流条件下工作，要考虑以下因素：额定直流电压，直流电压值加上交流电压峰值不得超过此值；功率损耗产生的内部温升，此值不应使全部温升(包括环境温度影响)超过最大额定温度；电晕起始电平，电晕能在相当低的交流电平下产生；绝缘电阻，小容量电容器的绝缘电阻单位为 MΩ，大容量电容器的绝缘电阻值用参数 RC，即电容器的时间常数表示，单位为 MΩ·μF，电解电容器以漏电流来反映绝缘电阻，单位为 μA。

(2) 质量等级和质量系数。具体产品的相应质量级别和质量系数可查阅有关标准。

1.2.3　电容器应用时应注意的问题

1. 降额使用

无论固体电容器还是可变电容器，影响电容器可靠性的最重要因素为电压和环境温度。与其他电子元器件不同的是，降额的直流电压为其直流电压与交流电压峰值之和。对于大多数电容器而言所承受交流电压随其频率的增长和其峰值电压的增加会导致其内部温升增加，致使电容器失效。因此，在高频应用情况下，电压降额幅度应进一步加大，对于电解电容器更为敏感。在应用电容器时要特别注意：由波动和脉冲电流而引起的电容器的温升，尤其在高温下的恶性循环将导致电容器失效。

对于固定纸/塑料薄膜电容器，在应用时，交流峰值电压与直流电压之和不得超过其规范值。对于固定玻璃轴电容器，交流电压最大值不得超过其规范值。对于固定云母电容器亦然，但对固定玻璃轴电容器应注意：脉冲电压不应超过其额定直流工作电压。对于穿心电容器，应限制在内电极额定电流之内。铝电解电容器不能在低温和低气压下正常工作，在航空电子设备中应尽量避免使用；否则应进行大幅度降额。对于有极性电容器，交流峰值电压应小于直流工作电压。在降额应用电容器时，还应注意到固体钽电容器的漏电流将随着电压和温度的升高而变大。对非固体钽电容器，在有极性条件下，不允许加反向电压，以防止大电流通过使银熔解。

2. 设计余量

不同种类电容器电容量随环境和时间会有变化，设计时必须留有余量，表 1-4 的数据可供参考。

表 1-4　各类电容器设计时应留有的电容量的余量

电容种类	余量数/(±%)	电容种类	余量数/(±%)
Ⅰ类陶瓷	1	玻璃	1
Ⅱ类陶瓷	20	纸、塑料、聚酯薄膜	2
云母	0.5	电解	很大

3. 各种电容器使用注意事项

(1) 钽电解电容器并联使用时，每个电容器上应串联限流电阻器。电容器串联使用时，应使用平衡电阻器来确保电压的适当分配。

(2) 固体钽电解电容器在高阻电路中瞬时击穿可以自愈，因此，使用时回路中应串联电阻器，阻值以 3MΩ 为佳。

(3) 清洗铝电解电容器时，不得使用氯化或氟化碳氢化合物溶剂，推荐使用甲苯、甲醇等溶剂。

(4) 陶瓷介质对频率敏感，因此在不同频率上测得的电容量和容量随温度的变化都不一样。为实现高精度的补偿，应在推荐的工作频率上测试补偿特性。

(5) 对铝电解电容器，为防止爆炸，应采取防护措施。

(6) 电解电容器有极性，使用时必须将阳极接电源正极，否则会造成漏电流增大直至损坏。所谓“无极性”电解电容器也并未从根本上改变单向导电性的本质，因此不宜长时间用于交流电路中。

(7) 以金属壳做负极的电解电容器，外壳应接地。当外壳不能接地时，应在外壳表面采用绝缘涂覆，将外壳作为阴极引出，这时阴极外壳应比接地外壳的电位高，要注意外壳涂覆的厚度及绝缘性能。

1.2.4　电容器在电路中的作用

(1) 滤波电容器：它接在直流电压的正负极之间，以滤除直流电源中不需要的交流成分，使直流电平滑，通常采用大容量的电解电容，也可以在电路中同时并接其他类型的小容量电容以滤除高频交流电。

(2) 退耦电容器：并接于放大电路的电源正负极之间，防止由电源内阻形成的正反馈而引起的寄生振荡。

(3) 旁路电容器：在交直流信号的电路中，将电容并接在电阻两端或由电路的某点跨接到公共电位上，为交流信号或脉冲信号设置一条通路，避免交流信号成分因通过电阻产生压降衰减。

(4) 耦合电容器：在交流信号处理电路中，用于连接信号源和信号处理电路或者作为两放大器的级间连接，用于隔断直流，让交流信号或脉冲信号通过，使前后级放大电路的直流工作点互不影响。

(5) 调谐电容器：连接在谐振电路的振荡线圈两端，起到选择振荡频率的作用。

(6) 衬垫电容器：与谐振电路主电容串联的辅助性电容，调整它可使振荡信号频率范围变小，并能显著地提高低频端的振荡频率。

(7) 补偿电容器：与谐振电路主电容并联的辅助性电容，调整该电容能使振荡信号的频率范围扩大。

(8) 中和电容器：并接在三极管放大器的基极与发射极之间，构成负反馈网络，以抑制三极管极间电容造成的自激振荡。

(9) 稳频电容器：在振荡电路中，起稳定振荡频率的作用。

(10) 定时电容器：在 RC 时间常数电路中与电阻 R 串联，共同决定充放电时间长短的电容。

(11) 加速电容器：接在振荡器反馈电路中，使正反馈过程加速，提高振荡信号的幅度。

(12) 缩短电容器：在 UHF 高频头电路中，为了缩短振荡电感器长度而串联的电容。

(13) 克拉波电容器：在电容三点式振荡电路中，与电感振荡线圈串联的电容，起到消除晶体管结电容对频率稳定性影响的作用。

(14) 锡拉电容器：在电容三点式振荡电路中，与电感振荡线圈两端并联的电容，起到消除晶体管结电容的作用，使振荡器在高频端容易起振。

(15) 稳幅电容器：在鉴频器中，用于稳定输出信号的幅度。

(16) 预加重电容器：为了避免音频调制信号在处理过程中造成分频量衰减和丢失，而设置的 RC 高频分量提升网络电容。

(17) 去加重电容器：为了恢复原伴音信号，要求对音频信号中经预加重所提升的高频分量和噪声一起衰减掉，设置 RC 在网络中的电容。

(18) 移相电容器：用于改变交流信号相位的电容。

(19) 反馈电容器：跨接于放大器的输入端与输出端之间，使输出信号回输到输入端的电容。

(20) 降压限流电容器：串联在交流回路中，利用电容对交流电的容抗特性，对交流电进行限流，从而构成分压电路。

(21)逆程电容器：用于行扫描输出电路，并接在行输出管的集电极与发射极之间，以产生高压行扫描锯齿波逆程脉冲，其耐压一般在1500V以上。

(22)校正电容器：串接在偏转线圈回路中，用于校正显像管边缘的延伸线性失真。

(23)自举升压电容器：利用电容器的充、放电储能特性提升电路某点的电位，使该点电位达到供电端电压值的2倍。

(24)消亮点电容器：设置在视放电路中，用于关机时消除显像管上残余亮点的电容。

(25)软启动电容器：一般接在开关电源的开关管基极上，防止在开启电源时，过大的浪涌电流或过高的峰值电压加到开关管基极上，导致开关管损坏。

(26)启动电容器：串接在单相电动机的副绕组上，为电动机提供启动移相交流电压，在电动机正常运转后与副绕组断开。

(27)运转电容器：与单相电动机的副绕组串联，为电动机副绕组提供移相交流电流。在电动机正常运行时，与副绕组保持串接。

1.3　电　感　器

1.3.1　电感器的分类与特性

1. 电感器的分类

电感器是根据电磁感应原理制成的器件。常用的电感器有固定电感器、微调电感器、色码电感器等。变压器、阻流圈、振荡线圈、偏转线圈、天线线圈、继电器、延迟线和磁头等，也都属电感器。

电感器在电路中的符号一般有表1-5中的几种形式。

表1-5　电感器在电路中的符号

符号				
名称	空心线圈	带抽头的电感线圈	铁心电感器	铁氧体电感器
符号				
名称	可变电感线圈	有滑动接点的电感线圈	带磁芯的可调电感线圈	带非磁性金属芯子的电感线圈

1)普通电感器

普通电感器主要有小型色码电感器，主要用于谐振电路和滤波电路等；立式磁芯电感器，主要用于电源滤波、升压等电路；扼流圈，主要用于大功率电源滤波电路。其外形结构见图 1-18。

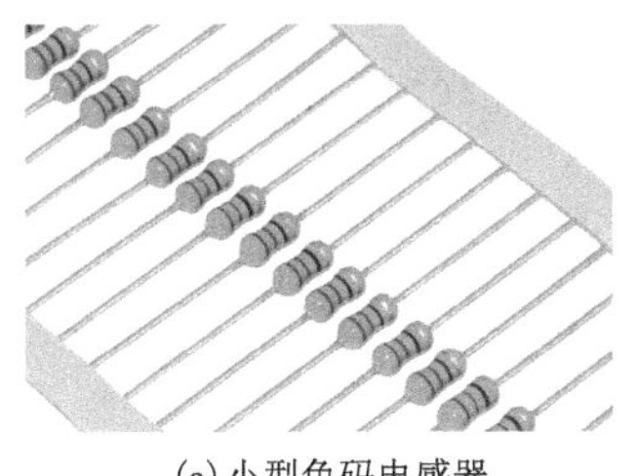
(a)小型色码电感器

(b)立式磁芯电感器

(c)扼流圈

图 1-18　普通电感器的外形结构图

2)可调或微调电感器(中周)

中频变压器俗称中周，在收录机、电视机中应用较多。中周大都带有可调磁芯，用来调节中频，其外壳一般用具有屏蔽作用的铝材料制成。中频变压器的作用主要是阻抗变换和选频。其外形结构见图 1-19。

图 1-19　中周的外形结构图

3)变压器

常见的变压器，依用途的不同分为下列三种。

(1)电源变压器，如图 1-20 所示。电源变压器是最常被使用的变压器，专门用于电力公司的 50～60Hz 频率下，其规格为初级圈电压(220V)与次级圈电压、电流。

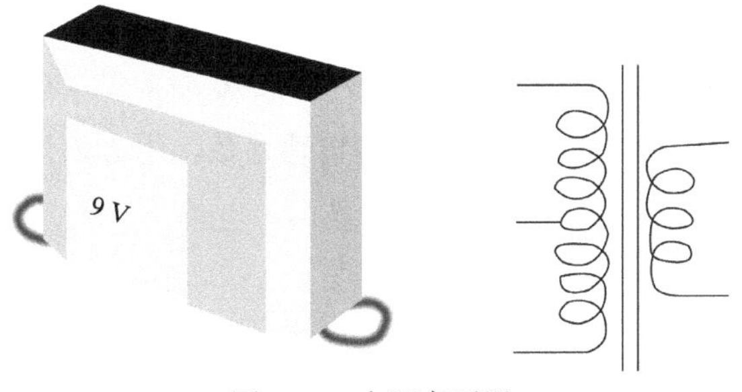

图 1-20　电源变压器

(2) 声频变压器，如图 1-21 所示。声频变压器用于人类可听见的声音频率下，又分为输入变压器(IPT)与输出变压器(OPT)，此两者外形相同，为易于区别，厂商将其包上不同色的胶带，蓝色或绿色为 IPT，而红色、黄色则为 OPT。目前，一般 OPT 与 IPT 只以体积的大小称呼，其规格有 14mm、16mm 等。

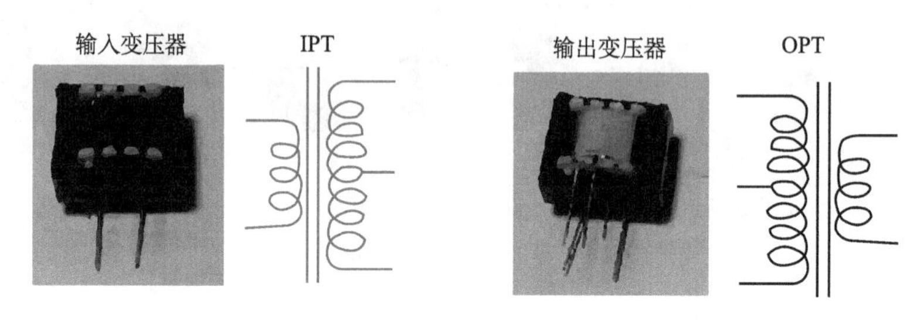

图 1-21　声频变压器

(3) 射频变压器，如图 1-22 所示。射频变压器用于无线电频率，由于频率高，以铁心代替矽铜片，常见的有天线线圈(ANT)、振荡线圈(虽名为线圈，但都是变压器的作用)及中转变压器，这三者出现于收音机的电路上。

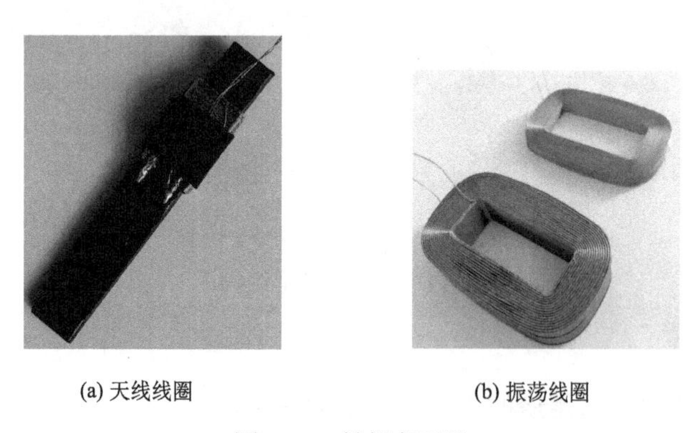

(a) 天线线圈　　(b) 振荡线圈

图 1-22　射频变压器

2. 电感器的主要技术指标

(1) 电感量：在没有非线性导磁物质存在的条件下，一个载流线圈的磁通量与线圈中的电流成正比，其比例常数称为自感系数，用 L 表示，简称电感。即

$$L = \frac{\varphi}{I}$$

式中，φ为磁通量；I 为电流强度。

(2) 固有电容：线圈各层、各匝之间，绕组与底板之间都存在分布电容，统称电感器的固有电容。

(3) 品质因数：电感线圈的品质因数定义为

$$Q=\frac{\omega L}{R}$$

式中，ω为工作角频率；L 为电感线圈电感量；R 为电感线圈的总损耗电阻。

(4) 额定电流：电感线圈中允许通过的最大电流。

(5) 损耗电阻：电感线圈的直流损耗电阻。

3. 电感器电感量的标注方法

(1) 直标法。单位为亨利(H)、毫亨(mH)、微亨(μH)。

将标称电感量用数字直接标注在电感器的外壳上，同时还用字母表示电感器的额定电流、允许误差。采用这种数字与符号直接表示其参数的，一般为小型固定电感。

例如，电感器外壳上标有 CⅡ、330μH，表示电感器的电感量为 330μH，最大工作电流为 300mA，允许误差为±10%；电感器外壳上标有 220μH、Ⅱ、D，表示电感器的电感量为 220μH，最大工作电流为 700mA，允许误差为±10%；也有的电感线圈采用下列标注方法，例如，LG2-C-2μ2-Ⅰ表示高频立式电感器，额定电流为 300mA，电感量为 2.2μH，误差为±5%。

(2) 色标法。在电感线圈的外壳上，使用颜色环或色点表示其参数的方法就称为色标法。采用这种方法表示电感线圈主要参数的多为小型固定高频电感线圈，也称色码电感线圈。色码电感线圈色标法如图 1-23 所示。

在电感器的外壳上，标注方法同电阻的标注方法一样。第一个色环表示第一位有效数字，第二个色环表示第二位有效数字，第三个色环表示十进倍数，第四个色环表示允许误差。

例如，某电感器的色环依次为蓝、绿、红、银，表明此电感器的电感量为 6500μH，允许误差为±10%。

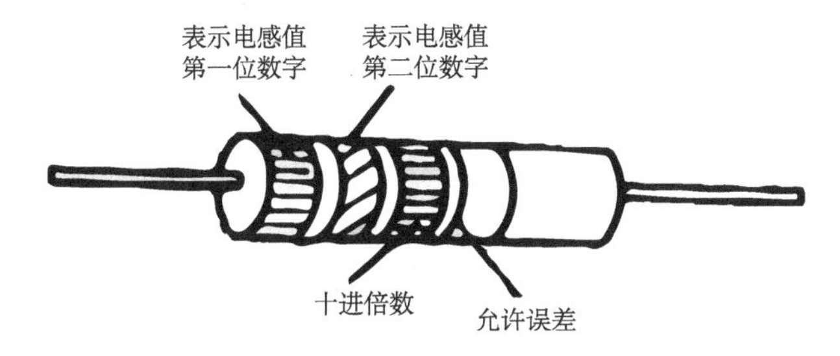

图 1-23　色码电感线圈色标法

(3) 数码法。方法与电容器的表示方法相同。

1.3.2 电感线圈的选用

在 LC 滤波电路、调谐放大电路、振荡电路、均衡电路、去耦电路等电路中都会用到电感线圈。电感线圈有一部分如阻流圈、低频阻流圈、振荡线圈和 LC 固定电感线圈等是标准件，而绝大多数的电感线圈是非标准件，往往要根据实际需要自行制作。

1. 电感线圈的绕制方法

电感线圈常用的绕制方法有以下四种。

(1) 乱绕法。常规的乱绕法是指用手工或绕线机不需要排线地将铜线乱绕在绝缘骨架上；还有一种脱模乱绕法，即用手工或绕线机先将铜线乱绕或排绕在专用模具上，然后脱模成型的绕线方法。

乱绕式电感线圈的特点是绕制工艺简单；品质因数 Q 值居中；多用于低压，低、中频场合。

(2) 排绕法。排绕法是指用一般绕线机或排线绕线机每一圈都整齐排列地将铜线绕制在绝缘骨架上的绕线方法。多层绕制时，层间必须加垫层绝缘纸或黄蜡绸，以保证层间的绝缘强度。

排绕式电感线圈的特点是绕制工艺烦琐；品质因数 Q 值低；分布电容大；耐压较高；电感量大；多用于低、中压，低频场合。

(3) 间绕法。间绕法是指用手工或绕线机每一圈间均留有相同间隔地将铜线整齐绕制在绝缘骨架上的绕线方法。为了提高间绕式电感线圈的稳定性，一般采取三种办法：第一种是绕制过程中涂高频胶，使铜线牢牢固定在骨架上；第二种是绕制过程中给铜线注入一定电流使铜线发热而增长，绕制完毕，撤销电流后，铜线冷缩，紧紧地箍在骨架上；第三种是根据工作频率计算出合适的匝间距(即螺距)，在骨架表面加工单头螺纹槽，绕制时将铜线嵌入槽中。

间绕式电感线圈的特点是绕制工艺简单；品质因数 Q 值较高；分布电容很小；耐压较高；电感量小；适用于甚高频与超高频场合。

(4) 蜂房式绕法。蜂房式绕法即用专用蜂房式绕线机将铜线按蜂房式结构规则地绕制在绝缘骨架上的绕线方法。蜂房式电感线圈的绕制方式与其他方法有所不同。在绕制过程中，其骨架做圆周方向旋转的同时，还做轴向摆动，通常，骨架每旋转一周要轴向摆动 2～3 次。这样一来，导线每绕一圈就要在轴向来回折弯 2～3 次。

蜂房式电感线圈的特点是绕制工艺较复杂，品质因数 Q 值最高；分布电容最小；体积小，电感量大；常用于高频场合。

2. 自行绕制电感时的注意事项

(1) 根据线路需要选定绕制方法。在绕制空心电感线圈时，要依据电路的要求、电感量及电感线圈骨架直径的大小确定绕制方法。间绕式电感线圈适合在高频和超高频电路中使用，在圈数有 3～5 圈或小于 3 圈时，不用骨架就能具有较好的特性，*Q* 值较高，可达 150～400，稳定性也较高。单层密绕式电感线圈适用于短波、中波回路中，其 *Q* 值范围为 0～250，并具有较高的稳定性。

(2) 根据线圈载流量、工作频率和机械强度选用适当的导线。线圈不宜用过细的导线绕制，以免增加线圈电阻，使 *Q* 值降低。同时，导线过细，其载流量和机械强度都较小，容易烧断或碰断线。因此，在确保线圈的载流量和机械强度的前提下，要选用适当的导线绕制。

(3) 绕制线圈抽头应有明显标志。带有抽头的线圈应用明显标志，这样有利于安装和维修。

(4) 根据线圈的频率特点选用不同材料的铁心。工作频率不同的线圈，有不同的特点。在音频段工作的电感线圈，通常采用硅钢片或坡莫合金钢为磁芯材料。低频用铁氧体作为磁芯材料，其电感量较大，可高达几亨到几十亨。在几百千赫到几兆赫之间，如中波广播段的电感线圈，一般采用铁氧体心，并用多股绝缘线绕制。频率高于几兆赫时，电感线圈采用高频铁氧体作为磁芯，也常用空心电感线圈；此情况不宜用多股绝缘线，而宜采用单股粗镀银线绕制。在 100 MHz 以上时，一般不能用铁氧体心，只能用空心电感线圈；若要做微调，则可用铜心。用于高频电路的阻流圈，除了电感量和额定电流应满足电路要求，还必须注意分布电容不宜过大。

3. 提高电感线圈 *Q* 值的措施

品质因数 *Q* 是反映电感线圈质量的重要参数，绕制电感线圈应把提高 *Q* 值、降低损耗作为考虑的重点。

(1) 根据工作频率选用线圈的导线。工作于低频段的电感线圈，一般采用漆包线等带绝缘的导线绕制。工作频率高于几十千赫，而低于 2MHz 的电路中，采用多股绝缘的导线绕制线圈，这样可有效增加导体的表面积，从而可以克服集肤效应的影响，使 *Q* 值比相同截面积的单根导线绕制的电感线圈高 30%～50%。在频率高于 2 MHz 的电路中，电感线圈应采用单根粗导线绕制，导线的直径一般为 0.3～1.5mm。采用间绕式电感线圈，常用镀银铜线绕制，以增加导线表面的导电性。这时不宜选用多股导线绕制，因为多股绝缘线在频率很高时，线圈绝缘介质将引起额外的损耗，其效果不如单根的导线好。

(2) 选用优质的线圈骨架，减少介质损耗。在频率较高的场合，如短波波段，由于普通的线圈骨架的介质损耗显著增加，因此，应选用高频介质材料，如高频瓷、聚四氟乙烯、聚苯乙烯等作为骨架，并采用间绕法绕制。

(3) 选择合理的线圈尺寸可减少损耗。外径一定的单层线圈(直径范围为 20～30mm)，当绕组长度 L 与外径 D 的比值 $L/D=0.7$ 时，其损耗最小；外径一定的多层线圈 $L/D=0.2\sim0.5$，当绕组厚度 t 与外径 D 的比值 $t/D=0.25\sim0.1$ 时，其损耗最小。绕组厚度 t 和绕组长度 L 与外径 D 之间满足 $3t+2L=D$ 的情况下，损耗也最小。采用屏蔽罩的线圈，其 $L/D=0.8\sim1.2$ 时最佳。

(4) 选用合理的屏蔽罩直径。用屏蔽罩会增加线圈的损耗，使 Q 值降低，因此屏蔽罩的尺寸不宜过小。然而屏蔽罩的尺寸过大，会增大体积，因而要选用合理的屏蔽罩直径尺寸。当屏蔽罩的直径 D_s 与线圈直径 D 之比满足 $D_s/D=1.6\sim2.5$ 时，Q 值降低，不大于 10%。

(5) 采用磁芯可使线圈圈数显著减少。线圈中采用磁芯，减少了线圈的圈数，不仅减少了线圈的电阻，还有利于 Q 值的提高，而且缩小了线圈的体积。

(6) 线圈直径适当选大些，利于减小损耗。在可能的情况下，线圈直径选得大一些，有利于减小线圈的损耗。对于一般接收机，单层线圈直径取 12～30mm，多层线圈取 6～13mm，但从体积考虑，不宜超过 20～25mm。

(7) 减小绕制线圈的分布电容。尽量采用无骨架方式绕制线圈，或者绕制在凸筋式骨架上的线圈，能使分布电容减小 15%～20%；分段绕法能使多层线圈分布电容减小 1/3～1/2。对于多层线圈来说，直径 D 越小，绕组长度 L 越小或绕组厚度 t 越大，分布电容越小。经过浸漆和封涂后的线圈，其分布电容将增大 20%～30%。

1.3.3　电感线圈应用时应注意的问题

1. 电感线圈的一般检测

在选择和使用电感线圈时，首先要对线圈进行检测，判断其质量的好坏和优劣。要准确测量电感线圈的电感量和品质因数 Q，一般需要用专门仪器，测试方法较为复杂。在实际工作中，一般仅检测线圈的通断和 Q 值的大小。可先用万用表测量线圈的直流电阻，再与原确定的阻值或标称阻值相比较，若所测阻值比原确定阻值或标称阻值增大许多，甚至阻值无穷大，则可判断线圈断线；若所测阻值极小，则可判定是短路(局部短路很难比较出来)。有这两种情况出现，可以判定此线圈是坏的，不能用。如果检测电阻与原确定阻值或标称电阻相差不大，则可判定此线圈是好的。

对电源滤波器中使用的低频阻流线圈，其 Q 值并不太重要，电感量对滤波效果影响较大。低频阻流线圈在使用中多通过较大电流，为防止磁饱和，其铁心要顺插，使其具有较大的间隙。为防止线圈与铁心发生击穿现象，二者之间的绝缘应符合要求。因此，在使用前还应检测线圈与铁心之间的绝缘电阻。

对于高频线圈，电感量测试起来更为麻烦，一般都根据线路中的使用效果做适当调整，以确定其电感量是否合适。

对于多个绕组的线圈，还要用万用表检测各绕组之间是否短路；对于具有铁心和金属屏蔽罩的线圈，要检测其绕组与铁心或金属屏蔽罩之间是否短路。

2. 电感线圈安装要注意的问题

电感线圈安装时，应注意以下几个问题。

(1) 电感线圈的安装位置应符合设计要求。电感线圈的安装位置与其他元器件的相对位置要符合设计的规定，否则将会影响整机的正常工作。例如，半导体收音机中的高频线圈与磁性天线的位置要合理安排；天线线圈与振荡线圈应相互垂直，这就避免了相互耦合的影响。

(2) 在安装前要对电感线圈进行外观检查。应检查电感线圈的结构是否牢固，线匝是否有松动和松脱现象，引线接地有无松动，磁芯旋转是否灵活，有无滑扣等。

(3) 在调试过程中需要对电感线圈微调的，应考虑微调方法。例如，单层线圈可采用移开靠近端点的数个线圈的方法，即预先在线圈的一端绕上 3～4 圈，在微调时，移动其位置就可以改变电感量。这种调节方法可以实现微调±(2%～3%)的电感量。在短波和超短波回路中的线圈，常留出半圈做微调，移开或折转这半圈使电感量发生变化，实现微调。而对于多层分段线圈的微调，可以移动一个分段的相对距离来实现，可移动分段的圈数应为总圈数的 20%～30%，这种微调的范围可达 10%～15%。具有磁芯的线圈，可以通过调节磁芯在线圈管中的位置实现线圈电感量的微调。

(4) 安装电感线圈时应注意保持原线圈的电感量。在使用中不要随便改变线圈的形状、大小和线圈间的距离，否则会影响线圈原来的电感量，尤其是频率高，即圈数少的线圈。因此，目前射频电路中采用的高频线圈，一般用高频蜡或其他介质材料进行密封固定。另外应注意，在维修中不要随便改变或调整原线圈的位置，以免导致失谐故障。

(5) 可调线圈的安装应便于调整。可调线圈应安装在机器易于调节的位置，以便于调整线圈的电感量达到最佳的工作状态。

3. 电感线圈的稳定性

湿度和温度是影响电感线圈稳定性的主要因素。

1) 湿度的影响与预防措施

如果环境湿度过高，则大气的压力会使水分充满电感线圈。尽管有的电感线圈做过浸漆处理或简单密封处理，还是会不同程度地造成电感线圈的绝缘强度降低，分布电容增大，品质因数降低，漏电损耗增加。其预防措施如下。

(1) 小型电感线圈采用密封塑装，与环境隔绝。

(2) 高压工作下的电感线圈应在制造后做正规的浸漆老化处理。

(3) 用电磁线绕制的耦合线圈与蜂房式电感线圈在制造过程中应及时喷涂绝缘防水胶。

2) 温度的影响与改善措施

当环境温度或电感线圈在通电运行过程中自身温度升高时，一则会引起磁路磁阻的变化，二则会使整个电感线圈因铜线受热膨胀而体积增大或发生几何变形，破坏线圈的基本稳定性，从而引起线圈电感量变化，分布电容增大，品质因数降低。其预防措施如下。

(1) 匝数少的电感线圈可通入电流使铜线预热绕制，匝数多的电感线圈可预先将线材置于高温环境中一段时间再进行绕制。

(2) 在绕线空间允许的情况下，尽可能地增大铜线的直径，以减少通电运行中电感线圈自身的温升。

(3) 增加通风散热措施，有效地减小电感线圈的温升。

1.4　二　极　管

1.4.1　二极管的种类与特性

二极管是内部具有一个 PN 结，外部具有两个电极的半导体器件。P 型区的引出线称为正极或阳极，N 型区的引出线称为负极或阴极。单向导电性是二极管的重要特性，即正向导通，反向截止。普通二极管的外形结构与电路符号如图 1-24 所示。

图 1-24　普通二极管的外形结构与电路符号

1. 二极管的种类

二极管种类有很多，按照所用的半导体材料，可分为锗二极管(Ge 管)和硅二极管(Si 管)。根据其不同用途，可分为检波二极管、整流二极管、稳压二极管、开关二极管等。按照管芯结构，又可分为点接触型二极管、面接触型二极管及平面型二极管。点接触型二极管是用一根很细的金属丝压在光洁的半导体晶片表面，通以脉冲电流，使触丝一端与晶片牢固地烧结在一起，形成一个 PN 结。由于是点接触，只允许通过较小的电流(不超过几十毫安)，适用于高频小电流电路，如收音机的检波等。面接触型二极管的 PN 结面积较大，允许通过较大的电流(几安到几十安)，主要用于把交流电变换成直流电的整流电路中。平面型二极管是一种特制的硅二极管，它不仅能通过较大的电流，而且性能稳定可靠，多用于开关、脉冲及高频电路中。

2. 二极管的主要参数

二极管最重要的特性就是单向导电性。在电路中，电流只能从二极管的正极流入，负极流出。除此之外还有以下几个主要参数。

(1) 额定正向工作电流。额定正向工作电流指二极管长期连续工作时允许通过的最大正向电流值。因为电流通过二极管时会使管芯发热，温度上升，温度超过容许限度(Si 管为 140℃左右，Ge 管为 90℃左右)时，就会使管芯过热而损坏。所以，二极管使用中不要超过二极管额定正向工作电流值。例如，常用的 1N4001～1N4007 型锗二极管的额定正向工作电流为 1A。

(2) 最高反向工作电压。加在二极管两端的反向电压高到一定值时，会将二极管击穿，失去单向导电能力。为了保证使用安全，规定了最高反向工作电压值。例如，1N4001 二极管最高反向工作电压值为 50V，1N4007 最高反向工作电压值为 1000V。

(3) 反向电流。反向电流是指二极管在规定的温度和最高反向工作电压作用下，流过二极管的反向电流。反向电流越小，二极管的单向导电性能越好。值得注意的是反向电流与温度有着密切的关系，大约温度每升高 10℃，反向电流增大一倍。例如，2AP1 型锗二极管，在 25℃时反向电流若为 250μA，温度升高到 35℃，反向电流将上升到 500μA，以此类推，在 75℃时，它的反向电流已达 8mA，不仅失去了单向导电特性，还会使二极管过热而损坏。又如，2CP10 型硅二极管，25℃时反向电流仅为 5μA，温度升高到 75℃时，反向电流也不超过 160μA。故在高温下，硅二极管比锗二极管具有较好的稳定性。

(4) 正向冲击电流。开关电源在开机或者其他瞬态情况下，需要二极管能够承受很大的冲击电流而不损坏，当然这种冲击电流应该是不重复性，或者间隔时间很长的。通常二极管的数据手册都有定义这个冲击电流，其测试条件往往是单个波形的冲击电流，如单个正弦波或者方波，其电流值往往可达几百毫安。

(5) 正向导通压降。二极管在正向导通，流过电流的时候会产生压降。这个压降与正向电流及温度有关。通常硅二极管电流越大，压降越大；温度越高，压降越小。但是碳化硅二极管却是温度越高，压降越大。

(6) 反向恢复时间和反向恢复电流。这是二极管的重要指标，快恢复二极管、慢恢复二极管就是以此为标准的。二极管在从正偏转换到反偏的时候，会出现较大的反向恢复电流从阴极流向阳极，其反向电流先上升到峰值，然后下降到零。那么其上升下降的时间就是反向恢复时间，峰值电流就是反向恢复电流。这个在高频率的应用中会带来很大损耗。而反向恢复时间和反向恢复电流，与二极管截止时正向电流的下降速率正相关。解决这个问题，一是用恢复时间更快的二极管，二是采用 ZCS 方式关断二极管。

(7) 结电容。结电容是二极管的一个寄生参数，可以看作在二极管上并联的电容。

(8) 寄生电感。寄生电感主要由引线引起，可以看作串联在二极管上的电感。

1.4.2 二极管的选用

1. 整流二极管

整流二极管是一种面接触型二极管，工作频率低，允许通过的正向电流大，反向击穿电压高，允许的工作温度高。整流二极管的作用是将交流电变成直流电。国产的整流二极管的型号有 2DZ 系列等。常用的整流二极管有 1N4001～1N4007(1A/50～1000V)、1N5391～1N5399(1.5A/50～1000V)、1N5400～1N5408(3A/50～1000)。

低频整流二极管也称普通整流二极管，主要用在市电 50 Hz 电源、100 Hz 电源(全波)整流电路及频率低于几百赫兹的低频电路中。高频整流管也称快恢复整流管，主要用在频率较高的电路如电视机行输出和开关电源电路) 中。

2. 硅高速开关二极管

硅高速开关二极管具有良好的高频开关特性，其反向恢复时间仅为几纳秒。典型的硅高速开关二极管产品有 1N4148 和 1N4448。1N4148 和 1N4448 可代替国产 2CK43、2CK44、2CK70～2CK73、2CK77、2CK83 等型号的开关二极管。但使用时必须注意：因为 1N4148、1N4448 型硅高速开关二极管的平均电流只有 150mA，所以仅适于在高频小电流的工作条件下使用，不能在开关稳压电源等高频大电流电路使用。

3. 肖特基二极管

肖特基二极管属于低功耗、大电流、超高速半导体器件，其反向恢复时间可小到几纳秒。正向导通压降仅 0.4 V 左右，而整流电流可达到几千安。

肖特基二极管在构造原理上与 PN 结二极管有很大区别。其缺点是反向耐压较低，一般不超过 100 V，适宜在低电压、大电流的条件下工作，例如，在计算机主机开关电源输出整流两极就采用了肖特基二极管。

4. 稳压二极管

稳压二极管又称齐纳二极管，是一种工作在反向击穿状态的特殊二极管，用于稳压(或限压)。稳压二极管工作在反向击穿区，不管电流如何变化，稳压二极管两端的电压基本维持不变。稳压二极管的外形与整流二极管相同，稳压二极管的外形结构与电路符号如图 1-25 所示。

图 1-25　稳压二极管的外形结构与电路符号

常见稳压二极管有 1N4729～1N4753，最大功耗为 lW，稳定电压范围为 3.6～36 V，最大工作电流为 26～252mA。

5. 变容二极管

变容二极管的电路符号和 *C-V* 特性曲线如图 1-26 所示。变容二极管是利用 PN 结电容可变原理制成的一种半导体二极管，变容二极管结电容与其 PN 结上的反向偏压有关。反向偏压越高，结电容越小，且这种关系是非线性的。变容二极管可作为可变电容使用。

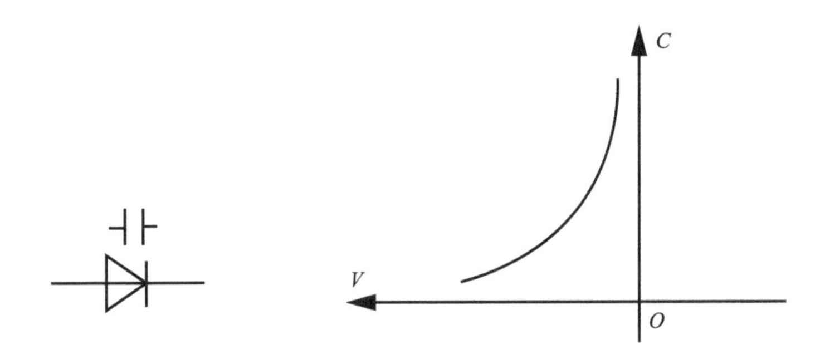

图 1-26　变容二极管的电路符号和 *C-V* 特性曲线

变容二极管是一个电压控制元件，通常用于振荡电路，与其他元件一起构成VCO(压控振荡器)。

在 VCO 电路中，通过改变变容二极管两端的电压，便可改变变容二极管电容的大小，从而改变振荡频率。

6. 发光二极管

发光二极管有多种。较常用的有单色发光二极管、变色发光二极管、闪烁发光二极管、电压型发光二极管、红外发光二极管和激光二极管等。发光二极管的外形结构与电路符号如图 1-27 所示。

图 1-27　发光二极管的外形结构与电路符号

发光二极管常见型号如下。

LED 二极管：DA01～DA08、LN21RPHL、TLR124、SR632D-S。

红外发光二极管：TLN104、TLN107、HG310、HG450、HG520、BT401。

7. 光电二极管

光电二极管的外形结构与电路符号如图 1-28 所示。

图 1-28　光电二极管的外形结构与电路符号

常用型号：2DU1A～2DU1E、2CU2A～2CU2E。

1.5　三　极　管

1.5.1　三极管的种类与特性

1. 三极管的内部结构与种类

三极管又称双极型晶体管(BJT)，内含两个 PN 结，三个导电区域。两个 PN 结分别称作发射结和集电结，发射结和集电结之间为基区。从三个导电区引出三根电极，分别为集电极 C、基极 B 和发射极 E。

三极管的种类很多，按半导体材料不同，分为锗三极管和硅三极管；按功率不同，分为大功率三极管($P_C \geq 1W$)和小功率三极管($P_C < 1W$)；按工作频率不同，分为低频三极管、高频三极管和超高频三极管；按用途不同，分为放大三极管、开关三极管、阻尼三极管、达林顿三极管等；按结构不同，分为 NPN 三极管和 PNP 三极管；按封装不同，分为塑封、玻封、金属封等类型。三极管的用途非常广泛，主要用于各类放大、开关、限幅、恒流、有源滤波等电路中。

2. 三极管的主要技术参数

1) 直流参数

(1) 共发射极直流放大倍数 $h_{FE}(\beta)$ 是指在共发射极电路中，无变化信号输入的情况下，三极管 I_C 与 I_B 的比值，即 $h_{FE}=I_C/I_B$。对于同一个三极管而言，在不同的集电极电流下有不同 h_{FE}。

三极管的 h_{FE} 可通过数字万用表的 h_{FE} 档测出，只要将三极管的 B、C、E 极对应插入 h_{FE} 的测试插孔，便可直接从表盘上读出该三极管的 h_{FE} 值。

(2) 集电极反向截止电流 I_{CBO} 是指三极管发射极开路时，在三极管的集电结上加上规定的反向偏置电压时的集电极电流，又称为集电极反向饱和电流。

(3) 集电极-发射极反向截止电流 I_{CEO} 是指在三极管基极开路情况下，给发射结加上正向偏置电压，给集电结加上反向偏置电压时的集电极电流，俗称穿透电流。

I_{CEO} 与 I_{CBO} 有如下关系：

$$I_{CEO}=(1+h_{FE})\cdot I_{CBO}$$

I_{CEO} 和 I_{CBO} 都随温度的升高而增大，锗三极管受温度影响更大，这两个反向截止电流反映三极管的热稳定性：反向电流小，三极管的热稳定性就好。

2) 交流参数

(1) 共发射极电流放大倍数 β 是指将三极管接成共发射极电路时的交流放大

倍数，等于集电极电流 I_C 变化量 ΔI_C 与基极电流变化量 ΔI_B 两者之比，即 $\beta = \dfrac{\Delta I_C}{\Delta I_B}$。

β 与直流放大倍数 h_{FE} 关系密切，一般情况下两者较为接近，但从含义来讲有明显区别，且在不少场合两者并不等同，甚至相差很大。β 和 h_{FE} 的大小除了与三极管结构和工艺有关，还与三极管的工作电流(直流偏置)有关，工作电流 I 在正常情况下改变时，β 和 h_{FE} 也会有所变化；若工作电流变得过小或过大，则 β 和 h_{FE} 也将明显变小。其中，β 值的范围很大，小的数十倍，大的几百倍甚至近千倍。

(2)共基极电流放大倍数 α 是指将三极管接成共基极电路时的交流放大倍数，α 等于集电极电流 I_C 变化量 ΔI_C 与发射极电流变化量 ΔI_E 两者之比，即 $\alpha = \dfrac{\Delta I_C}{\Delta I_E}$。

α 和 β 都是电流放大倍数，这两个电流放大倍数存在如下关系：

$$\beta = \frac{\alpha}{1-\alpha}, \quad \alpha = \frac{\beta}{1+\beta}$$

(3)三极管的频率参数主要有截止频率 f_α、f_β 与特征频率 f_T 及最高振荡频率 f_m。

f_α 称为共基极截止频率，在共基极电路中，电流放大倍数 α 在工作频率较低时基本为一个常数，当工作频率超过某一值时，α 开始下降，当 α 下降至低频值(如 f 为 1kHz)的 $\dfrac{1}{\sqrt{2}}$ (即 0.707 倍)时所对应的频率为 f_α。

f_β 称为发射极截止频率，在发射极电路中，电流放大倍数 β 下降至低频值的 $\dfrac{1}{\sqrt{2}}$ 时所对应的频率为 f_β。

同一只三极管的共基极截止频率远比发射极截止频率要小，这两个参数有如下关系：

$$f_\alpha \approx \beta f_\beta$$

在实际使用中，工作频率即使等于 f_β 或 f_α 时。三极管仍可有相当的放大能力。例如，某三极管的 β 在 1kHz 时测试为 100(β=100)，当 $f=f_\beta$ 时，$\beta=100\times70.7\%=70.7$，这说明三极管在 $f=f_\beta$ 工作时仍有相当高的放大倍数。由于 α 在较宽的频率范围内比较均匀，而且 $f \leqslant f_\beta$，所以高频宽带放大器和一些高频振荡器、超高频振荡器、甚高频振荡器常用共基极接法。一般规定，f_α<3 MHz 称为低频管，f_α >3MHz 称为高频管。三极管工作频率超过一定值时，β 开始下降，当 β 下降为 1 时，所对应的频率就称为特征频率 f_T。有时也称为增益带宽乘积(f_T 等于三极管的频率 f 与放大系数 β 的乘积)。当 $f=f_T$ 时，三极管就完全失去了电流放大功能。

f_m 称为最高振荡频率，定义为三极管功率增益等于 1 时的频率。

3)极限参数

三极管的极限参数主要有集电极最大电流 I_{CM}、集电极最大允许功耗 P_{CM}、集电极-发射极击穿电压 $U_{(BR)CEO}$ 和集电极-基极击穿电压 $U_{(BR)CBO}$，使用时不允许超过极限参数值，否则会造成三极管损坏。

1.5.2　三极管的选用

1. 中小功率三极管

通常把最大集电极电流 I_{CM}<1A 或最大集电极耗散功率 P_{CM}<1W 的三极管统称为中小功率三极管，主要特点是功率小、工作电流小。中小功率三极管的种类很多，体积有大有小，外形尺寸也各不相同。

2. 大功率三极管

通常把最大集电极电流 I_{CM}>1A 或最大集电极耗散功率 P_{CM}>1W 的三极管称为大功率三极管，主要特点是功率大、工作电流大，多数大功率三极管的耐压也较高。大功率三极管多用于大电流、高电压的电路。大功率三极管在工作时极易因过压、过流、功耗过大或使用不当而损坏，因此，正确选用和检测十分重要。

大功率三极管一般分为金属壳封装和塑料封装两种。对于金属壳封装方式的三极管，通常金属外壳为集电极 C，而对于塑料封装形式的三极管，其集电极 C 通常与自带的散热片相通。因为大功率三极管工作在大电流状态下，所以使用时应按要求加适当的散热片。

3. 开关电源开关管

在开关电源中，除采用场效应管作为开关管之外，也采用三极管作为开关管。开关管由于工作电压高、电流大、发热多，是最易损坏的元件之一。几种常见开关三极管的主要技术参数如表 1-6 所示。

表 1-6　几种常见开关三极管的主要技术参数

型号	集电极-基极反向击穿电压 BV_{CBO}/V	最大集电极电流 I_{CM}/A	最大集电极耗散功率 P_{CM}/W
BU208A	1500	5	50
BU508A	1500	8	125
C1875	1500	3.5	50
C3481	1500	5	120

4. 对管

为了提高功率放大器的功率、效率和减小失真，通常采用推挽式功率放大电路。在推挽式功率放大电路中，一个完整的正弦波信号的正、负半周分别由两个三极管一推一拉(挽)共同来完成放大任务。这两个三极管的工作性能必须一样，事先要进行挑选配对，这种三极管称为对管。

对管有同极性对管和异极性对管。同极性对管指两个三极管均用 PNP 型或 NPN 型三极管。但在电路输入端必须要有一个倒相电路，把输入信号变为两个大小相等、相位相反的信号，供对管来放大。异极性对管是指两个三极管中一个采用 PNP 型，另一个采用 NPN 型三极管，它可以省去倒相电路。两个三极管又称为互补对管，例如，Al015 和 Cl815，2N5401 和 2N5551，Al301 和 C3280 等均可组成互补对管。它们的主要技术参数如表 1-7 所示。其中，A1015 和 C1815 为小功率对管，可作音频放大器或作激励、驱动级；2N5401 和 2N5551 为高反压中功率对管；A1301 和 C3280 为高反压大功率对管，比较理想的输出功率为 80W，极限功率为 120 W。

表 1-7　功率放大器对管的主要技术参数

型号	集电极-基极反向击穿电压 BV_{CBO}/V	最大集电极电流 I_{CM}/A	最大集电极耗散功率 P_{CM}/W
A1015 和 C1815	50	0.15	0.4
2N5401 和 2N5551	60	0.6	0.6
A1301 和 C3280	160	12	120

挑选对管时，不管同极性对管还是异极性对管，它们的半导体材料(锗或硅)应相同。这样可以减小因温度变化造成三极管参数变化的不一致，如 9012 和 9013、8050 和 8550 等均是同一硅材料的异极性对管。另外，作为对管还要求两只三极管的参数尽可能一样，如耐压、集电极最大允许电流、最大允许耗散功率和电流放大倍数等。

除采用两只分立三极管组成的对管外，也有一种把两只性能一致的三极管封装成一体的复合对管，它的内部包含两只对称性很好的三极管，此类对管一般有两种结构类型：一种为硅 PNP 型高频小功率差分对管，另一种为硅 NPN 型小功率差分对管。复合对管引脚排列如图 1-29 所示。利用差分对管可构成性能优良的差分放大器，用作仪器仪表的输入级和前置放大级，使用起来十分方便。差分对管的引脚排列是有一定规律的，其中，靠近管壳的两引脚分别为 E_1 和 E_2。VT_1 按顺时针方向排列为 E_1、B_1、C_1，VT_2 按逆时针方向排列为 E_2、B_2、C_2。

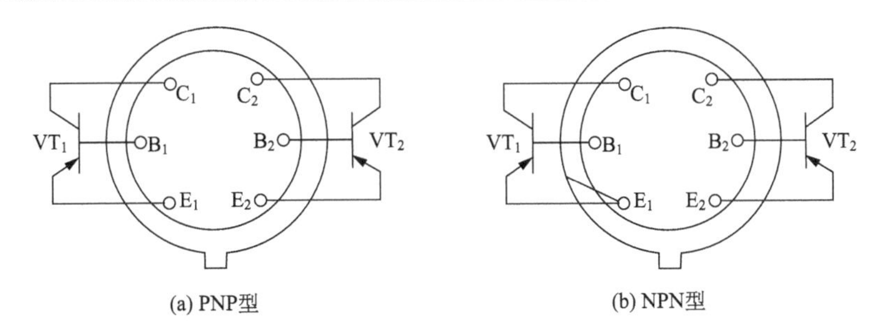

图 1-29　复合对管引脚排列

5. 达林顿管

达林顿管采用复合连接方式，将两只或更多只晶体管的集电极连在一起，而将第一只三极管的发射极直接耦合到第二只三极管的基极，依次级联而成，最后引出 E、B、C 三个电极。其放大倍数是各三极管放大倍数的乘积，因此其放大倍数可达几千。

达林顿管主要分为两种类型：一种是普通达林顿管，另一种是大功率达林顿管。

1) 普通达林顿管

普通达林顿管内部无保护电路，功率通常在 2W 以下，内部结构如图 1-30 所示。普通达林顿管由于其电流增益极高，所以当温度升高时，前级二极管的基极漏电流将被逐级放大，结果造成整体热稳定性能变差。当环境温度较高、漏电严重时，易使达林顿管出现误导通现象。

2) 大功率达林顿管

大功率达林顿管在普通达林顿管的基础上增加了保护功能，从而适应了在高温条件下工作时功率输出的需要，内部结构如图 1-31 所示。

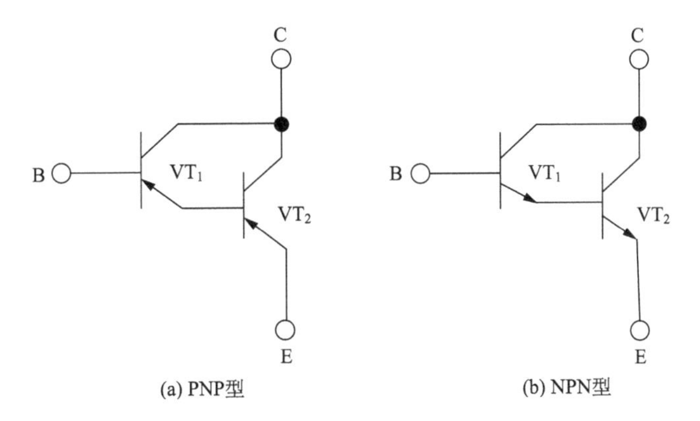

图 1-30　普通达林顿管内部结构

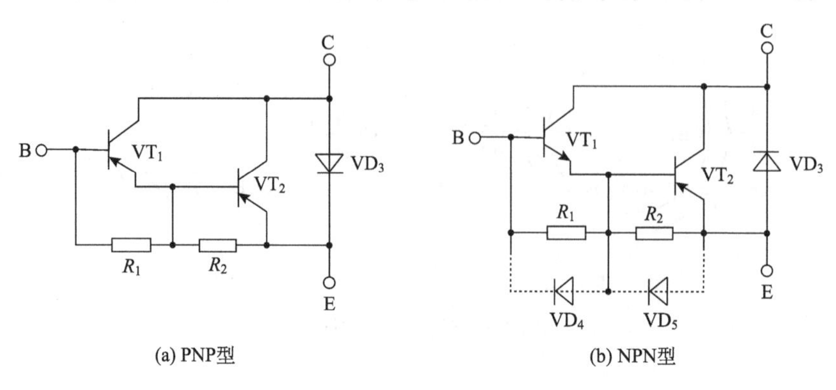

图 1-31　大功率达林顿管内部结构

大功率达林顿管在 C 极和 E 极之间反向并接了一只起过压保护作用的续流二极管 VD_3，当感性负载(如继电器线圈)突然断电时，通过 VD_3 可将反向尖峰电压泄放掉，从而保护内部三极管不被击穿损坏。另外，在三极管 VT_1 和 VT_2 的发射结上还分别并联了电阻 R_1 和 R_2，作用是为漏电流提供泄放支路，因此称为泄放电阻。因为 VT_1 的基极漏电流比较小，所以 R_1 的阻值通常取得较大，一般为几千欧；VT_1 的漏电流经放大后加到 VT_2 的基极上，加之 VT_2 自身存在的漏电流，使得 VT_2 基极漏电流比较大，因此 R_2 的阻值通常取得较小，一般为几十欧。

6. 光电三极管

光电三极管是一种在光电二极管的基础上发展起来的光电元件。它不但能实现光电转换，而且具有放大功能。光电三极管有 PNP 和 NPN 两种类型，且有普通型和达林顿型之分，电路图形符号如图 1-32(a)所示。

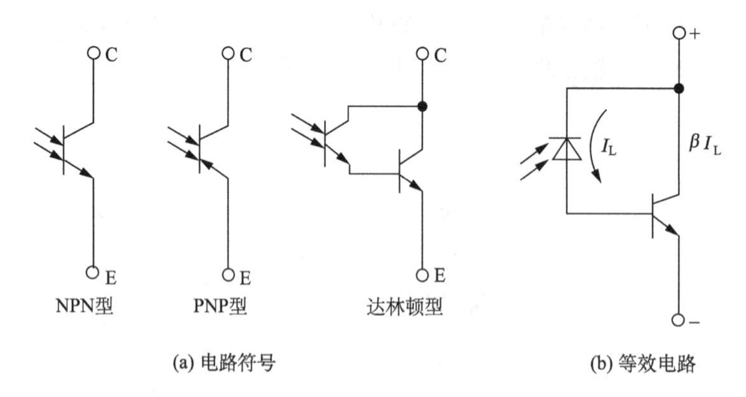

图 1-32　光电三极管的电路符号和等效电路

光电三极管可等效为光电二极管和普通三极管的组合元件，如图 1-32(b)所示。其基极 PN 结就相当于一个光电二极管，在光照下产生的光电流，输入三极管的基极进行放大。光电三极管的基极输入的是光信号，通常只有发射极 E 和集电极 C 两个引脚。

1.5.3　半导体分立器件应用时应注意的问题

1. 降额使用

半导体分立器件的降额使用是在使用半导体分立器件时，有意识地使器件实际所承受的应力低于器件的额定应力。设计电子产品时，可按《元器件降额准则 GJB/Z 35—1993》对半导体分立器件合理地降额使用。需要降额的主要参数是结温、电压和电流。

2. 容差设计

设计电子产品时，应适当放宽半导体分立器件的参数允许变化范围(包括半导体分立器件的制造容差、温度漂移、时间漂移、辐射导致的漂移等)，以保证半导体分立器件的参数在一定范围内变化时，电子产品仍能正常工作。

只要可能，电路的性能应基于器件(三极管、二极管)最稳定的参数之上。设计人员在电路的设计中应留有足够的余量，以便适应由参数漂移引起的电气性能的改变。对于公差、温度和时间造成的元器件性能的变化，应该采用一般现实的限制；对于在使用(寿命)期间稳定性较差的特性，应采用比稳定性更好的特性更宽的限制。

在半导体器件的寿命期内参数值会在规定的限制范围内发生变化，因此，就长寿命可靠性来说，设计方案应当允许表 1-8 所列的参数漂移。

表 1-8　器件参数容限

参数	二极管	三极管	硅可控整流器
初始增益	—	±10%	
匹配增益	—	±20%	
漏电流(断路)	+100%	±100%	—
恢复、开关时间	+20%	±20%	—
正向、饱和结电压降	+10%	±10%	±100%
正向、匹配结电压降	—	±50%	
齐纳调整结电压降	±20%	—	
齐纳基准结电压降	±10%	—	

3. 防过热

温度是影响半导体分立器件寿命的重要因素。防过热的主要目的在于把半导体分立器件的结温控制在允许的范围内。

一般情况下，硅半导体器件的最高结温为175℃，而锗为180℃，但为了提高可靠性，经常把硅器件最高结温定在175℃以下(甚至低到100℃)。

半导体分立器件的结温与热阻、功耗及环境温度有关。热阻包括内热阻、外热阻和接触热阻。内热阻取决于半导体分立器件的设计、材料、结构和工艺，是半导体分立器件自身的属性，一般能在产品详细规范中查到。

为了合理控制外热阻及接触热阻，使用半导体分立器件时应进行可靠性热设计。其要点如下。

(1)功率半导体分立器件应装在散热器上，散热器的表面积应满足热设计要求。

(2)工作于正常大气条件下的型材散热器应使肋片沿其长度方向垂直安装，以便于自然对流。散热器上有多个肋片时，应选择肋片间距大的散热器。

(3)半导体分立器件外壳与散热器间的接触热阻应尽可能小。要尽量增大接触面积，接触面保持光洁，必要时接触面可涂上导热膏或加热绝缘硅橡胶片，借助于合适的紧固措施保证紧密接触等。

(4)散热器进行表面处理，使其粗糙度适当并使表面呈黑色，以增强辐射换热。

(5)对热敏感的半导体分立器件，安装时应远离耗散功率大的元器件。

(6)工作于真空环境中的半导体分立器件，散热器设计时应以只有辐射和传导散热为基础。

4. 防静电

静电放电对半导体分立器件造成的损伤往往具有隐蔽性和发展性，即静电放电造成的损伤有时难以检查出来，要经过一定时间之后暴露，这导致半导体分立器件完全失效，这一点使得防静电措施更有必要。

对于静电敏感的半导体分立器件，防静电措施应贯彻于其应用(包括测试、装配、运输和储存等)的每一个环节中。

5. 防瞬态过载

电子设备在正常工作或故障时，可能发生某些电应力的瞬态过载(如启动或断开的浪涌电压、浪涌电流、感性负载反电势等)使半导体分立器件受到损伤。为防止瞬态过载造成的损伤，可采取以下措施。

(1) 选择过载能力满足要求的半导体分立器件。

(2) 对线路中已知的瞬态源采取瞬态抑制措施。例如，对感性负载反电势可采取与感性负载并联的电阻和二极管串联网络来加以抑制。当然，若用瞬态抑制管取代一般二极管，则抑制效果更好。

对可能经受强瞬态过载的半导体分立器件，应对其本身采取瞬态过载的防护措施，例如，在干扰进入通路时，安装由阻容元器件和钳位元器件构成的瞬态抑制网络。

6. 防寄生耦合

具有放大功能的半导体分立器件组成的电路，工作在高频或超高频时，必须防止由寄生耦合而产生的寄生振荡。防寄生耦合可根据具体情况，采取以下措施。

1) 防电源内阻过大，引起放大电路产生振荡的实施要点

(1) 去耦电容器的容量应根据电源负载电流交流分量的大小确定。一般情况下，电路的速度越高，它从电源所取电流的脉冲分量越大。

(2) 去耦电容器的品种应选择等效串联电阻和等效串联电感小的电容器。一般选择瓷介电容器中的独石电容器，但需要注意其低压失效的问题。

(3) 去耦电容器的安装位置应尽量靠近半导体分立器件组成的放大电路的电源引线，以减小连线电感对去耦效果的影响。

(4) 应充分考虑去耦电容量增大带来的电源启动过冲电流增大的副作用。因此必须避免不合理地增大去耦电容器的容量，并在必要时采取抑制电源启动过冲电流的措施，例如，使电源具有“软启动”或采用电感器或电阻器加去耦电容器组成的 T 形滤波器。

2) 造成布线寄生耦合的原因及影响耦合强度的因素

(1) 布线电阻自耦合由半导体分立器件组成的放大电路的自身电流在自身连线电阻上的压降造成。布线电阻互耦合由其他电路的电流在公共连线电阻上的压降造成。布线电阻自耦合和互耦合随连线长度增加、截面积减少而增强。

(2) 布线电容自耦合由半导体分立器件组成的放大电路自身的交变电压通过自身两条连线之间的电容造成。布线电容互耦合由其他电路的交变电压通过各自有关连线之间的电容造成。布线电容自耦合和互耦合随各自表面积增大、相互间距离减少及介质常数增大而增强。

7. 类型选择

在半导体分立器件选用时应注意其类型选择。表 1-9 列出晶体管类型选择规则，供选用时参考。

表 1-9　晶体管类型选择规则

应用	应用要求	选择类型
小功率放大	低输入阻抗（小于 1MΩ）	高频晶体管
	高输入阻抗（大于 1MΩ）	场效应管
	低频低噪声	场效应管
功率放大	工作频率 10kHz 以上	高频功率晶体管
	工作频率 10kHz 以下	低频功率晶体管
开关	通态电阻小	开关晶体管
	通态内部等效电压为 0	场效应管
	功率，低频（5kHz 以下）	低频功率晶体管
	大电流开关或作可调电源	闸流晶体管
光电转换放大	—	光电晶体管
电位隔离	浮地	光电耦合器

1.6　场效应管

1.6.1　场效应管的种类与特性

场效应管（FET）是一种电压控制的半导体器件，与三极管一样有三个电极，即源极 S、栅极 G 和漏极 D，分别对应于（类似于）三极管的 E 极、B 极和 C 极。

场效应管可以分为两大类：一类为结型场效应管，简写为 JFET；另一类为绝缘栅场效应管，也称为金属氧化物-半导体绝缘栅场效应管，简称为 MOS 场效应管。

场效应管根据其沟道所采用的半导体材料不同，可分为 N 沟道和 P 沟道两种。MOS 场效应管有耗尽型和增强型之分。

场效应管具有输入阻抗高、开关速度快、高频特性好、热稳定性好、功率增益大、噪声小等优点，在电子电路中得到了广泛应用。

1.6.2　场效应管的选用

1. 结型场效应管

结型场效应管利用加在 PN 结上反向电压的大小控制 PN 结的厚度，改变导电沟道的宽窄，实现对漏极电流的控制作用。结型场效应管可分为 N 沟道结型场效应管和 P 沟道结型场效应管。

1)结型场效应管的特性

描述结型场效应管特性的曲线有两种：①在一定的漏源电压下，栅源电压 U_{GS} 和漏源电流 I_{DS} 的相互关系，称为转移特性；②在一定的栅源电压下，漏源电压 U_{DS} 和漏源电流 I_{DS} 的关系，称为漏极特性或输出特性。在某一栅源电压下，对应有一条曲线表示漏源电压和漏源电流的关系，所以对不同的栅压形成一组曲线。

结型场效应管的符号及特性曲线如表 1-10 所示。

表 1-10　结型场效应管的符号及特性曲线

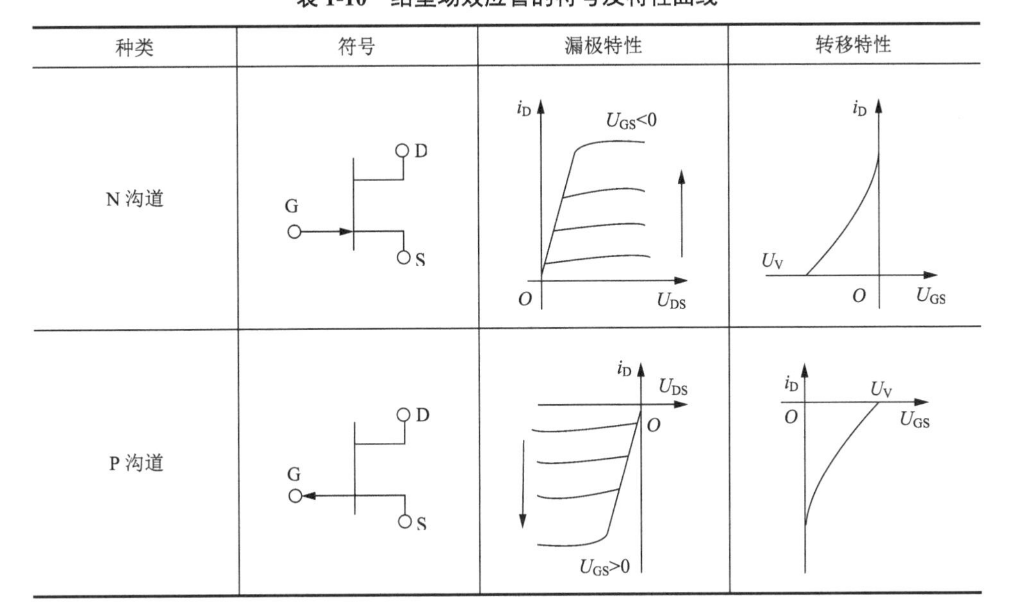

种类	符号	漏极特性	转移特性
N 沟道	G, D, S	i_D, U_{GS}<0, O, U_{DS}	i_D, U_V, O, U_{GS}
P 沟道	G, D, S	i_D, U_{DS}, O, U_{GS}>0	i_D, U_V, O, U_{GS}

2)结型场效应管的主要参数

(1)饱和漏源电流 I_{DSS}：在一定的漏源电压下，当栅源电压 U_{GS}=0 时(栅源两极短路)的漏源电流。

(2)夹断电压 U_P：在一定的漏源电压下，当漏源电流 I_{DS}=0 或小于某一小电流值时的栅源偏压值。

(3)直流输入电阻 R_{GS}：在栅源极之间加一定电压的情况下，栅源极之间的直流电阻。

(4)输出电阻 R：当栅源电压 U_{GS} 为某一定值时，漏源电压的变化量与其对应的漏极电流的变化量之比。

(5)跨导 g_m：在一定的漏源电压下，漏源电流的变化量与引起这个变化的相应栅源电压的变化量的比值，单位为西门子(S)。这个数值是衡量场效应管栅源电压对漏极电流控制能力的一个参数，也是衡量场效应管放大能力的重要参数。

(6) 漏源击穿电压 U_{DSS}：使 I_D 开始剧增的 U_{DS}。

(7) 栅源击穿电压 U_{GSS}：反向饱和电流急剧增加的栅源电压。

2. 绝缘栅场效应管

绝缘栅场效应管是 G 极与 D 极、S 极完全绝缘的场效应管，输入电阻更高。它是由金属(M)(作电极)、氧化物(O)(作绝缘层)和半导体(S)组成的金属-氧化物-半导体场效应管，因此，也称为 MOS 场效应管。

1) 绝缘栅场效应管的符号与特性曲线

绝缘栅场效应管分为增强型和耗尽型两种，根据半导体材料的不同，每一种又可分为 N 沟道和 P 沟道两类。这样，总共有 N 沟道增强型 MOS 场效应管、N 沟道耗尽型 MOS 场效应管、P 沟道增强型 MOS 场效应管和 P 沟道耗尽型 MOS 场效应管四种。绝缘栅场效应管的符号及特性曲线如表 1-11 所示。

表 1-11　绝缘栅场效应管的符号及特性曲线

特性	耗尽型		增强型	
	N 沟道	P 沟道	N 沟道	P 沟道
符号	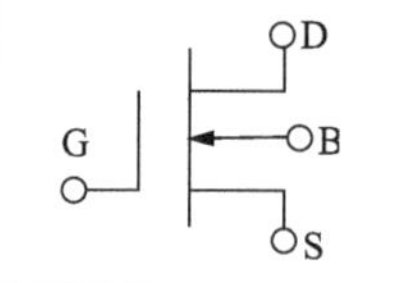 G D B S	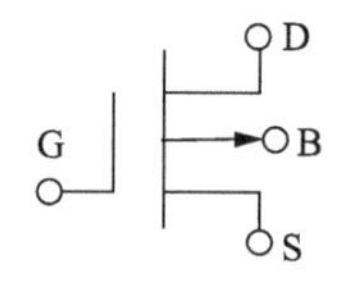 G D B S	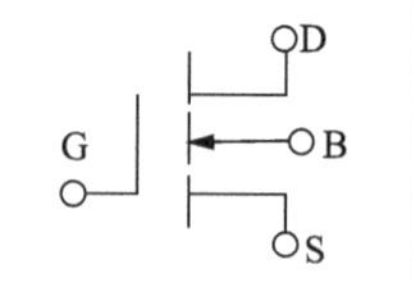 G D B S	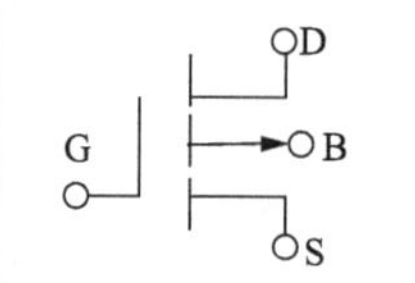 G D B S
漏极特性	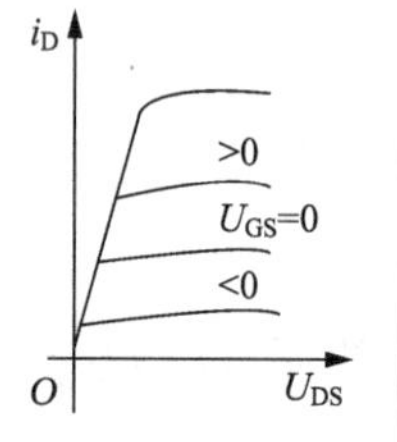 i_D >0 U_{GS}=0 <0 O U_{DS}	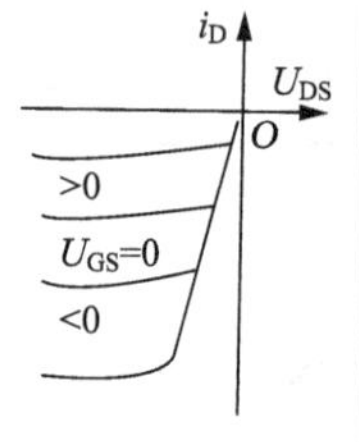 i_D U_{DS} O >0 U_{GS}=0 <0	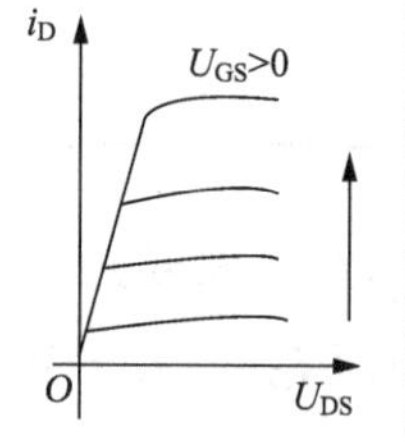 i_D U_{GS}>0 O U_{DS}	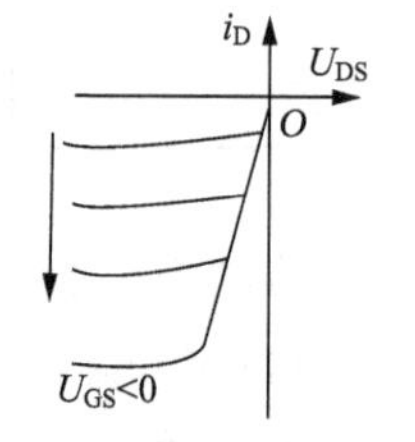 i_D U_{DS} O U_{GS}<0
转移特性	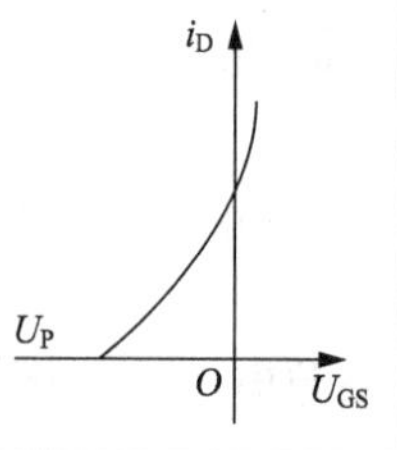 i_D U_P O U_{GS}	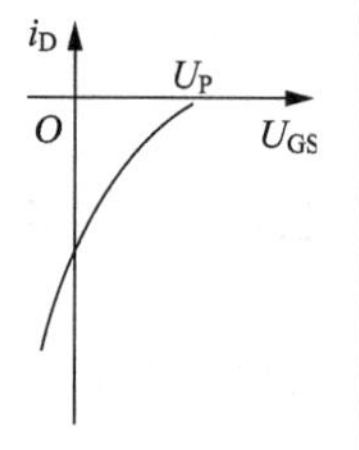 i_D U_P O U_{GS}	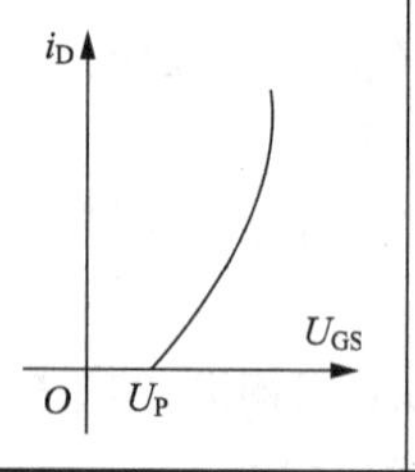 i_D U_{GS} O U_P	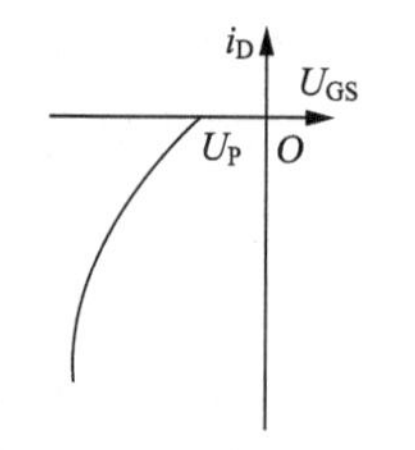 i_D U_{GS} U_P O

2) 绝缘栅场效应管的参数

(1) 夹断电压 $U_{GS(off)}$：对于耗尽型绝缘栅场效应管，在一定的漏源电压 U_{DS} 下，当漏源电流 I_{DS}=0 或小于某一小电流值时的栅源偏压值。

对于增强型绝缘栅场效应管，在一定的漏源电压 U_{DS} 下，使沟道可以将漏源极连接起来的最小 U_{GS} 即开启电压。

(2) 饱和漏源电流 I_{DSS}：对于耗尽型绝缘栅场效应管，在一定的漏源电压 U_{DS} 下，当 U_{GS}=0 时的漏源电流。

(3) 跨导 g_m：在一定的漏源电压下，漏极电流的变化量与引起这个变化的相应的栅源电压的变化量的比值。

(4) 栅源击穿电压 $U_{(BR)GS}$：反向饱和电流急剧增加时的栅源电压。应注意的是，栅、源之间一旦击穿，将造成器件的永久性损坏。因此在使用中，加在栅、源间的电压不应超过 20 V，一般电路中多控制在 10 V 以下。为了保护栅、源间不被击穿，有的管子在内部已装有保护二极管。对于无内装保护二极管的管子，使用时应如图 1-33 所示，在栅、源间并联一只限压保护二极管 VD，该二极管的稳压值可选在 10 V 左右。

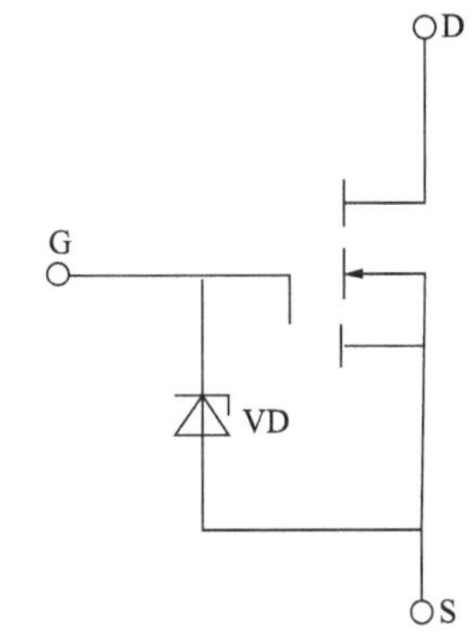

图 1-33　MOS 均效应管加装保护二极管

3) 双栅绝缘栅场效应管

双栅绝缘栅场效应管的结构及电路符号如图 1-34 所示，这种场效应管有两个串联的沟道，两个栅极都能控制沟道电流的大小，靠近源极 S 的栅极 G 是信号栅，靠近漏极 D 的栅极 G 是控制栅。

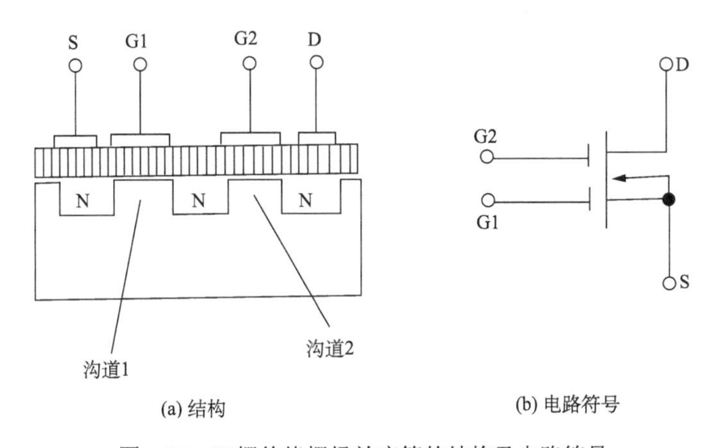

图 1-34　双栅绝缘栅场效应管的结构及电路符号

4) 绝缘栅场效应管使用注意事项

MOS 场效应管的输入阻抗很高，因此，静电会导致管子损坏。使用时要注意以下几点。

(1) 选管时，要注意实际电路中各极电流电压的数值都不能超过器件的额定值。

(2) 存放或使用时(取下或焊上)要先将三条引脚短路，然后再操作。三个电极电位相等就不会使栅、源感应电压过高，导致绝缘层击穿，尤其要注意：千万不能将栅极悬空，存放时要放在屏蔽盒中。

(3) 焊接时，要先将手和电烙铁都接触一下地线，放掉静电，避免产生高压，或用电烙铁的余温去焊接。

(4) 最好先戴上防静电手套或穿上防静电的衣服再去接触场效应管。

1.6.3　场效应管和三极管的区别

1. 场效应管的特点

(1) 场效应管是电压控制元件。在只允许从信号源取较少电流的情况下，应选用场效应管。

(2) 场效应管利用多数载流子导电，即管子工作时要么只有空穴，要么只有自由电子参与导电，只有一种载流子，所以称为单极型器件。

(3) 有些场效应管的源极和漏极可以互换使用，栅源电压也可正可负，灵活性好。

(4) 场效应管能在很小电流和很低电压的条件下工作，而且可以很方便地把很多场效应管集成在一块硅片上，因此场效应管在大规模集成电路中得到了广泛的应用。

(5) 场效应管具有较高输入阻抗和低噪声等优点，因而也被广泛应用于各种电子设备中，尤其用场效应管做整个电子设备的输入级。

2. 三极管的特点

(1) 三极管是双极型管子，即管子工作时内部由空穴和自由电子两种载流子参与，所以称之为双极型器件。

(2) 三极管属于电流控制元件，有输入电流才会有输出电流。在信号电压较低，又允许从信号源取较多电流的条件下，应选用三极管。

(3) 三极管输入阻抗小。

(4) 三极管集电极和发射极不可以互换。

3. 二者的主要区别

三极管是电流控制器件。场效应管的导通压降小，导通电阻小，栅极驱动不需要电流，损耗小，驱动电路简单，自带保护二极管，热阻特性好，适合大功率并联，但开关速度不高，并且比较昂贵。三极管开关速度高，大型三极管的 I_C 可以做得很大，但损耗大，基极驱动电流大，驱动复杂。场效应管的频率特性不如三极管。

第2章　电子工艺基础

2.1　万用表结构及功能简介

2.1.1　数字式万用表

数字式万用表可用来测量直流和交流电压、直流和交流电流、电阻、电容、频率、电池、二极管等。数字式万用表以大规模集成电路双积分 A/D 转换器为核心，并配以全过程过载保护电路，成为一台性能优越的工具仪表，是电工的必备工具之一。

1. 操作前注意事项

(1) 将 ON-OFF 开关置于 ON 位置，检查 9V 电池，如果电池电压不足，BAT 将显示在显示器上，这时，应更换电池；如果没有出现则按以下步骤进行。

(2) 测试前，功能开关应放置于所需量程上，同时要注意指针的位置，如图 2-1 所示。

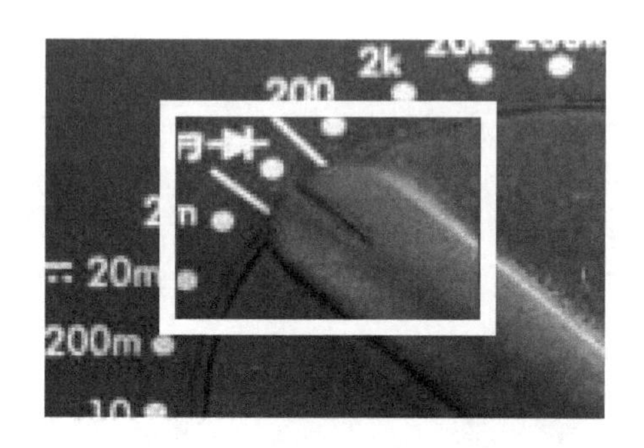

图 2-1　功能开关位置

(3) 同时要特别注意的是，测量过程中，若需要换挡或换插针位置，必须先将两支表笔从测量物体上移开，再进行换挡和换插针位置。

2. 电压挡的使用与注意事项

测电压时，必须把黑表笔插于“COM”孔，红表笔插于“VΩ”孔，如图 2-2 方框所示。

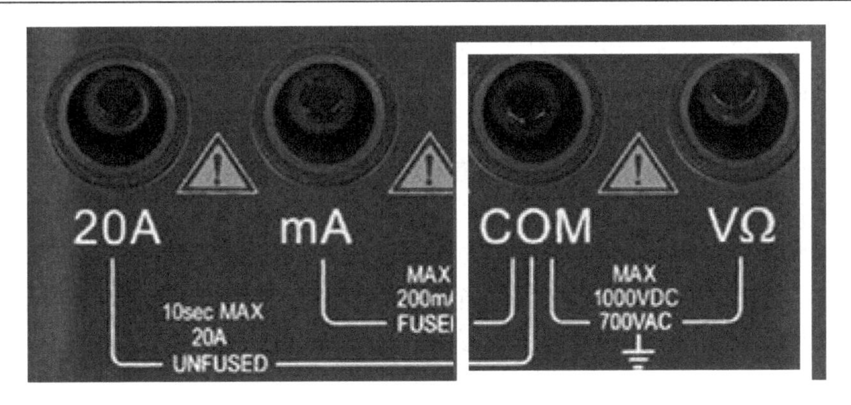

图 2-2　电压测量插孔

若测直流电压，则将指针打到如图 2-3 所示的直流挡位。

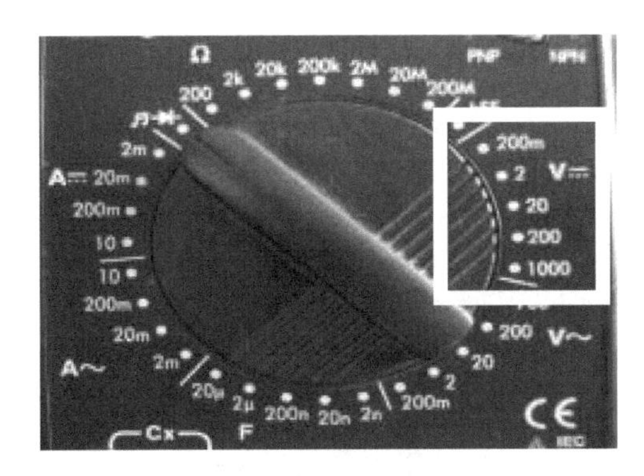

图 2-3　直流电压测量挡

若测交流电压，则将指针打到如图 2-4 所示交流电压挡位。

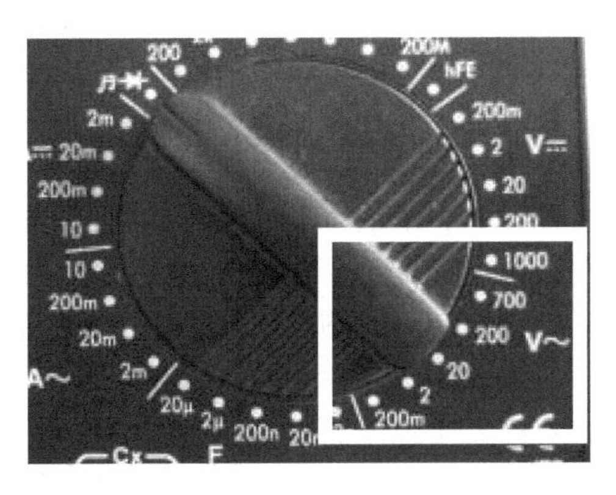

图 2-4　交流电压测量挡

(1)如果不知道被测电压范围，则将功能开关置于大量程并逐渐降低量程(不能在测量中改变量程)。

(2)如果显示“1”，表示过量程，则功能开关应置于更高的量程。

(3)⚠表示不要输入高于万用表要求的电压，显示更高的电压值是可能的，但有损坏内部线路的危险。

(4)当测高压时，应特别注意避免触电。

(5)数字表电压挡的内阻很大，至少在兆欧级，对被测电路影响很小。但极高的输出阻抗使其易受感应电压的影响，在一些电磁干扰比较强的场合测出的数据可能是虚的。要注意到避免外界磁场对万用表的影响(如有大功率用电器件使用时)。

(6)在使用万用表过程中，不能用手接触表笔的金属部分 ，这样一方面可以保证测量的准确性，另一方面也可以保证人身安全。

3. 电容挡的测量与注意事项

如图 2-5 方框中所示，将指针打到电容挡(F 挡)。

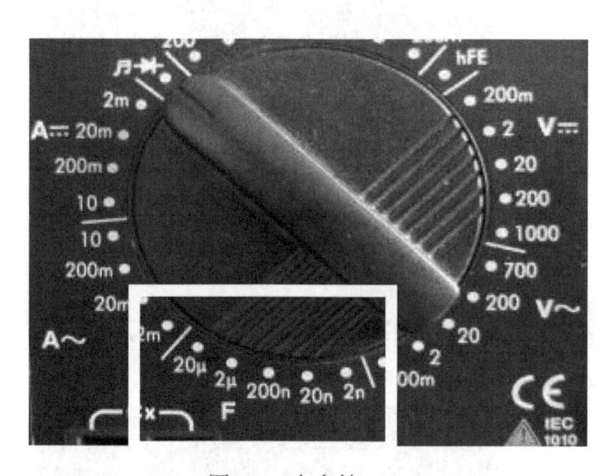

图 2-5　电容挡

在数字万用表的挡位左下方有两个孔，上面写的是“Cx”，如图 2-6 所示，把需要测的电容元件插到里面就可以测量了，要是有极性的电容要注意正负极。

电容(或电容量, Capacitance)指的是在给定电位差下的电荷储藏量，记为 C，国际单位是法拉(F)，表征电容器容纳电荷本领的物理量。

1 法拉(F)= 1 000 毫法(mF) =1 000 000 微法(μF)

1 微法(μF)= 1 000 纳法(nF)= 1 000 000 皮法(pF)

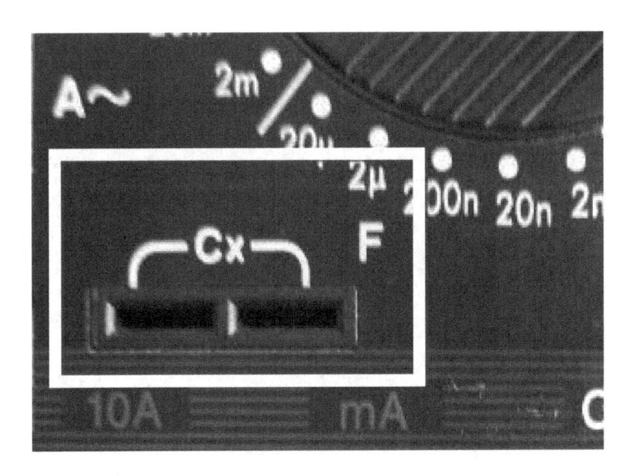

图 2-6　电容插孔

4. 电流挡的使用与注意事项

万用表电流挡分为交流挡与直流挡两个，如图 2-7 和图 2-8 中方框所示，当测量电流时，必须将万用表指针打到相应的挡位上才能进行测量。

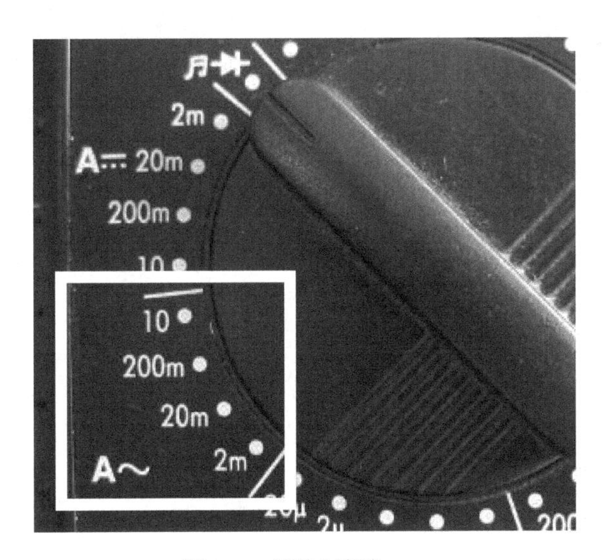

图 2-7　交流电流挡

在测量电流时，若使用“mA”挡进行测量，须把万用表黑表笔插在“COM”孔上，把红表笔插在“mA”挡上，如图 2-9 中方框所示。

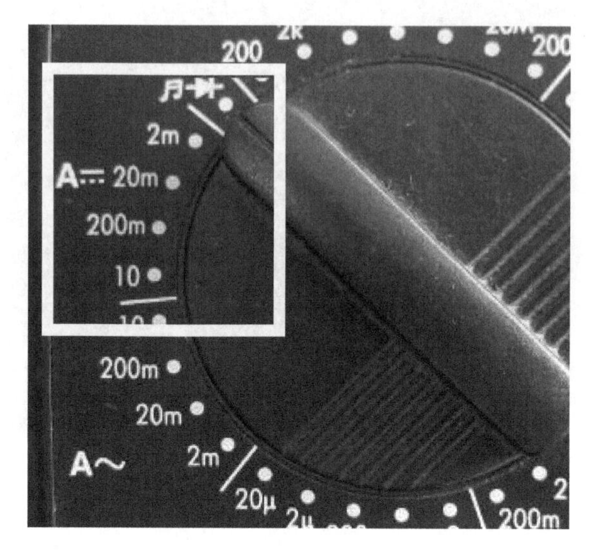

图 2-8　直流电流挡

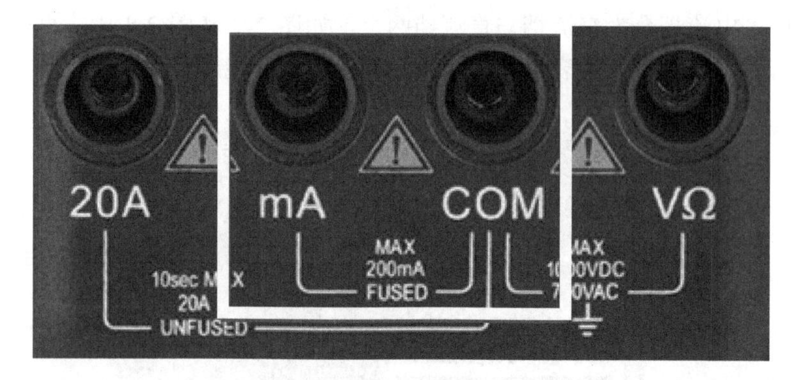

图 2-9　小电流测量插孔

若使用“20A”挡进行测量，则黑表笔不变，仍插在“COM”孔上，而把红表笔拔出插到“20A”孔上，如图 2-10 中方框所示。

电流测量注意事项如下。

(1) 如果使用前不知道被测电流范围，将功能开关置于最大量程并逐渐降低量程(不能在测量中改变量程)。

(2) 如果显示器只显示“1”，表示过量程，功能开关应置于更高量程。

(3) 表笔插孔上表示最大输入电流为 20A，测量过大的电流将会烧坏保险丝。

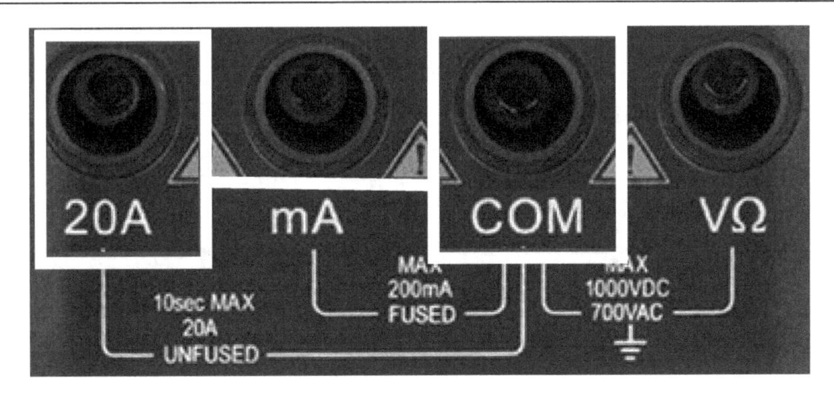

图 2-10　大电流测量插孔

5. 二极管挡的使用与注意事项

将万用表指针打到如图 2-11 中方框所示的二极管挡，黑表笔插于“COM”孔，红表笔插于“VΩ”孔。此挡位除了可测量二极管外，还可用于测量三极管、编码开关、线路是否连通等。

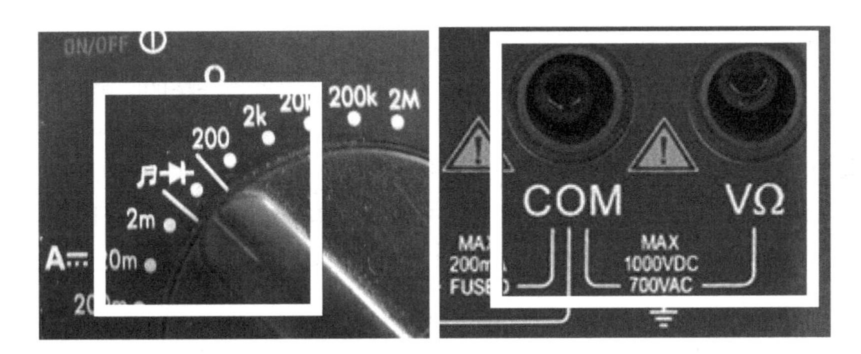

图 2-11　二极管测量挡

下面以三极管和电位器的测量来进行举例说明。

1) 三极管的测量方法

三极管的基本结构是两个反向连接的 PN 接面，也可简单地看作两个二极管相接，如图 2-12 所示，可有 PNP 和 NPN 两种组合。

三个接出来的端点依序称为发射极(emitter, E)、基极(base, B)和集电极(collector, C)。

三极管的测量方法如下。

将万用表调到二极管挡位。这一挡显示的是被测二极管两端的电压降。判断三极管的类型和极性时。将表笔接三极管的任意两脚，如果显示值在 700(单位为毫

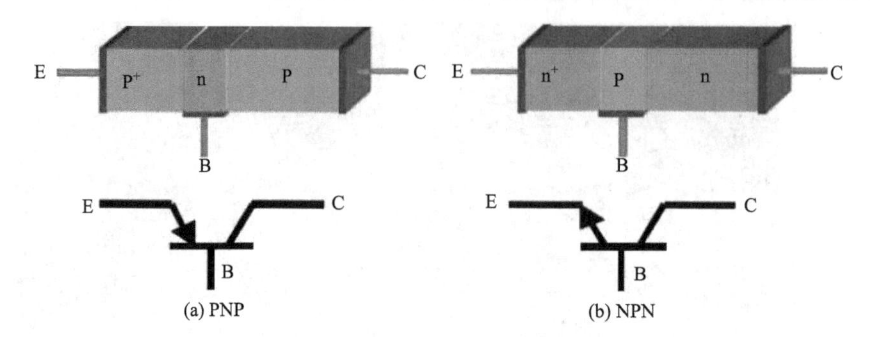

图 2-12　三极管结构示意图

伏)左右，表示是硅三极管；如果显示值在 200 左右，就是锗三极管；如果没有显示(开路状态显示 1)，则需要调换红、黑表笔测试。此外还可以判断三极管的类型：红表笔接一脚(基极)，另两脚分别接黑表笔都导通(显示数值)，说明是 NPN 型三极管。若是黑表笔接一脚(基极)，另两脚分别接红表笔都导通(显示数值)，说明是 PNP 型三极管。至于发射极和集电极的判断还要用其他方法。

同时，通过电阻挡，根据三极管放大倍数和内阻大小，也可判断三极管是 NPN 型还是 PNP 型。

判断三极管好坏：将表笔接三极管的任意两脚，如果没有显示(开路状态显示 1)或蜂鸣器响，调换红、黑表笔再进行测试，结果是一样的，则可断定三极管是坏的。

2)电阻挡的使用与注意事项

将万用表指针打到如图 2-13 中方框所示的电阻挡，黑表笔插于“COM”孔，红表笔插于“VΩ”孔，再对被测电阻阻值进行测量。

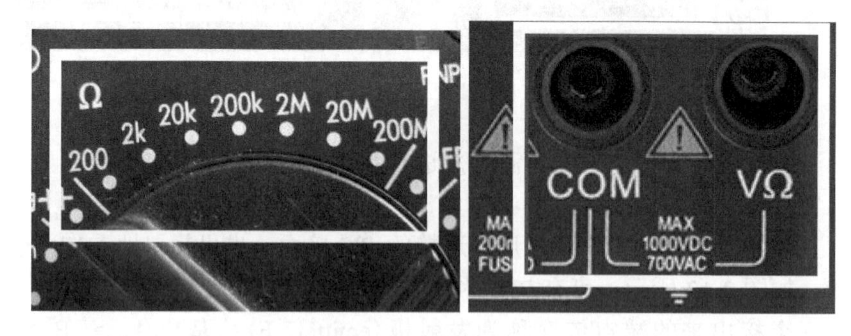

图 2-13　电阻挡

电阻测量注意事项如下。

(1)如果被测电阻值超出所选择量程的最大值，将显示过量程“1”，应选择更高的量程，对于大于 1 MΩ 或更高的电阻，要几秒钟后读数才能稳定，对于高阻值读数，这是正常的。

(2) 当无输入时，如开路情况，显示为“1”。

(3) 当检查内部线路阻抗时，要保证被测线路所有电源断电，所有电容放电。

(4) 200MΩ 短路时约有四个字，测量时应从读数中减去，如测 100MΩ 电阻时，显示为 101.0，第四个字应减去。

(5) 可用电阻挡粗略检测电容的好坏，用红表笔接电容器正极，黑表笔接电容器负极，万用表的基准电源将通过基准电阻对电容器充电，正常时万用表显示的充电电压将从一低值开始逐渐升高，直至显示溢出。如果充电开始即显示溢出“1”，说明电容器开路；如果始终显示为固定阻值或“000”，说明电容器漏电或短路。

(6) 检查电路通断时，应将功能开关拨到“二极管”挡，而不要用电阻挡。测量时只要没有听到蜂鸣声，即可判断电路不通。

(7) 测量小阻值电阻时，应先将两表笔短路，读出表笔连线的自身电阻(一般为 0.2～0.3Ω)，以对被测阻值做出修正。

(8) 电阻挡有过电压保护功能，瞬间误测规定范围内的电压不会造成损坏。例如，DT-830 型数字式万用表电阻挡最大允许输入电压(直流或交流峰值)为 250V，这是误用电阻挡测量电压时仪表的安全值，但不可带电(如电池、人体等)测量电阻，这样会导致万用表电阻精度下降，甚至损坏。

6. hFE 挡的使用与注意事项

此挡位主要是用于测三极管的放大倍数 β。在测量之前，须先确定三极管是 PNP 型或 NPN 型，同时确定各脚极性。测试挡位及测试插孔如图 2-14 所示。

图 2-14　三极管测试挡位及测试插孔

7. 数字万用表保养注意事项

数字万用表是一种精密电子仪表，不要随意更改线路，并注意以下几点。

(1) 不要超量程使用。

(2) 在电池没有装好或后盖没有上紧时，请不要使用万用表。

(3) 只有在测试表笔从万用表移开并切断电源后，才能更换电池和保险丝。电池更换时，注意 9V 电池的使用情况，如果需要更换电池，打开后盖螺丝，用同一型号电池更换，更换保险丝时，请使用相同型号的保险丝。

(4) 万用表使用完毕，应将转换开关置于“OFF”挡。如果长期不使用 ，还应将万用表内部的电池取出来，以免电池腐蚀表内其他器件。

2.1.2 指针式万用表

1. 指针式万用表的结构

指针式万用表具有测量电阻 (*R*)、电压 (*V*)、电流 (*A*) 三项基本功能。有的万用表还能测晶体管的放大倍数 hFE。万用表种类很多，外形各异，但基本结构和使用方法是相同的。常用的指针式万用表的外形与结构如图 2-15 所示。

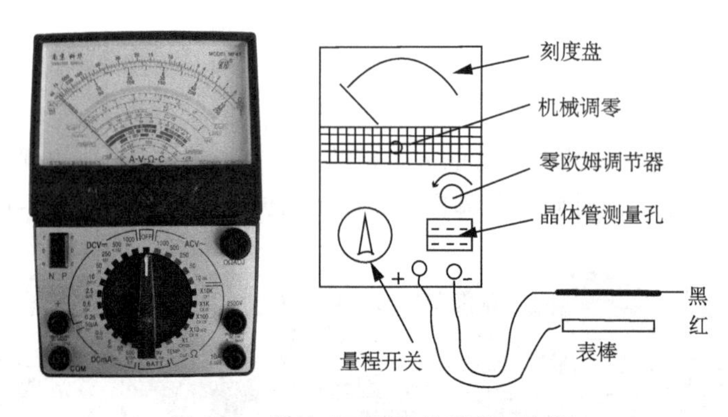

图 2-15 指针式万用表的外形与结构

万用表面板上主要有表头和选择开关。还有欧姆挡调零旋钮和表笔插孔。下面介绍各部分的作用。

(1) 表头。万用表的表头是灵敏电流计。表头上的表盘印有多种符号、刻度线和数值。符号“A-V-Ω”表示这只电表是可以测量电流、电压和电阻的多用表。表盘上印有多条刻度线，其中，右端标有“Ω”的是电阻刻度线，其右端为 0，左端为∞，刻度值分布是不均匀的。符号“－”或“DC”表示直流，“～”或“AC”表示交流。刻度线下的几行数字是与选择开关的不同挡位相对应的刻度值。

表头上还设有机械调零旋钮，用以校正指针在左端指零位。

(2) 选择开关。万用表的选择开关是一个多挡位的旋转开关。用来选择测量项目和量程。一般的万用表测量项目包括“DCmA”——直流电流、“DCV”——直流电压、“ACV”——交流电压、“Ω”——电阻。每个测量项目又划分为几个不同的量程以供选择。

(3) 表笔和表笔插孔。表笔分为红、黑两只。使用时应将红色表笔插入标有“＋”的插孔，黑色表笔插入标有“－”的插孔。

2. 指针式万用表使用前后注意事项

1) 指针式万用表使用前注意事项

(1) 万用表水平放置。

(2) 应检查表针是否停在表盘左端的零位。如有偏离，可用小螺丝刀轻轻转动表头上的机械调零旋钮，使表针指零。

(3) 将表笔按上面的要求插入表笔插孔。

(4) 将选择开关旋到相应的项目和量程上，就可以使用了。

2) 指针式万用表使用后注意事项

(1) 拔出表笔。

(2) 将选择开关旋至“OFF”挡，若无此挡，应旋至交流电压最大量程挡，如“1000V”挡。

(3) 若长期不用，应将表内电池取出，以防电池电解液渗漏而腐蚀内部电路。

2.2　万用表的使用及电子元器件检测

2.2.1　万用表测量电压和电流

在电子制作中，常常用万用表测量电路中的电压和电流。

将发光二极管和电阻、电位器接成图 2-16 的电路。发光二极管是一种特殊的二极管，通入一定电流时，它的透明管壳就会发光。发光二极管有多种颜色，常在电路中做指示灯。我们将利用这个电路练习用万用表测量电压和电流。

可将导线两端绝缘皮剥去，缠绕在元件接点或引线上。注意相邻接点间引线不可相碰。

检查电路无误后接通电源，旋转电位器，发光二极管亮度将发生变化，使发光二极管亮度适中。

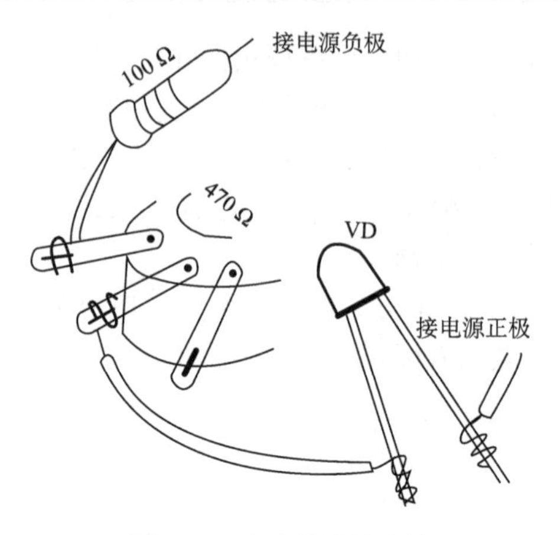

图 2-16　电路的连接方法

1. 测量直流电压

以 MF47 型万用表为例，测量步骤如下。

(1)选择量程。万用表直流电压挡标有“DCV”，有 2.5V、10V、50V、250V 和 500V 五个量程，根据电路中电源电压大小选择量程。由于电路中电源电压只有 3V，所以选用 10V 挡。若不清楚电压大小，应先用最高电压挡测量，逐渐换用低电压挡。

(2)测量方法。万用表应与被测电路并联。红表笔应接被测电路和电源正极相接处，黑表笔应接被测电路和电源负极相接处，如图 2-17 所示。

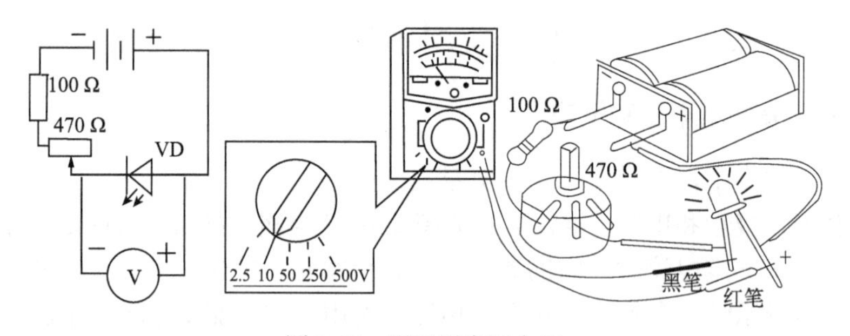

图 2-17　用万用表测电压

(3)正确读数。仔细观察表盘，直流电压挡刻度线是第二条刻度线，用 10V 挡时，可用刻度线下第三行数字直接读出被测电压值。注意，读数时，视线应正对指针。

手持表笔绝缘杆，将正负表笔分别接触电池盒正负两极引出焊片，测量电源电压。正确读出电压数值。

将万用表红、黑表笔按图 2-17 接触发光二极管两引脚，测量发光二极管两极间电压。正确读出电压数值。

用万用表测量固定电阻器两端电压，首先判断正、负表笔应接触的位置，然后测量。

在以上测量过程中，若某项电压值小于 2.5V，可将万用表选择开关换为 V2.5V 挡再测量一次，比较两次测量结果(换量程后应注意刻度线的读数)。

测量完毕，断开电路电源。按前面讲的万用表使用后应做到的要求收好万用表。

2. 测量直流电流

以 MF47 型万用表为例。测量步骤如下。

(1) 选择量程。万用表直流电流挡标有“mA”，有 1mA、10mA、100mA 三挡量程。应根据电路中的电流大小选择量程，如果不知电流大小，应选用最大量程。

(2) 测量方法。万用表应与被测电路串联。应将电路相应部分断开后，将万用表表笔接在断点的两端。红表笔应接在和电源正极相连的断点，黑表笔接在和电源负极相连的断点，如图 2-18 所示。

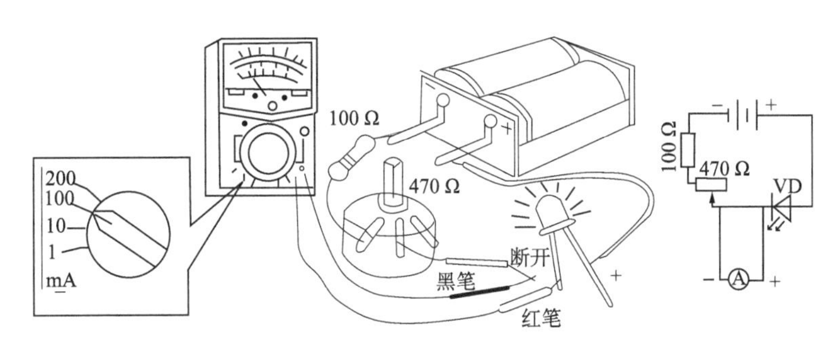

图 2-18　用万用表测量电流

(3) 正确读数。直流电流挡刻度线仍为第二条，如选 100mA 挡时，可用第三行数字，读数后乘 10 即可。

按前面讲的万用表使用前的要求准备好万用表，并将选择开关置于“mA”挡 100mA 量程。

如图 2-18 所示，断开电位器中间接点和发光二极管负极间引线，形成“断点”，这时，发光二极管熄灭。

将万用表串接在断点处。红表笔接发光二极管负极，黑表笔接电位器中间接点引线，这时，发光二极管重新发光。万用表指针所指刻度值即通过发光二极管的电流值。

旋转电位器转柄，观察万用表指针的变化情况和发光二极管的亮度变化，通过以上操作，可以进一步体会电阻器在电路中的作用。

测量完毕，断开电源，按要求收好万用表。

2.2.2 电阻器的简单测试

1. 测量固定电阻器

测量电子零件可用万用表。万用表有指针式与数字式两种。当测量精度要求不高时多使用指针式，可用万用表的欧姆挡直接测量电阻值。

测试的方法：首先将万用表的功能选择挡拨至“Ω”挡，量程置合适挡。将两根测试笔短路，表头指针应在“Ω”刻度线零点，若不在零点，则要调节旋钮(零欧姆调节器)。调零后即可把被测电阻串接于两根测试笔之间，但两手不可碰触两表笔，如图 2-19 所示，以免影响读数的正确性。此时指针偏转(使指针尽量处于电阻标尺的 1/2～2/3 的位置，使误差最小)，待稳定后可从“Ω”刻度线上直接读出所示的数值，并乘上该挡的倍率。当另换量程时，必须再次短接两根测试笔重新调零。

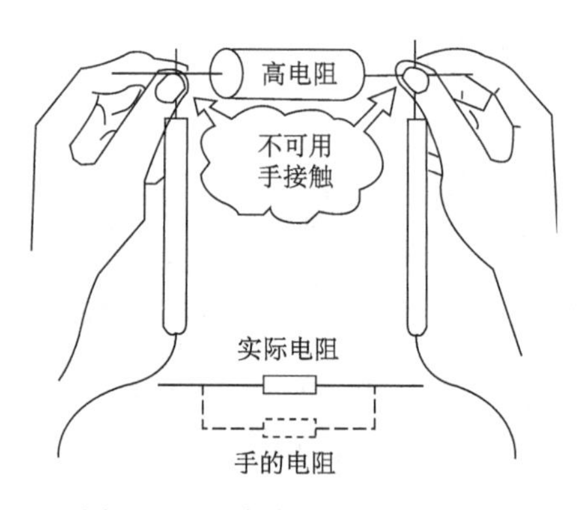

图 2-19　测高电阻不可用手接触

2. 测量可变电阻(电位器)

可变电阻的测量基本与固定电阻方法相同。可变电阻有三个接点，旁边两个固定端，无论转轴如何转动，两端间的电阻皆为固定值(即最大电阻)。中间为活动端，其与任意一端间的电阻值是随转轴转动而平滑地变化的。若用万用表的“Ω”挡测量时，指针不动，说明电位器内部已断路，若指示的数值为 0，则说明电位器内部短路。

2.2.3　电容器的简单测试

一般用万用表的欧姆挡就可简单地测量出电容器的优劣情况，粗略地辨别其漏电、容量衰减或失效的情况。具体方法如下。

(1)选挡。选择 $R\times1$k 或 $R\times100$ 挡(应先调零)。

(2)接法。一般电容器，万用表的测试表笔可任意接电容的两根引线。若对于电解电容器，万用表黑表笔接正极，红表笔接负极(电解电容器测试前应先将正、负极短路放电)。

(3)测试时的现象和结论见表 2-1。

表 2-1　电容器测试时的现象和结论

分类	现象	结论
一般电容 电解电容	表针基本不动(在“∞”附近) 表针先较大幅度右摆，然后慢慢向左退回“∞”	好电容
一般电容 电解电容	表针不动(停在“∞”上)	坏电容(内部断路)
一般电容 电解电容	表针指示阻值很小	坏电容(内部短路)
一般电容 电解电容	表针指示较大(几百 MΩ<阻值≤“∞”) 表针先大幅度右摆，然后慢慢向左退，但退不回“∞”处	漏电 (表针指示称为漏电阻)

2.2.4　电感器的简单测试

利用万用表的欧姆挡可简单地测量出电感器的优劣情况。具体方法是：选择万用表的 $R\times1$ 挡(先调零)，用万用表的测试笔任意接电感器的两脚。测试时的现象和结论如表 2-2 所示。

表 2-2　电感器测试时的现象和结论

现象	可能原因	结论
表针指示电阻很大	电感线圈多股线中有几股断线	坏电感
表针不动(停在“∞”上)	电感线圈开路	坏电感
表针指示电阻值为零	电感线圈严重短路	坏电感
表针指示电阻值为零点几欧～几欧		好电感

2.2.5　二极管的简单测试

1. 普通二极管的测量

(1)外观识别。好的晶体二极管外形端正，标志清晰，漆膜完好，无腐蚀，引线牢固。

(2)极性判别。用万用表电阻挡 $R\times1$k 或 $R\times100$ 挡，测量二极管的两根引线，然后交换表笔再测，测得阻值较小(几百欧到几千欧)一次，黑表笔所接电极为正极，红表笔接的为负极；测得阻值较大(几百千欧或无穷大)一次，则黑表笔所接电极为负极，红表笔所接为正极。

(3)质量判别。用万用表电阻挡测量二极管的正、反向电阻，黑表笔接正极，红表笔接负极，测出的是正向电阻；将两表笔对调，测出的是反向电阻。正向电阻越小越好，反向电阻越大越好。正向电阻与反向电阻相差越大(几百倍以上)，二极管的单向导电性就越好。一般硅二极管的反向电阻用 $R\times10$k 挡测量时，阻值应无穷大(表针不动)为好。如果测得正向电阻为∞(表针不动)，说明二极管内部断路；如果反向电阻近似为0(正、反向电阻均为0)，说明二极管被击穿(短路)；如果正、反向电阻相差太小，说明二极管性能变坏，不能使用。

2. 稳压二极管的测量

(1)极性判别。用万用表 $R\times1$k、$R\times100$ 或 $R\times10$ 挡，两表笔分别接触稳压二极管两引脚，测出正、反向电阻，阻值较小一次，黑表笔所接电极为稳压二极管正极，红表笔所接为负极；阻值较大的一次，黑表笔所接为负极，红表笔所接为正极。

(2)质量判别。稳压值大于1.5V而小于15V的稳压二极管的测量，用万用表电阻挡 $R\times10$、$R\times100$ 或 $R\times1$k 挡测量稳压二极管反向电阻，稳压二极管稳压性能正常时表针应不摆动(指在无穷大处)，如表针摆动，则说明稳压二极管稳压性能不良。稳压值大于15V的稳压二极管的测量，用万用表电阻挡 $R\times10$k 挡测量稳压二极管反向电阻,稳压二极管稳压性能正常时表针应不摆动(指在无穷大处)，若表针摆动，则说明稳压二极管稳压性能不良。用万用表电阻挡 $R\times10$、$R\times100$ 或 $R\times1$k 测量稳压二极管的正、反向电阻，如果正、反向电阻均很小或为0，则说明稳压二极管击穿(短路)；如果正、反向电阻均很大(无穷大)，则说明稳压二极管内部断路。

(3)稳压值的测量。对于稳压值小于15V的稳压二极管，可用MF368型万用表 $R\times10$k 挡测量，将万用表黑表笔接负极，红表笔接正极，利用LV值刻度线可读出稳压值：稳压值=刻度×10(V)。

3. 发光二极管的测量

对于发光二极管，由于正向压降在1.5～2.7V，所以测量时应选用万用表电阻挡$R\times10$k挡测量，将两表笔分别接发光二极管两引脚，交换表笔再测，阻值小的一次，黑表笔所接为正极，红表笔所接为负极；阻值较大(无穷大)一次，黑表笔所接为负极，红表笔所接为正极。

对于红外发光二极管，用万用表$R\times1$k挡测量其正向电阻在30kΩ左右，反向电阻在200kΩ以上者是好的。

4. 光电二极管的测量

(1)极性判别。用万用表电阻挡$R\times1$k挡测量，用两表笔分别接光电二极管两引脚，然后交换表笔再测，阻值较小一次，黑表笔所接为正极，红表笔所接为负极；阻值较大一次，黑表笔所接为负极，红表笔所接为正极。

(2)质量判别。用万用表电阻挡$R\times1$k挡或$R\times10$k挡测量光电二极管反向电阻，黑表笔接光电二极管负极，红表笔接正极，在无光照时，光电二极管的反向电阻很大，当受光照时，反向电阻变小，并且随光照强度增大，反向电阻越小。否则，说明光电二极管损坏。

2.2.6　晶体三极管的测量

1. 极性与类型判别

(1)基极的判别。用万用表电阻挡$R\times1$k挡，红表笔接三极管的一个引脚(假定基极)，黑表笔分别接其余两个引脚，如果测得的两个电阻都很小(500Ω～5kΩ)，然后将两表笔交换，黑表笔接假定基极脚，红表笔分别接另两脚，如果测得的两个电阻都很大(几百千欧以上)，则假定引脚为三极管基极。否则重新测量，直至找到基极。

(2)管型和材料的判别。用万用表电阻挡$R\times1$k挡，红表笔接基极，黑表笔接另两极，如果两次阻值都较小(500Ω～5kΩ)，则该三极管为PNP型，相反，如果两次阻值都很大(几百千欧以上)，则该三极管为NPN型。当两次阻值都较小且小于500Ω时，为锗材料三极管，两次阻值都较小且小于5kΩ时，则是硅材料三极管。

(3)集电极和发射极的判别。用万用表电阻挡$R\times1$k挡(锗管用$R\times100$挡)测量。对于NPN型三极管，用红表笔和黑表笔分别接除基极外的另两引脚，然后用一只手同时摄住黑表笔与基极，这时电表的指针发生较大幅度的偏转，再调换红、黑表笔，然后用手摄住黑表笔与基极，同样电表的指针发生大幅度偏转，以上两次偏转角度不同，偏转角度大的一次，黑表笔所接的引脚为 NPN 型三极管的集电极，红表笔所接的引脚为发射极，见图 2-20。

对于 PNP 型三极管，用红表笔和黑表笔分别接除基极外的另两引脚，然后用一只手同时摄住红表笔与基极，这时电表的指针发生较大幅度的偏转，再调换红、黑表笔，然后用手摄住红表笔与基极，同样电表的指针发生大幅度偏转，以上两次偏转角度不同，偏转角度大的一次，红表笔所接的引脚为 PNP 型三极管的集电极，黑表笔所接的引脚为发射极，见图 2-21。

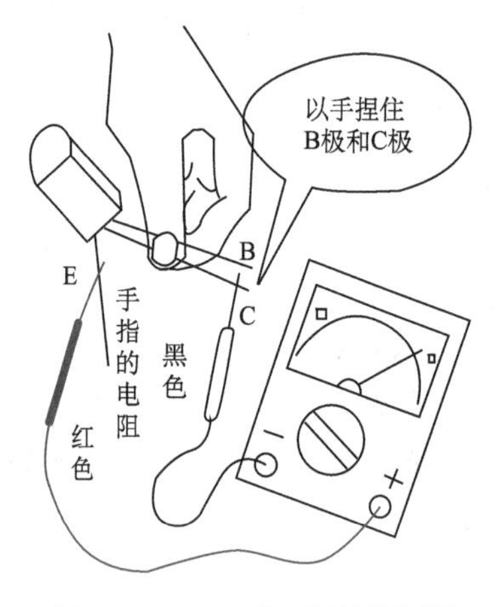

图 2-20　NPN 型三极管的测量

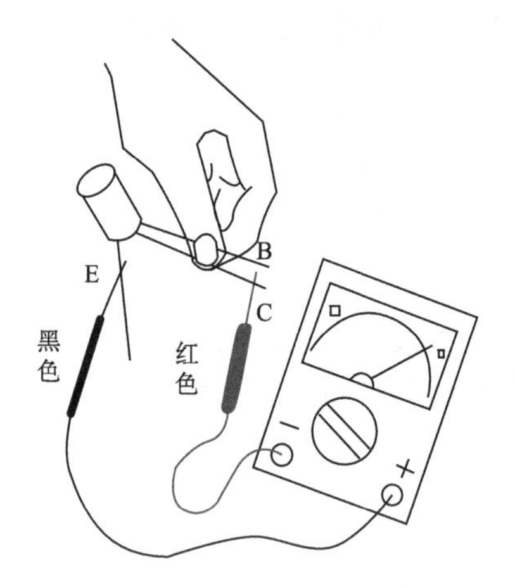

图 2-21　PNP 型三极管的测量

2. 质量检测

(1)测量正、反向电阻。三极管是由两个 PN 结组成的，测量 PN 结正反向电阻的方法，即可完成对三极管正反向电阻的测量。一般要求三极管的正向电阻越小越好，若正向电阻过大，会导致放大能力下降；若正向电阻为无穷大(∞)，说明发射结或集电结断路。

三极管两个 PN 结的反向电阻一般在几百千欧以上，反向电阻越大越好；若反向电阻较小，反向电流就大，三极管的热稳定性就差；若反向电阻很小，甚至为 0 时，说明发射结或集电结已击穿。

(2)粗测穿透电流 I_{CEO}。硅材料三极管用万用表 $R\times 10$k 挡，锗材料三极管用 $R\times 100$ 挡。

测 PNP 型小功率锗管时，红表笔接集电极，黑表笔接发射极，测出阻值一般应在 30kΩ 以上；测量 NPN 型小功率硅管时，黑表笔接集电极，红表笔接发射极，测出的阻值在 1000kΩ 以上，一般要求电表指针应指在无穷大(∞)处。阻值越大，穿透电流越小，热稳定性越好。若测出的阻值较小，穿透电流就大，说明管子质量就差；如果测出的阻值太小或接近零，三极管可能已击穿损坏。

(3) 测量电流放大系数 $\bar{\beta}$ 。先将转换开关转至电阻挡的 $R\times1\text{k}$ 挡，调零后，再旋至 h_{FE} 处，把三极管的 E、B、C 脚插入表面上相应的 E、B、C 插孔内，即可在 h_{FE} 刻度线上直接读出 $\bar{\beta}$ 值。使用 MF368 型万用表时，分别在刻度线上读取，$\bar{\beta}$ 值一般应在 30 以上。$\bar{\beta}$ 值若太小，三极管的放大能力就较差。

2.3　常用焊接工具

将元器件引线与印制板或底座焊接在一起就称为焊接。在焊接过程中要使用的工具称为焊接工具。在焊接过程中用于熔合两种或两种以上的金属面，使它们成为一个整体的金属或合金称为焊料。焊料按组成的成分不同可分为锡铅焊料、银焊料和铜焊料等；按熔点不同可分为软焊料(熔点在 450℃以下)和硬焊料(熔点高于 450℃)。在电子产品装配中，常用的是软焊料(即锡铅焊料)，简称焊锡。

2.3.1　电烙铁的构造与选用

1. 电烙铁的功能、构造

电烙铁在手工锡焊过程中担任着加热焊区各被焊金属，熔化焊料、运载焊料和调节焊料用量的多重任务。电烙铁的构造很简单，除了一种手枪式快速电烙铁以外，其余都大同小异，如图 2-22 所示。

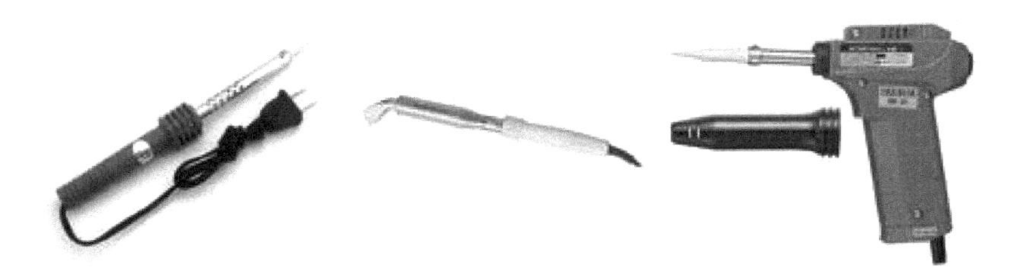

图 2-22　电烙铁的结构

2. 电烙铁的分类和选用

普通电烙铁按结构分为内热式和外热式两种，如图 2-23 所示。内热式电烙铁的发热芯与管身一并被套在烙铁头的里面，外形小巧，预热率高，以功率为 20W、30W 的应用较多，但发热芯的可靠性比外热式的差，烙铁头的温度不便于调节，不太适合初学者使用。外热式电烙铁的发热芯套在烙铁头的外面，结构牢固、经久耐用，热惯性大，工作时温度较为恒定，温度的调节比较方便，是目前采用得最为普通的结构形式。外热式电烙铁的功率规格齐全，从 20～300W 都有。若用于一般的电子线路安装焊接，有一把 20～30W 的为主，再配一把 45～60W 的为辅就足够应付了。

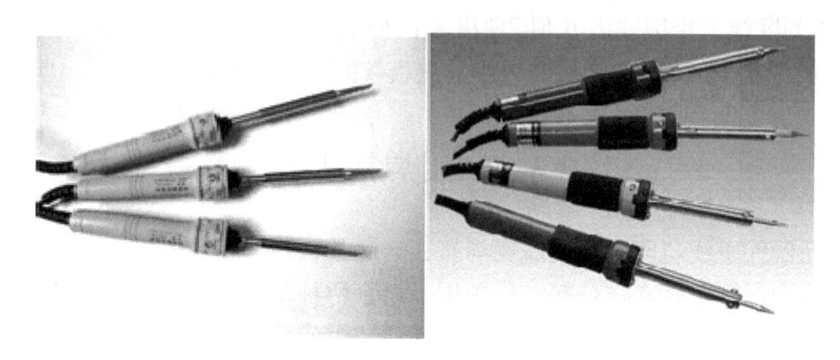

(a) 内热式电烙铁　　(b) 外热式电烙铁

图 2-23　内热式和外热式电烙铁

3. 电烙铁头的选用

一般的烙铁头都是紫铜制造的，老式的烙铁头直接裸露铜表面，容易产生氧化层而发黑不上锡，时常要用砂纸打磨抛光重新上锡；新式的烙铁头表面都有银色的抗氧化合金涂层，抗氧化性能好了很多，但是不能刀刮、砂磨，也不能用力磕碰，以免破坏很薄的镀层。烙铁头的形状各异，可以分为尖头、马蹄头、平头，每种又有大小之分，应根据作业的目的、要求选择合适的烙铁头。一般焊电路时尖头和马蹄头用得比较多，焊贴片芯片比较多的时候，平头比较好用。一般小的或不耐高温的元件，选用较细较尖的烙铁头；焊接相对较大及耐高温的部件，则宜选择较粗的烙铁头。工作端的形状有锥形、铲形、斜劈形、专用的特制形等。但通常在小功率电烙铁上，以使用直头锥形的为多，弯形的则比较适合于 75W 以上的电烙铁，如图 2-24 所示。

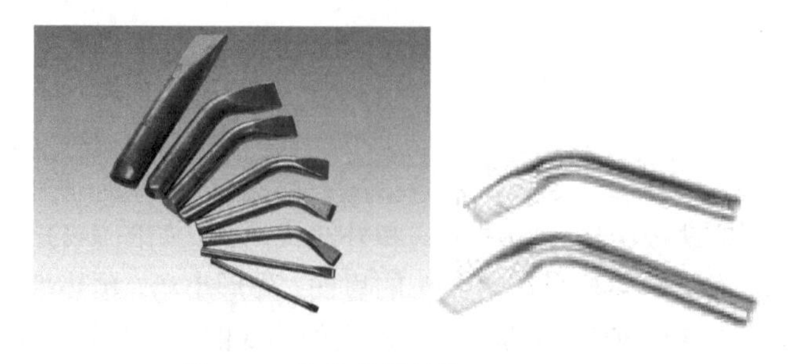

图 2-24　烙铁头的结构

2.3.2　焊料与助焊剂

焊料是易熔金属，一般使用锡铅焊料，手工烙铁焊接常用管状焊锡丝，用松香作为助焊剂。

(1)焊锡的购买与正确选用。一般采用有松香芯的焊锡丝，如图 2-25 所示。这种焊锡丝，熔点较低，而且内含松香助焊剂，使用极为方便。

图 2-25　焊锡丝

图 2-26　无酸焊油

(2)助焊剂的购买与正确选用。常用的助焊剂是松香或松香水(将松香溶于酒精中)。使用助焊剂，可以帮助清除金属表面的氧化物，利于焊接，又可保护烙铁头。焊接较大元件或导线时，也可采用，但它有一定的腐蚀性，焊接后应及时清除残留物。图 2-26 的这种无酸焊油很好用。

图 2-27 所示为传统的松香和松香膏，长时间加热会留下黑色碳化渣滓。

图 2-27　松香

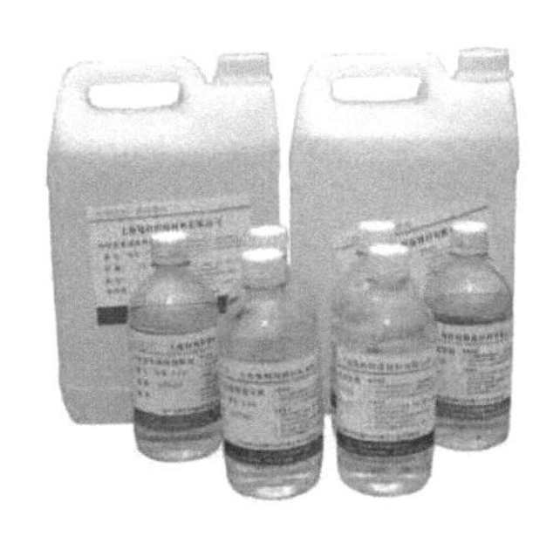

图 2-28　水性助焊剂

图 2-28 为水性助焊剂，是新产品，优点很多，但是用的时候挥发速度太快有些不适应。

2.3.3　烙铁架与辅助工具

1. 烙铁架的作用

烙铁架是电烙铁的附属用具，起到在电烙铁暂时不用或空烧时搁置电烙铁以免电烫坏它物的作用。烙铁架的结构如图 2-29 所示。

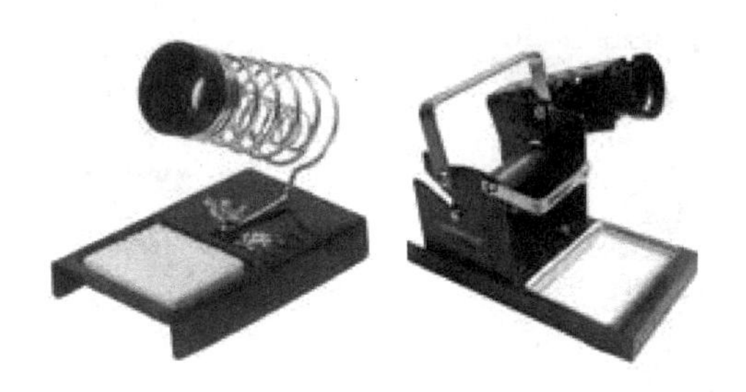

图 2-29　烙铁架的结构

2. 辅助工具及其作用

为了方便焊接操作，常采用尖头钳、偏口钳、镊子和小刀等作为辅助工具。应学会正确使用这些工具。辅助工具的结构如图 2-30 所示。

尖头钳：夹持元件或剪断较粗的导线。

偏口钳：用来剪断电线或元件引线。

镊子：用来夹持细小元件或元件的引线。

小刀：用来刮除元件引线或其他金属表面的氧化物及污垢，便于焊接。

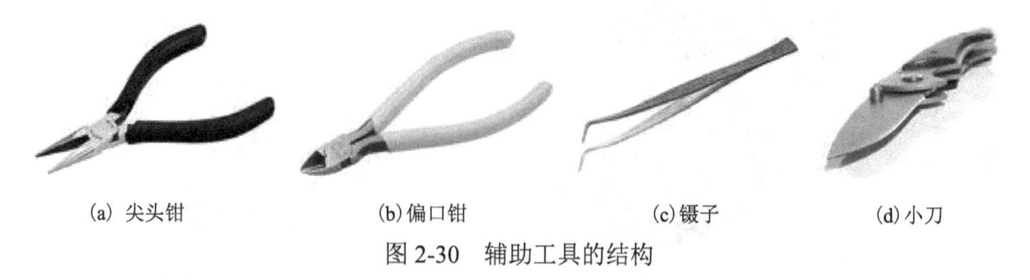

(a) 尖头钳　　(b) 偏口钳　　(c) 镊子　　(d) 小刀

图 2-30　辅助工具的结构

有合金涂层的电烙铁不能硬磨，只能用专用的清洁工具(图 2-31 的高温海绵和图 2-32 的合金棉)去氧化层。

高温海绵/矿渣棉用水湿润以后擦拭烙铁头，切记一定要加水，不然会烧坏。合金棉是特制的低硬度合金制成的钢丝球，用来去除表面的氧化层，同时可以避免伤到合金涂层，好处是清洁以后烙铁头的温度不下降，受到的热冲击也少。

图 2-31　高温海绵

图 2-32　合金棉

吸锡器通过一个抽气活塞吸锡，需要和烙铁或者热风枪配合使用，如图 2-33 所示。

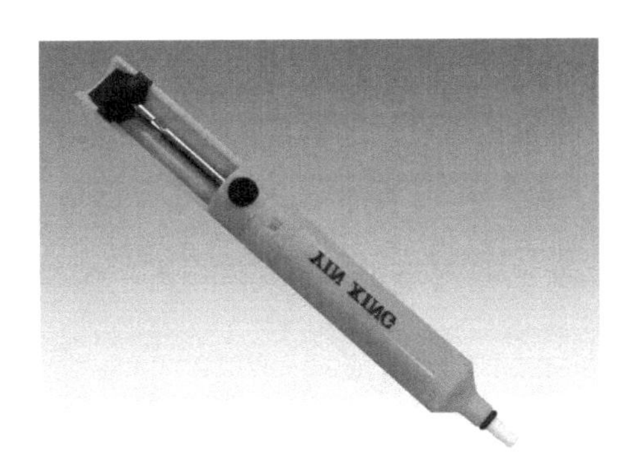

图 2-33　吸锡器

电热吸锡枪如图 2-34 所示，自带电热头和气泵，不需要人力按活塞。

图 2-34　电热吸锡枪

如图 2-35 所示，吸锡带是涂了一些助焊剂的细铜丝编织带，吸少量锡的时候吸得非常干净，但是由于它属于消耗品，单用损耗较大，配合吸锡器使用好些。

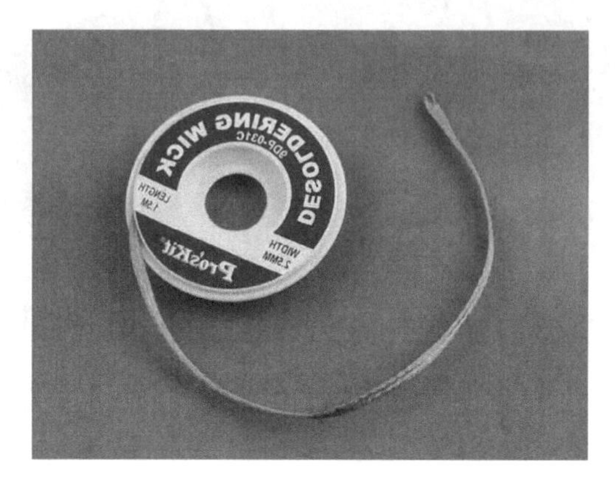

图 2-35　吸锡带

2.4　电路板的基础焊接

2.4.1　概述

1. 焊接的分类

焊接通常分为熔焊、钎焊和接触焊三大类。

(1) 熔焊：利用加热被焊件，使其熔化产生合金而焊接在一起的焊接技术，如气焊、电弧焊、超声波焊等。

(2) 钎焊：用加热熔化成液态的金属，把固体金属连接在一起的方法称为钎焊。在钎焊中起连接作用的金属材料称为焊料。作为焊料的金属，其熔点低于被焊接的金属材料。钎焊按焊料熔点的不同可分为硬焊(焊料熔点高于 450℃)和软焊(焊料熔点低于 450℃)。

(3) 接触焊：一种不用焊料与焊剂即可获得可靠连接的焊接技术，如点焊、碰焊等。

2. 锡焊的特点

采用锡铅焊料进行的焊接称为锡铅焊，简称锡焊，它属于软焊。锡焊是最早得到广泛应用的一种电子产品的布线连接方法。当前，虽然焊接技术发展很快，但锡焊在电子产品装配中仍占连接技术的主导地位。锡焊与其他焊接方法相比具有如下特点。

(1) 焊料熔点低，适用范围广。锡焊属于软焊，焊料熔化温度在 180～320℃。除含有大量铬和铝等合金的金属材料不宜采用锡焊焊接外，其他金属材料大都可以采用锡焊焊接，因而适用范围很广。

(2) 焊接方法简便，易形成焊点。锡焊焊点是利用熔融的液态焊料的浸润作用而形成的，因而对加热量和焊料都无须精确的要求，就可形成焊点。例如，使用手工焊接工具电烙铁进行焊接就非常方便，且焊点大小允许有一定的自由度，可以一次形成焊点。若用机器进行焊接，还可以成批形成焊点。

(3) 成本低廉，操作方便。锡焊比其他焊接方法成本低，焊料价格也便宜。焊接工具(电烙铁)简单，操作方便，而且整修焊点、拆换元器件及重新焊接都很方便。

(4) 焊接设备比较简单，容易实现焊接自动化。因焊料熔点低，有利于浸焊、波峰焊和再流焊的实现。便于与生产流水线配制，实现焊接自动化。

3. 手工焊接的方式

手工焊接是采用手工操作的传统焊接方法，根据焊接前接点不同，手工焊接有绕焊、钩焊、搭焊、插焊等不同方式。

(1) 绕焊：将被焊元件的引线或导线缠绕在接点上进行焊接。它的焊接强度最高应用最广。高可靠性整机产品的接点通常采用这种方法。

(2) 钩焊：将被焊元器件的引线或导线勾接在眼孔中进行焊接。它适用于不变缠绕但又要求有一定机械强度和便于拆焊的接点上。

(3) 搭焊：将被焊元器件的引线或导线搭在接点上进行焊接。它适用于调整或改旱的临时焊点。

(4) 插焊：将导线插入洞孔形接点中进行焊接。它适用于插头座带孔的圆形插针、插孔及印制板的焊接。

4. 手工焊接的操作步骤

(1) 五步焊接法。手工焊接的基本操作通常采用五步焊接法，如图 2-36 所示。

①准备施焊(图 2-36(a))：左手拿焊丝，右手握烙铁，进入备焊状态。要求烙铁头保持干净，无焊渣等氧化物，并在表面镀有一层焊锡。

②加热焊件(图 2-36(b))：烙铁头靠在两焊件的连接处，加热整个焊件，时间为 1～2s。对于在印制板上焊接元器件来说，要注意使烙铁头同时接触两个被焊接物。例如，图 2-36(b) 中的导线和接线柱、元器件引线与焊盘要同时均匀受热。

③送入焊丝(图 2-36(c))：焊件的焊接面被加热到一定温度时，焊锡丝从烙铁对面接触焊件。注意：不要把焊锡丝送到烙铁头上。

④移开焊丝(图 2-36(d))：当焊丝熔化一定量后，立即向左上 45° 方向移开焊丝。

⑤移开烙铁(图 2-36(e))：焊锡浸润焊盘和焊件的施焊部位以后，向右上 45°方向移开烙铁，结束焊接。从步骤三开始到步骤五结束，时间也是 1～2s。

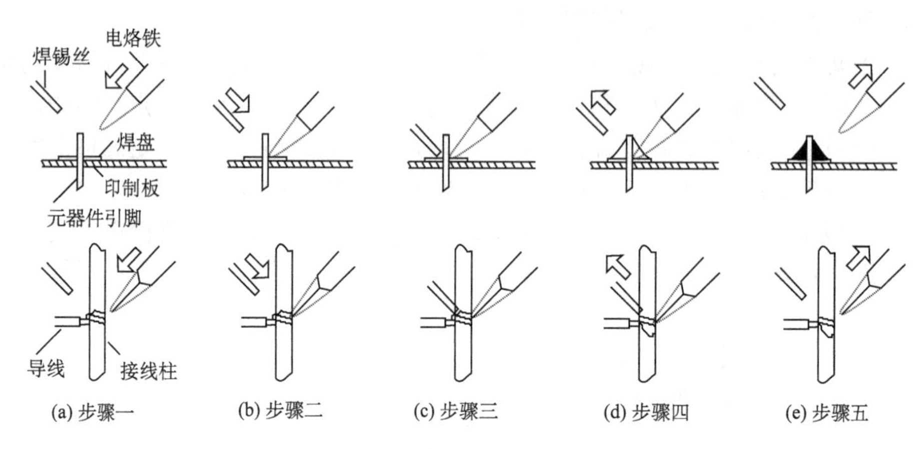

图 2-36　五步焊接法操作示意图

(2) 三步操作法。对于热容量小的焊件，例如，印制板上较细导线的连接，可以简化为三步操作。

①准备：同以上步骤一。

②加热与送丝：烙铁头放在焊件上后即放入焊丝。

③去丝移烙铁：焊锡在焊接面上浸润扩散达到预期范围后，立即拿开焊丝并移开烙铁，并注意移去焊丝的时间不得滞后于移开烙铁的时间。

对于吸收低热量的焊件而言，上述整个过程的时间不过 2～4s，各步骤的节奏控制、顺序的准确掌握、动作的熟练协调，都是要通过大量实践并用心体会才能解决的问题。有人总结出了在五步操作法中用数秒的办法控制时间：烙铁接触焊点后数一、二(约 2s)，送入焊丝后数三、四，移开烙铁，焊丝熔化量要靠观察决定。此办法可以参考，但由于烙铁功率、焊点热容量的差别等因素，实际掌握焊接火候并无定章可循，必须具体条件具体对待。试想，对于一个热容量较大的焊点，若使用功率较小的烙铁焊接时，在上述时间内，可能加热温度还不能使焊锡熔化，焊接就无从谈起。

2.4.2　焊前预处理

1. 电烙铁的处理与使用

1) 新烙铁的处理

新烙铁使用前先做“吃锡”处理，步骤如下。

(1) 将焊锡适量放入松香水或锡膏中。

(2) 将新烙铁头插入已放入焊锡的松香水或锡膏。

(3) 新烙铁通电，加热后逐渐使电烙铁头上锡。

(4) 上锡后，断电冷却电烙铁。

2) 旧烙铁的处理

旧烙铁头如严重氧化而发黑，可用钢挫挫去表层氧化物，使其露出金属光泽后，重新镀锡，才能使用。镀锡步骤与新烙铁相同。

3) 使用注意

电烙铁要用 220V 交流电源，使用时要特别注意安全，应认真做到以下几点。

(1) 电烙铁插头最好使用三极插头，要使外壳妥善接地。

(2) 使用前，应认真检查电源插头、电源线有无损坏，并检查烙铁头是否松动。

(3) 电烙铁使用中，不能用力敲击，要防止跌落。烙铁头上焊锡过多时，可用布擦掉。不可乱甩，以防烫伤他人。

(4) 焊接过程中，烙铁不能到处乱放。不焊时，应放在烙铁架上。注意电源线不可搭在烙铁头上，以防烫坏绝缘层而发生事故。

(5) 不要空烧，不用的烙铁应切断电源，避免烙铁的电热丝烧坏。

(6) 使用结束后，应及时切断电源，拔下电源插头。冷却后，再将电烙铁收回工具箱。

2. 烙铁与焊料的正确拿法

(1) 电烙铁的正确握法。电烙铁有反握法、正握法和握笔法三种握法，如图 2-37 所示。

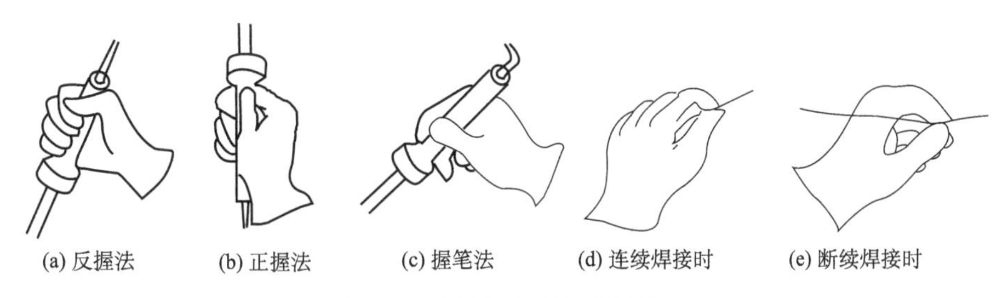

图 2-37　电烙铁和焊锡丝的握法

反握法的动作稳定，长时间操作不易疲劳，适于大功率烙铁的操作；正握法适于中功率烙铁或带弯头电烙铁的操作；一般在操作台上焊接印制板等焊件时，多采用握笔法。

(2)焊锡丝的拿法。焊锡丝一般有两种拿法，分别适用于连续焊接时和断续焊接时，如图 2-37 所示。

由于焊锡丝中含有一定比例的铅，而铅是对人体有害的一种重金属，因此操作时应该戴手套或在操作后洗手，避免食入铅尘。

3. 焊接材料的处理

(1)清除烙铁头部工作面的氧化物。用小刀轻轻刮净或用细砂纸摩擦，直到工作面光亮为止。

(2)把电烙铁插头插入电源插座里，烙铁头开始升温，一会儿，在烙铁头上蘸上松香，可见到有烟气，再把烙铁头工作面均匀沾上焊锡。

(3)清除焊接部位的氧化层。

①可用断锯条制成小刀，刮去金属引线表面的氧化层，使引脚露出金属光泽，操作方法如图 2-38 所示。

②印制板可用细砂纸将铜箔打光后，涂上一层松香酒精溶液。

(4)元件镀锡。在刮净的引线上镀锡。可将引线蘸一下松香酒精溶液后，将带锡的热烙铁头压在引线上，并转动引线。即可使引线均匀地镀上一层很薄的锡层，操作方法如图 2-39 所示。

导线焊接前，应将绝缘外皮剥去，再经过上面两项处理，才能正式焊接。若是多股金属丝的导线，打光后应先拧在一起，再镀锡。

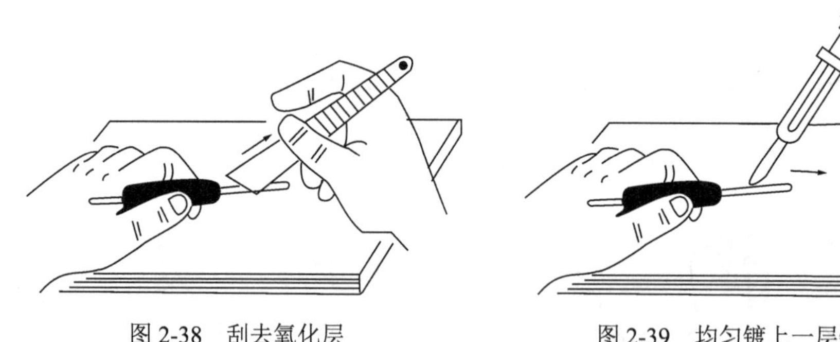

图 2-38　刮去氧化层　　图 2-39　均匀镀上一层锡

2.4.3　分立元件的焊接

电子元件焊在电路板上有立式和卧式两种，如图 2-40 所示。焊接时动作要轻、快。焊点要光洁无毛刺，若出现毛刺，只要蘸少许松香在焊点上烫一下即可消除毛刺。焊点的焊锡量多少要适宜，太多或太少都是不正确的。

（1）将元件上锡待用，方法同前。

（2）电路板上焊接的地方也要先上焊锡，方法同电阻上锡的操作过程相似。

（3）将元件弯折成图 2-40 所示形状，引线弯折不要贴近元件根部，再将元件引线插入电路板上相应的小孔内。

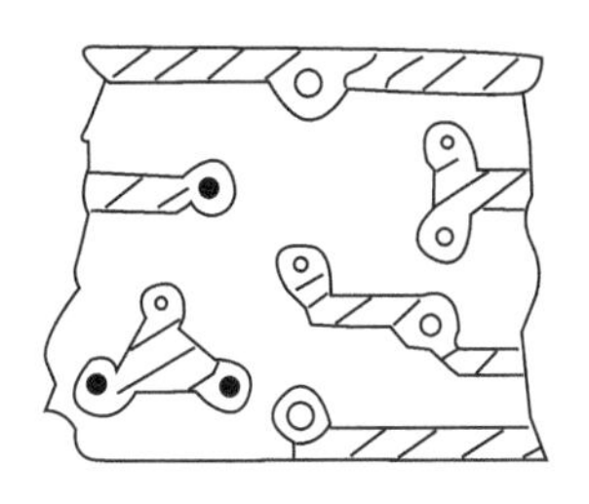

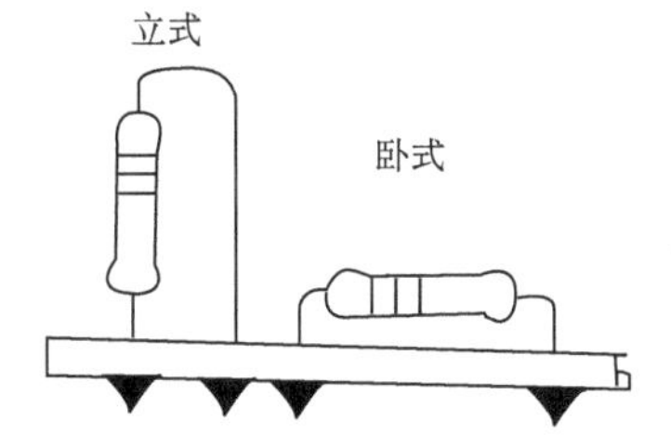

图 2-40　电子元件在电路板上的安装方式

（4）右手持电烙铁。用尖嘴钳或镊子夹持元件或导线。焊接前，电烙铁要充分预热。烙铁头刃面上要“吃锡”，即带上一定量焊锡。

（5）将烙铁头刃面紧贴在焊点处。电烙铁与水平面大约成 60℃角。以便于熔化的锡从烙铁头上流到焊点上。烙铁头在焊点处停留的时间控制在 2～3s。

（6）抬开烙铁头。左手仍持元件不动，待焊点处的锡冷却凝固后，才可松开左手。

（7）用镊子转动引线，确认不松动，然后可用偏口钳剪去多余的引线。

以上焊接过程参看图 2-41。

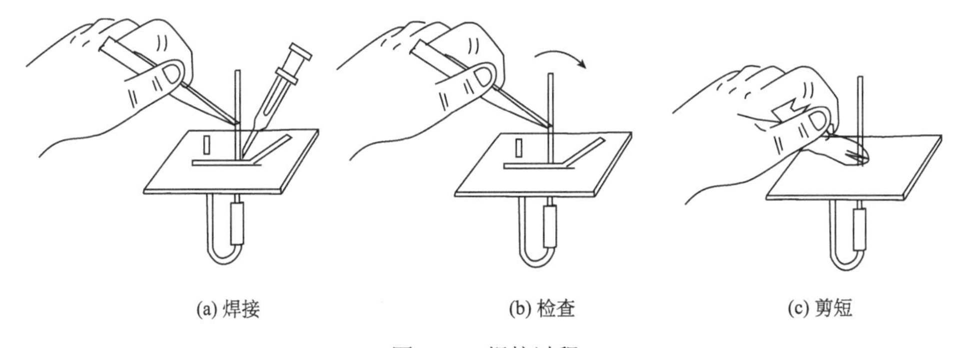

(a) 焊接　　(b) 检查　　(c) 剪短

图 2-41　焊接过程

在电子整机装配过程中，焊接是一种主要的连接方式。它是将组成产品的各种元器件、导线、印制导线或接点等，用焊接方法牢固地连接在一起的过程。在电子产品装配中，锡焊应用最广，其全过程是加热被焊金属和锡铅焊料，使锡焊料熔化，借助于助焊剂的作用，使焊料浸润已加热的被焊金属件表面形成合金，焊料凝固后，被焊金属件即连接在一起。

2.4.4　集成电路的焊接

1. 用马蹄形烙铁头焊接J形引脚

(1)对焊脚施加助焊剂，如图2-42所示。

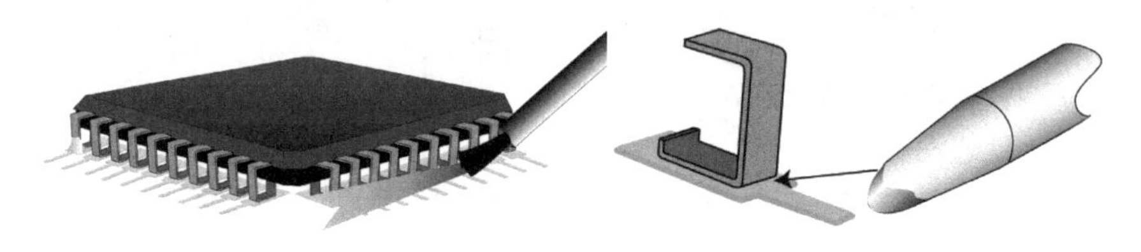

图2-42　施加助焊剂(一)

(2)先将马蹄形烙铁头的斜面和顶部“吃锡”(锡量要适中)。

(3)用马蹄形烙铁头的边沿接触引脚和焊盘的交接处，并沿引脚排列方向移动，如图2-43所示。你会看到每个焊点的熔锡状态。

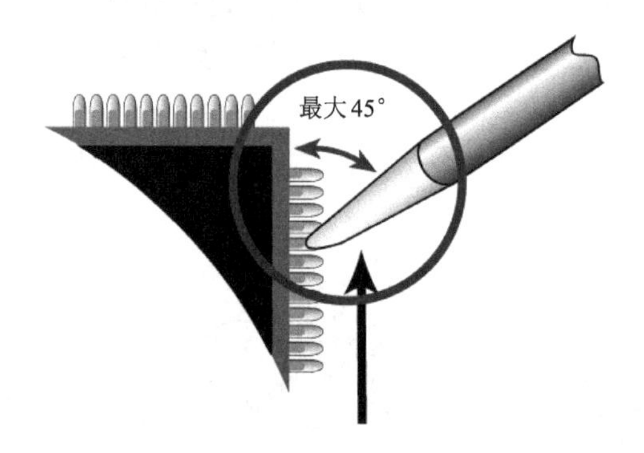

图2-43　焊接(一)

(4)如果有桥连焊点，施加助焊剂，用烙铁头接触焊点去除桥连。

2. 用马蹄形烙铁头焊接海鸥翅引脚

(1)涂覆助焊剂在引脚上，如图2-44所示。

(2)先将马蹄形烙铁头的斜面和顶部“吃锡”(锡量要适中)。

(3)烙铁头与芯片成45°夹角，接触焊点延引脚排列方向移动，如图2-45所示。

(4) 如果有桥连焊点，施加助焊剂，用烙铁头接触焊点去除桥连。

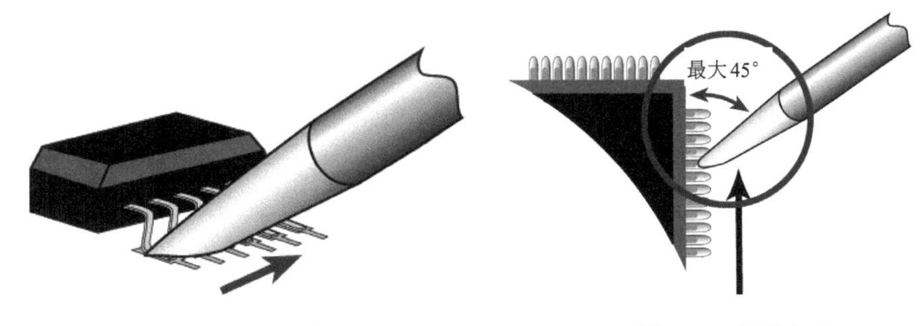

图 2-44　施加助焊剂(二)　　图 2-45　焊接(二)

2.4.5　焊接训练

1. 导线的连接(用以下三种方式各焊接 3 根导线)

导线同接线端子、导线同导线之间的连接有以下三种基本形式。

(1) 绕焊。导线与导线的连接以绕焊为主，如图 2-46 所示，操作步骤如下。

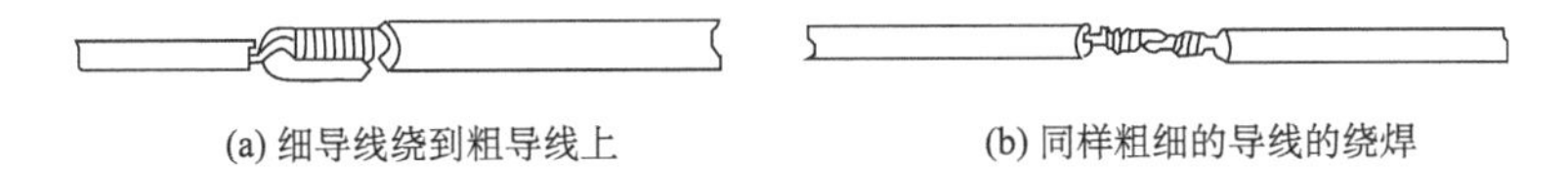

(a) 细导线绕到粗导线上　　(b) 同样粗细的导线的绕焊

图 2-46　导线与导线的绕焊

① 去掉导线端部一定长度的绝缘皮。

② 导线端头镀锡，并穿上合适的热缩套管。

③ 两条导线绞合，焊接。

④ 趁热把套管推到接头焊点上，用热风或电烙铁烘烤热缩套管，套管冷却后应该固定并紧裹在接头上。

这种连接的可靠性最好，在要求可靠性高的地方常常采用。

(2) 钩焊。将导线弯成钩形钩在接线端子上，用钳子夹紧后再焊接，一般取 L=1～3mm 为宜，如图 2-47 所示。其端头的处理方法与绕焊相同。这种方法的强度低于绕焊，但操作简便。

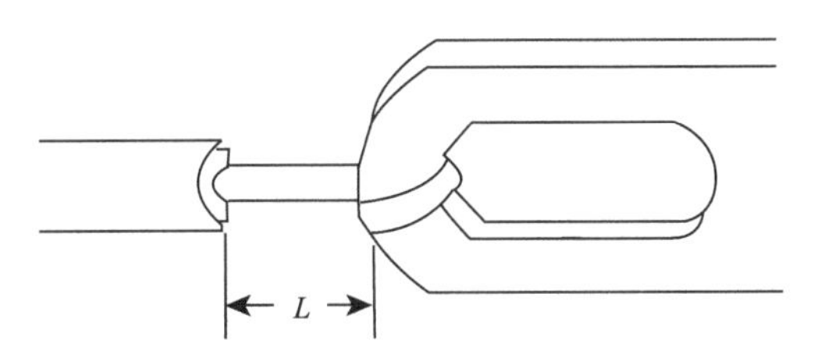

图 2-47　导线和端子的钩焊

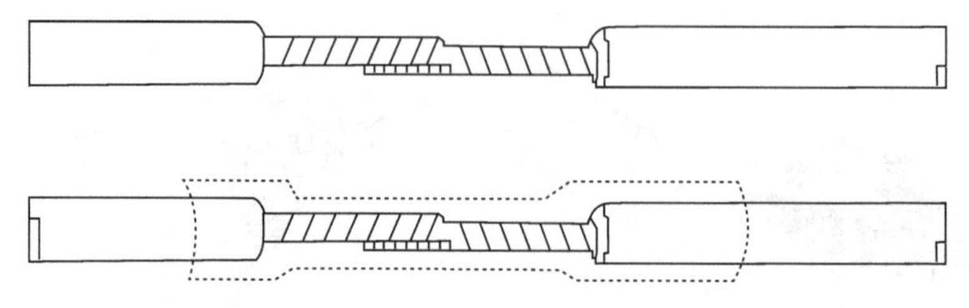

图 2-48　搭焊

(3) 搭焊。搭焊如图 2-48 所示，这种连接最方便，但强度及可靠性最差。只用于调试或维修中导线的临时连接。这种搭焊连接不能用在正规产品中。

2. 拆焊与重焊(将任务一中焊接好的元件全部拆除之后再重新焊接)

1) 拆焊

(1) 引脚较少的元件的拆法。一手拿电烙铁加热待拆元件的引脚焊点，熔解原焊点焊锡，一手用镊子夹住元件轻轻往外拉。

(2) 多焊点元件且元件引脚较硬的拆法。

①采用吸锡器或吸锡烙铁逐个将焊点上的焊锡吸掉后，再将元件拉出。

②用吸锡材料将焊点上的锡吸掉。

③采用专用工具，一次将所有焊点加热熔化，取下焊件。

2) 重焊

(1) 重焊电路板上元件。首先将元件孔疏通，再根据孔距用镊子弯好元件引脚，然后插入元件进行焊接。

(2) 连接线焊接。首先将连线上锡，再将被焊连线焊端固定(可钩、绞)，然后焊接。

2.4.6　焊接质量外观

1. 合格焊点的外观要求

合格焊点如图 2-49 所示。

(1) 形状为近似圆锥而表面微凹呈慢坡状。

(2) 焊料的连接面为半弓形凹面，焊料与焊件交界处平滑，接触角尽可能小。

(3) 焊点表面有光泽且平滑。

(4) 无裂痕、针孔、夹渣。

图 2-49　合格焊点

2. 不合格焊点及其原因

不合格焊点及其原因如图 2-50 所示。

(1) 虚焊：焊件清理不干净，助焊剂不足或焊件加热不充分。

(2) 锡量过多：焊丝撤离过迟。

(3) 锡量过少：焊丝撤离过早。

(4) 过热：加热时间过长，烙铁功率过大。

(5) 冷焊：焊料未凝固时焊件抖动。

(6) 空洞：焊盘孔与引线间隙太大。

(7) 拉尖：加热时间不足，焊料不合格。

(8) 桥接：焊料过多，烙铁施焊撤离方向不当。

(9) 剥离：加热时间过长，焊盘镀层不良。

2.5　PCB 上特殊焊盘的作用

2.5.1　梅花焊盘

梅花焊盘如图 2-51 所示，其作用如下。

(1) 固定孔需要非金属化。过波峰焊时，如果固定孔是金属化的孔，回流焊过程，锡将把孔堵死。

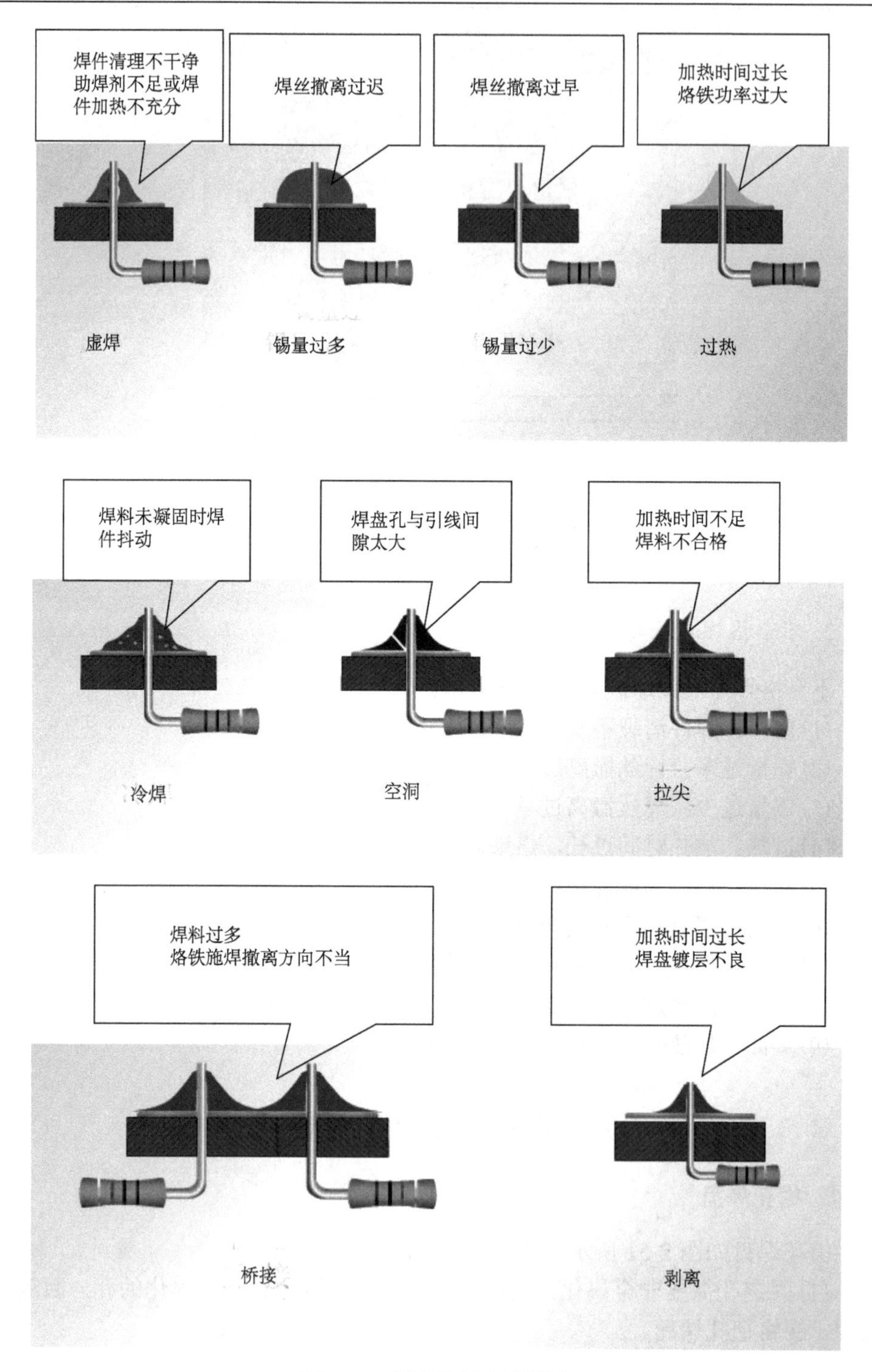

图 2-50　不合格焊点及原因

(2) 固定安装孔做梅花焊盘一般是把安装孔连接到GND网络，因为一般PCB铺铜为GND网络铺铜，梅花孔安装PCB外壳器件后，其实也就是使GND与大地相接，在某些场合上使PCB外壳起到了屏蔽的作用。当然有的也不需要把安装孔连接GND网络。

(3) 金属螺孔可能被挤破，造成接地与不接地的临界状态，造成系统莫名其妙地不正常，梅花孔不管应力如何变化，总能保持螺钉接地。

图2-51　梅花焊盘

2.5.2　十字花焊盘

十字花焊盘又称热焊盘、热风焊盘等，如图2-52所示。其作用是减少焊盘在焊接中向外散热，以防止因过度散热而导致的虚焊或PCB起皮。

(1) 当焊盘是地线时候，十字花可以减少连接地线面积，减慢散热速度，方便焊接。

(2) 当PCB需要机器贴片，并且是回流焊机时，十字花焊盘可以防止PCB起皮(因为需要更多热量来熔化锡膏)。

图2-52　十字花焊盘

2.5.3　泪滴焊盘

泪滴焊盘如图2-53所示，是焊盘与导线或者导线与导孔之间的滴装连接过渡，设置泪滴的目的是在电路板受到巨大外力冲撞时，避免导线与焊盘或者导线与导孔的接触点断开，另外，设置泪滴也可使 PCB 电路板显得更加美观。

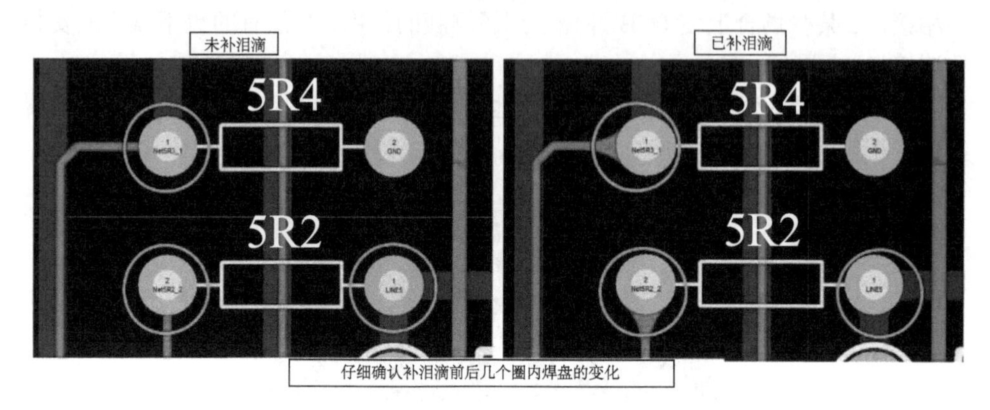

图 2-53　泪滴焊盘

泪滴的作用是避免信号线宽突然变小而造成反射，可使走线与元件焊盘之间的连接趋于平稳过渡，解决了焊盘与走线之间的连接容易断裂的问题。

(1) 焊接上，可以保护焊盘，避免多次焊接使焊盘脱落。

(2) 加强连接的可靠性(生产时可以避免蚀刻不均、过孔偏位出现的裂缝等)。

(3) 平滑阻抗，减少阻抗的急剧跳变。

在电路板设计中，为了让焊盘更坚固，防止机械制板时焊盘与导线之间断开，常在焊盘和导线之间用铜膜布置一个过渡区，形状像泪滴，故常称作补泪滴(teardrops)。

2.5.4　放电齿

开关电源的共模电感下方故意预留了锯齿裸露铜箔，被称为放电齿、放电间隙或者火花间隙，如图 2-54 所示。

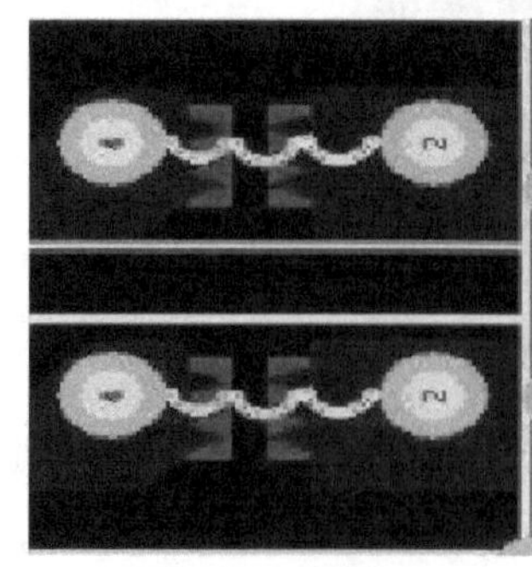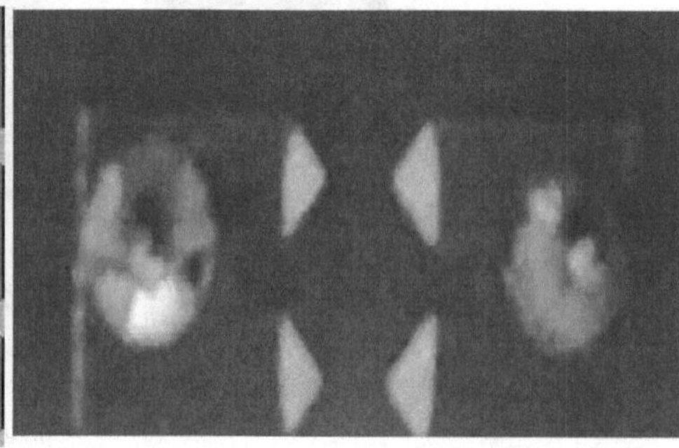

图 2-54　放电齿

放电间隙(sparkgaps)是一对指向彼此相对的锐角三角形，指尖相距最大10mm 最小 6mm。一个三角形接地，另一个三角形接到信号线。此三角形不是一种元件，而是在 PCB 布线过程中使用铜箔层做出来的。这些三角形需设置在 PCB 的顶层(componentside)，且不能被防焊涂料所覆盖。

在开关电源浪涌测试或者 ESD 测试时，共模电感两端将产生高压，出现飞弧。若与周围器件间距较近，可能使周围器件损坏。因此可在其上并联一个放电管或压敏电阻限制其电压，从而起到灭弧的作用。

放置防雷器件灭弧效果很好，但是成本比较高，另一种办法是在 PCB 设计时，在共模电感两端加入放电齿，使得电感通过两放电尖端放电，避免通过其他路径放电，从而使得对周围和后级器件的影响减到最小。

放电间隙不需要额外的成本，在印刷 PCB 时印刷上去就可以了，但是需要特别留意的是此种形式的放电间隙为空气形式的放电间隙，只能在偶有 ESD 产生的环境中使用。若在经常有 ESD 发生的场合使用，则放电间隙间会因为常常的放电而在两个三角点上产生积碳，并最终在放电间隙上造成短路，并造成信号线永久对地短路，从而造成系统的故障。

2.6　PCB 上片状元器件的拆卸

常用片状元器件有片状电阻器、片状电容器、片状电感器、片状二极管、片状三极管、片状小型集成电路等。

这些片状元器件体积非常小，怕热、怕碰，有的引脚很多，难以拆卸，给维修带来很大的困难，因而科学的拆卸方法非常重要，常用的拆卸方法如下。

1. 专用烙铁头拆卸法

选购专用的∏形烙铁头，∏形头部的凹口宽度及长度可根据被拆件的尺寸确定，专用烙铁头可使被拆件两面引脚的焊锡同时熔化，因而可方便地取下被拆元器件。也可采用自制烙铁头进行拆卸。

自制的方法，如图 2-55 所示。

选一段内径与烙铁头外径相配合的紫铜管，一端用虎钳夹平或锤平，钻上小孔，如图 2-55(a)所示。再用两块紫铜板或紫铜管纵向剖开展平加工成与被拆件长度相同的尺寸，并钻小孔，如图 2-55(b)所示。挫平端面，打磨干净，最后用螺栓组装成如图 2-55(c)所示的形状，套在烙铁头上，加热、沾锡，即可待用。

对于两个焊点的矩形片状元器件，只要将烙铁头敲成扁平状，使端面宽度等于元器件长度，即可同时加热熔化两个焊点，取下片状元器件。

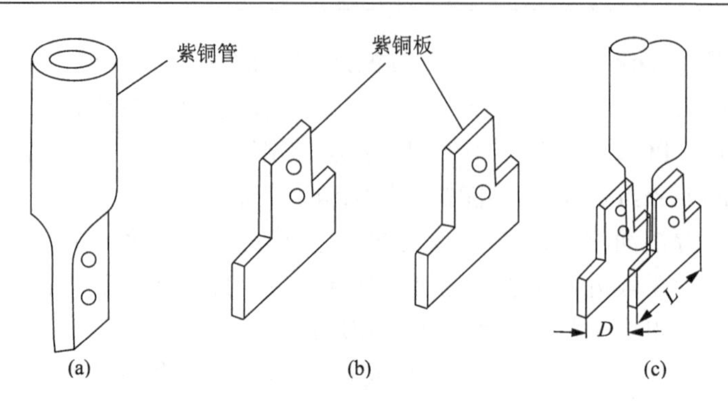

图 2-55　∏形烙铁头制作示意图

2. 吸锡铜网法

吸锡铜网是用细铜丝编织而成的网状带子，也可用电缆线的金属屏蔽线或多股软线代替。使用时将网线覆盖在多引脚上，涂上松香酒精焊剂，用烙铁加热，并拽动网线，各引脚上的焊锡即被网线吸附。剪去已附焊锡的网线，重复几次，引脚上的焊锡逐渐减少，直到引脚与印制板分离。

3. 熔锡清理法

当多脚元件用防静电烙铁加热焊锡溶化时，用牙刷或油画笔、漆刷等对焊锡进行清扫，也能很快拆下元器件。元器件拆除后，应及时清洁印制板，以防残锡造成其他部位短路。

4. 引线拉拆法

此法适用于拆卸片装集成电路。用一根粗细适当，有一定强度的漆线，从集成电路的引脚内侧空隙处穿入，漆包线的一端固定在某一适当的位置上，另一端用手拿住，当焊锡熔化时，拉动漆包线“切割”焊点，集成电路引脚便与印制板分离。

5. 吸锡器拆卸法

吸锡器有普通吸锡器和吸锡电烙铁两种。普通吸锡器使用时压下吸锡器活塞杆，待电烙铁将被拆件的焊点熔化时，将吸锡器的吸嘴紧靠熔点，按下吸锡器的释放钮，在吸锡器活塞杆弹回的同时，将熔锡吸走。反复几次，可使被拆件与印制板分离，如图 2-56 所示。

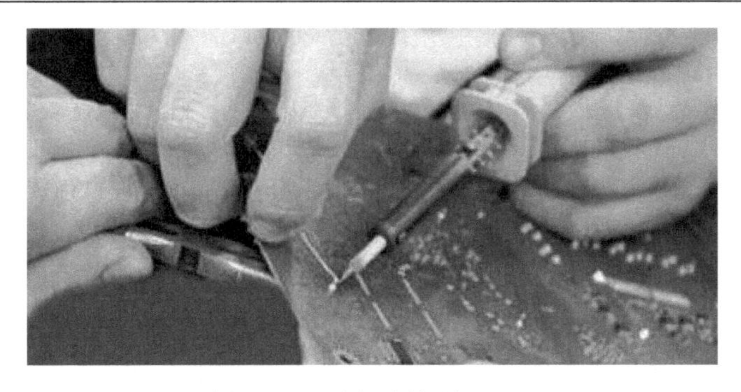

图 2-56　吸锡器拆卸法

吸锡电烙铁是将普通吸锡器与电烙铁组装在一起的专用吸锡工具，其用法与普通吸锡器相同。需要注意的是，在局部加热过程中要防静电，烙铁的功率和烙铁头的大小要适当。

2.7　常见电路故障检修

2.7.1　电容故障特点及维修

电容损坏引发的故障在电子设备中是最高的，其中，尤其以电解电容的损坏最为常见。电容损坏表现为容量变小、完全失去容量、漏电、短路。

电容在电路中所起的作用不同，引起的故障也各有特点。在工控电路板中，数字电路占绝大多数，电容多用作电源滤波，用作信号耦合和振荡电路的电容较少。用在开关电源中的电解电容如果损坏，则开关电源可能不起振，没有电压输出；或者输出电压滤波不好，电路因电压不稳而发生逻辑混乱，表现为机器工作时好时坏或开不了机，如果电容并联在数字电路的电源正负极之间，故障表现同上。

这在计算机主板上表现尤其明显，很多计算机用了几年就出现有时开不了机，有时又可以开机的现象，打开机箱，往往可以看见有电解电容鼓包的现象，如果将电容拆下来量一下容量，发现容量比实际值要低很多。

电容的寿命与环境温度直接相关，环境温度越高，电容寿命越短。这个规律不但适用于电解电容，也适用于其他电容。所以在寻找故障电容时应重点检查和热源靠得比较近的电容，如散热片旁及大功率元器件旁的电容，离其越近，损坏的可能性就越大。

有些电容漏电比较严重，用手指触摸时甚至会烫手，这种电容必须更换。

在检修时好时坏的故障时，排除了接触不良的可能性以外，一般大部分就是电容损坏引起的故障了。所以在碰到此类故障时，可以将电容重点检查一下，换掉电容后往往令人惊喜。

2.7.2 电阻损坏的特点与判别

电阻是电器设备中数量最多的元件，但不是损坏率最高的元件。电阻损坏以开路最常见，阻值变大较少见，阻值变小十分少见。常见的有碳膜电阻、金属膜电阻、线绕电阻和保险电阻几种。

前两种电阻应用最广，其损坏的特点一是低阻值(100Ω 以下)和高阻值(100kΩ 以上)的损坏率较高，中间阻值(如几百欧到几十千欧)的极少损坏；二是低阻值电阻损坏时往往是烧焦发黑，很容易发现，而高阻值电阻损坏时很少有痕迹。

线绕电阻一般用作大电流限流，阻值不大。圆柱形线绕电阻烧坏时有的会发黑或表面爆皮、裂纹，有的没有痕迹。水泥电阻是线绕电阻的一种，烧坏时可能会断裂，否则也没有可见痕迹。保险电阻烧坏时，有的表面会炸掉一块皮，有的也没有什么痕迹，但绝不会烧焦发黑。根据以上特点，在检查电阻时可有所侧重，快速找出损坏的电阻。

根据以上列出的特点，可以观察一下电路板上低阻值电阻有没有烧黑的痕迹，再根据电阻损坏时绝大多数开路或阻值变大及高阻值电阻容易损坏的特点，就可以用万用表在电路板上直接测量高阻值的电阻两端的阻值，如果量得阻值比标称阻值大，则这个电阻肯定损坏了(要注意等阻值显示稳定后才下结论，因为电路中有可能并联电容元件，有一个充放电过程)，如果量得阻值比标称阻值小，则一般不用理会它，这样在电路板上每一个电阻都量一遍。

2.7.3 运算放大器好坏判别

理想运算放大器具有“虚短”和“虚断”的特性，这两个特性对分析线性运用的运算放大器电路十分有用。为了保证线性运用，运算放大器必须在闭环(负反馈)下工作。如果没有负反馈，开环放大下的运算放大器成为一个比较器。如果要判断器件的好坏，先应分清楚器件在电路中是做放大器还是做比较器。

根据放大器虚短的原理，其同向输入端和反向输入端电压必然相等，即使有差别也是 mV 级的，当然在某些高输入阻抗电路中，万用表的内阻会对电压测试有影响，但一般也不会超过 0.2V，如果有 0.5V 以上的差别，则放大器必坏无疑。

如果器件是做比较器，则允许同向输入端和反向输入端电压不等。同向电压>反向电压，则输出电压接近正的最大值；同向电压<反向电压，则输出电压接近 0V 或负的最大值(是否双电源或单电源)。如果检测到电压不符合这个规则，则器件必坏。

2.7.4　SMT 元件测试小窍门

有些贴片元件非常细小，用普通万用表表笔测试检修时很不方便，一是容易造成短路，二是对涂有绝缘涂层的电路板不便接触到元件引脚的金属部分。

可以取两枚最小号的缝衣针，将之与万用表笔靠紧，然后取一根多股电缆里的细铜线，用细铜线将表笔和缝衣针绑在一起，再用焊锡焊牢。这样用带有细小针尖的表笔去测那些 SMT 元件的时候就再无短路之虞，而且针尖可以刺破绝缘涂层，不必去刮那些膜。

2.7.5　公共电源短路检修

电路板维修中，如果碰到公共电源短路的故障，检修时要有一个电压电流皆可调的电源，电压为 0～30V，电流为 0～3A。将开路电压调到器件电源电压水平，先将电流调至最小，将此电压加在电路的电源电压点，如 74 系列芯片的 5V 和 0V 端，看短路程度，慢慢将电流增大，用手摸器件，当摸到某个器件发热明显时，这个器件往往就是损坏的元件，可将之取下进一步测量确认。当然操作时电压一定不能超过器件的工作电压，并且不能接反，否则会烧坏其他好的器件。

2.7.6　电气故障分析

电气故障从概率来讲大概包括以下几种情况。

(1) 接触不良。板卡与插槽接触不良、缆线内部折断时通时不通、线插头及接线端子接触不好、元器件虚焊等皆属此类。

(2) 信号受干扰。对数字电路而言，在特定的情况条件下，故障才会呈现，有可能确实是干扰太大影响了控制系统，使其出错，也有电路板个别元件参数或整体表现参数出现了变化，使抗干扰能力趋向临界点，从而出现故障。

(3) 元器件热稳定性不好。从大量的维修实践来看，其中首推电解电容的热稳定性不好，其次是其他电容、三极管、二极管、IC、电阻等。

(4) 电路板上有湿气、积尘等。湿气和积尘会导电，具有电阻效应，而且在热胀冷缩的过程中阻值还会变化，这个电阻值会同其他元件有并联效果，这个效果比较强时就会改变电路参数，使故障发生。

(5) 软件也是考虑因素之一。电路中许多参数使用软件来调整，某些参数的裕量调得太低，处于临界范围，当机器运行工况符合软件判定故障的理由时，就会出现报警。

第 3 章　模拟电子电路

3.1　单级放大电路

共射极单管放大器电路如图 3-1 所示。它的偏置电路采用 R_{B1} 和 R_{B2} 组成的分压电路，并在发射极中接有电阻 R_E，以稳定放大器的静态工作点。当在放大器的输入端加入输入信号 u_i 后，在放大器的输出端便可得到一个与 u_i 相位相反、幅值被放大了的输出信号 u_o，从而实现了电压放大。

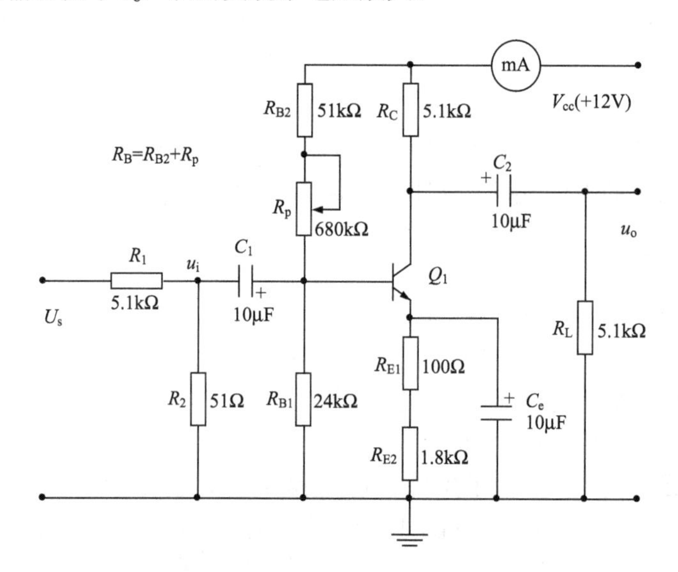

图 3-1　共射极单管放大器电路

在图 3-1 的电路中，当流过偏置电阻 R_{B1} 和 R_{B2} 的电流远大于晶体管 T 的基极电流 I_B 时(一般 5～10 倍)，则它的静态工作点可用下式估算：

$$U_B \approx \frac{R_{B1}}{R_{B1}+R_{B2}}U_{CC}$$

$$I_E \approx \frac{U_B - U_{BE}}{R_E} \approx I_C$$

$$U_{CE} = U_{CC} - I_C(R_C + R_E)$$

电压放大倍数为

$$A_V = -\beta \frac{R_C // R_L}{r_{be}}$$

输入电阻为

$$R_i = R_{B1} // R_{B2} // r_{be}$$

输出电阻为

$$R_O \approx R_C$$

由于电子器件性能的分散性比较大，因此在设计和制作晶体管放大电路时，离不开测量和调试技术。在设计前应测量所用元器件的参数，为电路设计提供必要的依据，在完成设计和装配以后，还必须测量和调试放大器的静态工作点和各项性能指标。一个优质放大器，必定是理论设计与实验调整相结合的产物。因此，除了学习放大器的理论知识和设计方法外，还必须掌握必要的测量和调试技术。

放大器的测量和调试一般包括放大器静态工作点的测量与调试及放大器各项动态参数的测量与调试等。

1. 放大器静态工作点的测量与调试

1) 静态工作点的测量

测量放大器的静态工作点，应在输入信号 $u_i=0$ 的情况下进行，即将放大器输入端与地端短接，然后选用量程合适的直流毫安表和直流电压表，分别测量晶体管的集电极电流 I_C 及各电极对地的电位 U_B、U_C 和 U_E。一般实验中，为了避免断开集电极，采用测量电压 U_E 或 U_C，然后算出 I_C 的方法，例如，只要测出 U_E，即可用 $I_C \approx I_E = \frac{U_E}{R_E}$ 算出 I_C（也可根据 $I_C = \frac{U_{CC} - U_C}{R_C}$，由 U_C 确定 I_C），同时也能算出 $U_{BE} = U_B - U_E$，$U_{CE} = U_C - U_E$。

为了减小误差，提高测量精度，应选用内阻较高的直流电压表。

2) 静态工作点的调试

放大器静态工作点的调试是指对管子集电极电流 I_C（或 U_{CE}）的调整与测试。静态工作点是否合适，对放大器的性能和输出波形都有很大影响。若工作点偏高，放大器在加入交流信号以后易产生饱和失真，此时 u_o 的负半周将被削底，如图 3-2(a) 所示；若工作点偏低，则易产生截止失真，即 u_o 的正半周被缩顶（一般截止失真不如饱和失真明显），如图 3-2(b) 所示。这些情况都不符合不失真放大的要求。所以在选定工作点以后还必须进行动态调试，即在放大器的输入端加入一定的输入电压 u_i，检查输出电压 u_o 的大小和波形是否满足要求。若不满足，则应调节静态工作点的位置。

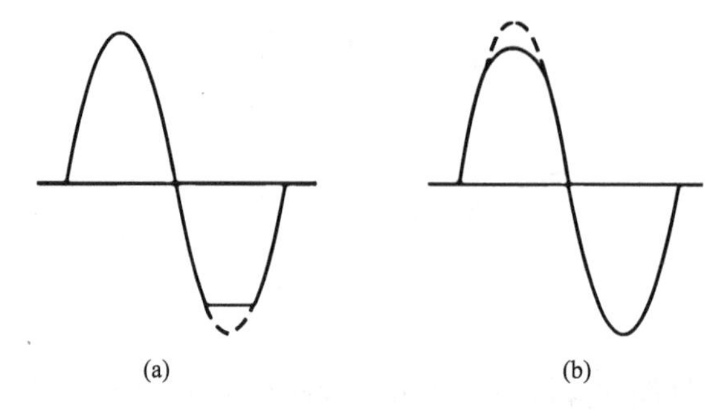

图 3-2　静态工作点对 u_o 波形失真的影响

改变电路参数 U_{CC}、R_C、R_B(R_{B1}、R_{B2})都会引起静态工作点的变化，如图 3-3 所示。但通常多采用调节偏置电阻 R_{B2} 的方法来改变静态工作点，如减小 R_{B2}，则可使静态工作点提高。

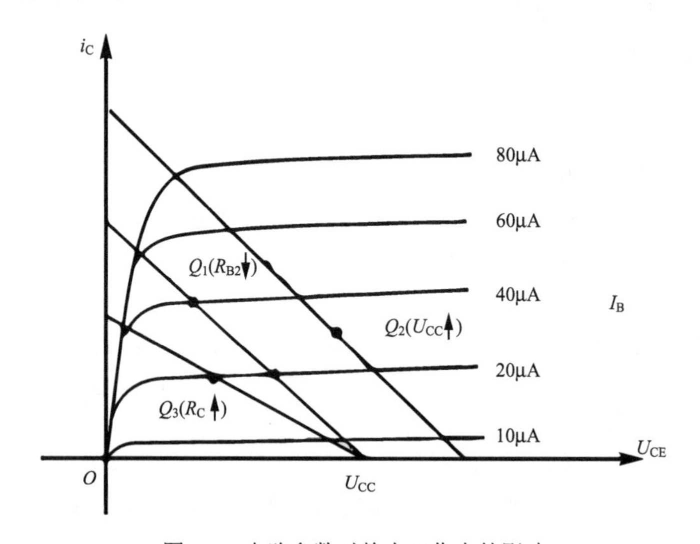

图 3-3　电路参数对静态工作点的影响

最后还要说明的是，上面所说的工作点“偏高”或“偏低”不是绝对的，应该是相对信号的幅度而言，若输入信号幅度很小，即使工作点较高或较低也不一定会出现失真。确切地说，产生波形失真是信号幅度与静态工作点设置配合不当所致。若需满足较大信号幅度的要求，静态工作点最好尽量靠近交流负载线的中点。

2. 放大器动态指标测试

放大器动态指标包括电压放大倍数、输入电阻、输出电阻、最大不失真输出电压(动态范围)等。

1) 电压放大倍数 A_V 的测量

调整放大器到合适的静态工作点，然后加入输入电压 u_i，在输出电压 u_o 不失真的情况下，用交流毫伏表测出 u_i 和 u_o 的有效值 U_i 和 U_o，则

$$A_V = \frac{U_o}{U_i}$$

2) 输入电阻 R_i 的测量

为了测量放大器的输入电阻，按图 3-4 所示电路在被测放大器的输入端与信号源之间串入一个已知电阻 R，在放大器正常工作的情况下，用交流毫伏表测出 U_S 和 U_i，则根据输入电阻的定义可得

$$R_i = \frac{U_i}{I_i} = \frac{U_i}{\dfrac{U_R}{R}} = \frac{U_i}{U_S - U_i} R$$

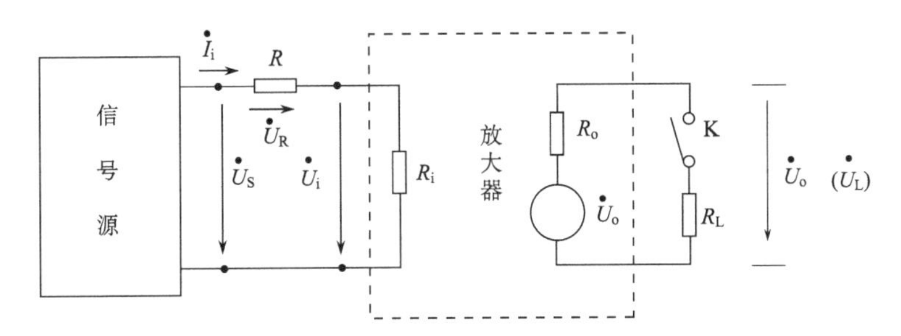

图 3-4　输入、输出电阻测量电路

测量时应注意下列几点。

(1) 由于电阻 R 两端没有电路公共接地点，所以测量 R 两端电压 U_R 时必须分别测出 U_S 和 U_i，然后按 $U_R = U_S - U_i$ 求出 U_R 的值。

(2) 电阻 R 的值不宜取得过大或过小，以免产生较大的测量误差，通常取 R 与 R_i 为同一数量级为好，本实验可取 R＝1～2kΩ。

3) 输出电阻 R_o 的测量

按图 3-4 的电路，在放大器正常工作条件下，测出输出端不接负载 R_L 的输出电压 U_o 和接入负载后的输出电压 U_L，根据

$$U_L = \frac{R_L}{R_o + R_L} U_o$$

即可求出

$$R_o = \left(\frac{U_o}{U_L} - 1\right) R_L$$

在测试中应注意，必须保持 R_L 接入前后输入信号的大小不变。

4)最大不失真输出电压 U_{OPP} 的测量(最大动态范围)

如上所述，为了得到最大动态范围，应将静态工作点调在交流负载线的中点。为此在放大器正常工作的情况下，逐步增大输入信号的幅度，并同时调节 R_W(改变静态工作点)，用示波器观察 u_o，当输出波形同时出现削底和缩顶现象(图 3-5)时，说明静态工作点已调在交流负载线的中点。然后反复调整输入信号，使波形输出幅度最大，且无明显失真时，用交流毫伏表测出 U_o(有效值)，则动态范围等于 $2\sqrt{2}U_o$，或用示波器直接读出 U_{OPP}。

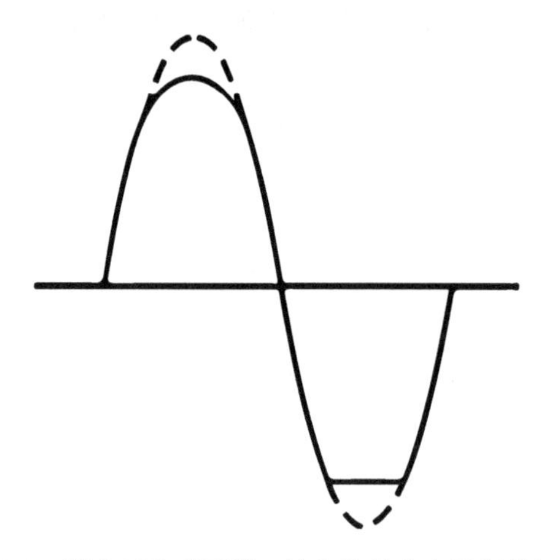

图 3-5　静态工作点正常，输入信号太大引起的失真

3.2　基本运算电路

1. 反相比例运算电路

反相比例运算电路如图 3-6 所示。对于理想运算放大器，该电路的输出电压与输入电压之间的关系为

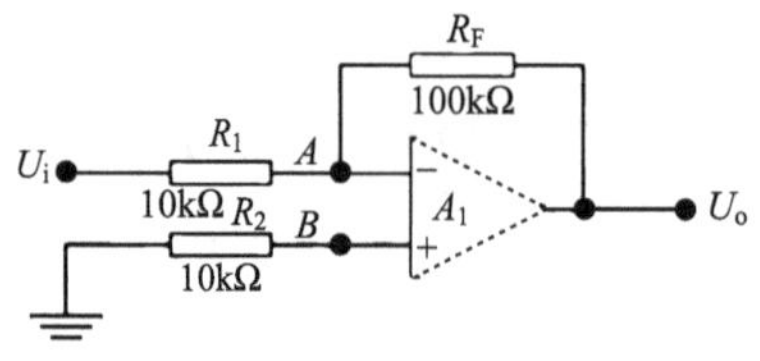

图 3-6　反相比例运算电路

$$U_o = -\frac{R_F}{R_1}U_i$$

为了减小输入级偏置电流引起的运算误差，在同相输入端应接入平衡电阻 $R_2 = R_1 // R_F$。

2. 反相加法运算电路

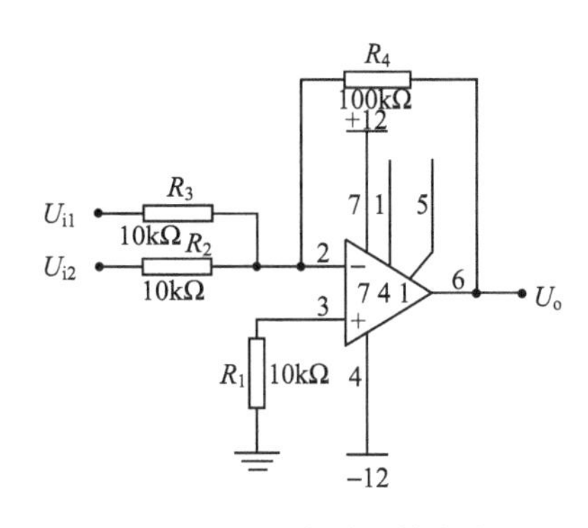

图 3-7　反相加法运算电路

电路如图 3-7 所示，输出电压与输入电压之间的关系为

$$U_o = -\left(\frac{R_4}{R_3}U_{i1} + \frac{R_4}{R_2}U_{i2}\right)$$

3. 同相比例运算电路

图 3-8(a)是同相比例运算电路，它的输出电压与输入电压之间的关系为

$$U_o = \left(1 + \frac{R_F}{R_1}\right)U_i$$

当 $R_1 \to \infty$时，$U_o = U_i$，即得到如图 3-8(b)所示的电压跟随器。

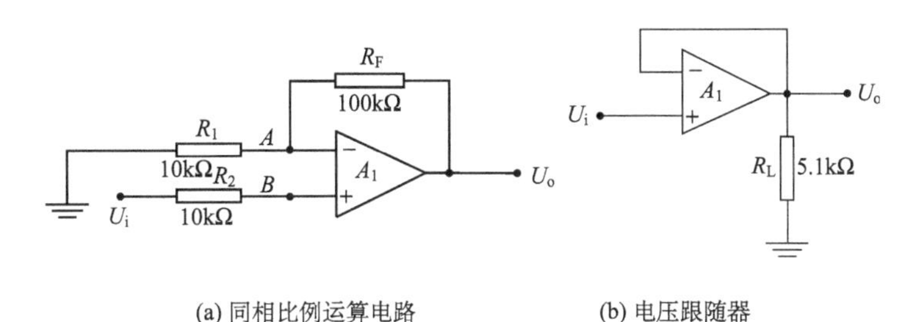

(a) 同相比例运算电路　　(b) 电压跟随器

图 3-8　同相比例运算电路和电压跟随器

4. 差分放大电路(减法器)

对于图 3-9 所示的减法运算电路，当 $R_1 = R_2$，$R_3 = R_F$ 时，有如下关系式。

$$U_o = \frac{R_F}{R_1}(U_{i2} - U_{i1})$$

5. 积分运算电路

反相积分电路如图 3-10 所示。在理想化条件下，输出电压 U_o 等于

$$U_o(t) = -\frac{1}{R_1 C}\int_0^t U_i \mathrm{d}t + U_C(0)$$

式中，$U_C(0)$是 $t=0$ 时刻电容 C 两端的电压值，即初始值。

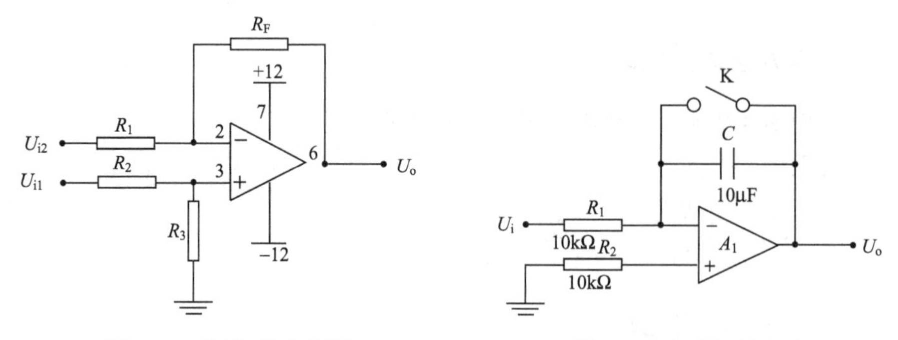

图 3-9　减法运算电路图　　　　图 3-10　积分运算电路

如果 $U_{\mathrm{i}}(t)$ 是幅值为 E 的阶跃电压，并设 $U_{\mathrm{C}}(0)=0$，则

$$U_{\mathrm{o}}(t)=-\frac{1}{R_1 C}\int_0^t E\mathrm{d}t=-\frac{E}{R_1 C}t$$

即输出电压 $U_0(t)$ 随时间增长而线性下降。显然 R_{C} 的数值越大，达到给定的 U_{o} 值所需的时间就越长。积分输出电压所能达到的最大值受集成运算放大器最大输出范围的限制。

3.3　串联型晶体管直流稳压电源

电子设备一般都需要直流电源供电。这些直流电除了少数直接利用干电池和直流发电机外，大多数是采用把交流电(市电)转变为直流电的直流稳压电源。

直流稳压电源由电源变压器、整流电路、滤波电路和稳压电路四部分组成，其原理框图如图 3-11 所示。电网供给的交流电压 U_1(220V,50Hz)经电源变压器降压后，得到符合电路需要的交流电压 U_2，然后由整流电路变换成方向不变、大小随时间变化的脉动电压 U_3，再用滤波器滤去其交流分量，就可得到比较平直的直流电压 U_{I}。但这样的直流输出电压，还会随交流电网电压的波动或负载的变动而变化。在对直流供电要求较高的场合，还需要使用稳压电路，以保证输出直流电压更加稳定。

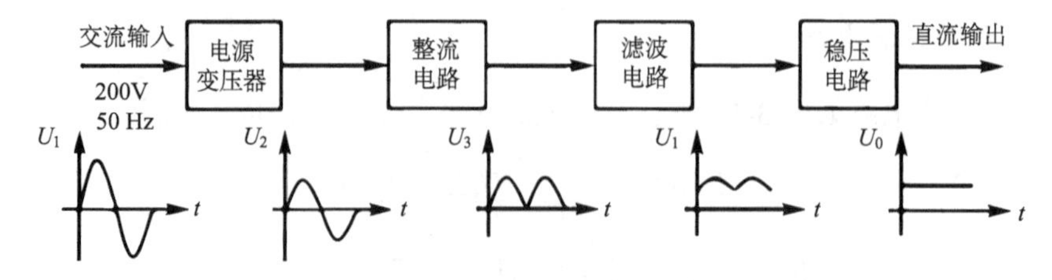

图 3-11　直流稳压电源原理框图

1. 整流电路

桥式整流电路是由一个变压器、四只二极管、一个负载组成的，如图 3-12 所示。整流过程中，四个二极管两两轮流导通，因此正、负半周内都有电流流过，从而使输出电压的直流成分提高，脉动系数降低。

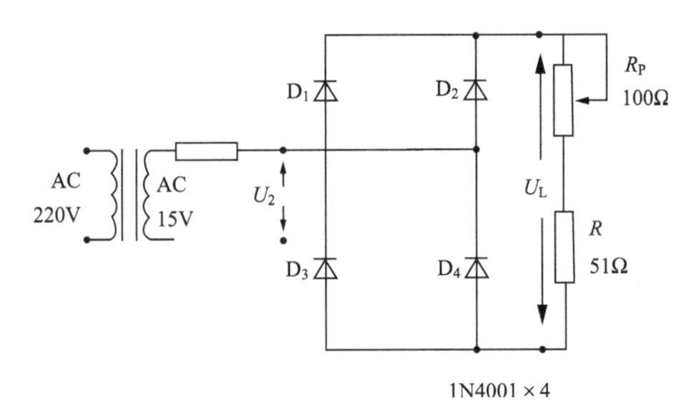

图 3-12　桥式整流电路

2. 电容滤波电路

经过整流后，输出电压在正负方向上没有变化，但输出电压波形仍然保持正弦波的形状，起伏很大。为了能够得到平滑的直流电压波形，需要有滤波的措施。在直流电源上多是利用电抗元件对交流信号的电抗性质进行改变，将电容器或电感器与负载电阻恰当连接而构成滤波电路。电容滤波电路如图 3-13 所示。

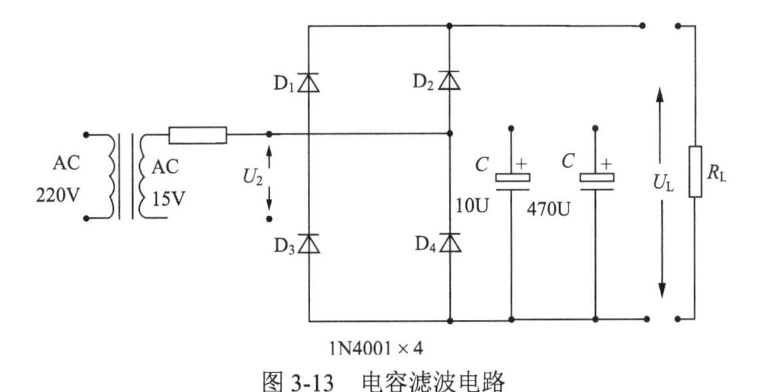

图 3-13　电容滤波电路

3. 串联稳压电路

串联稳压电路包括四个环节：调压环节、基准电压、比较放大器和取样电路（图 3-14）。

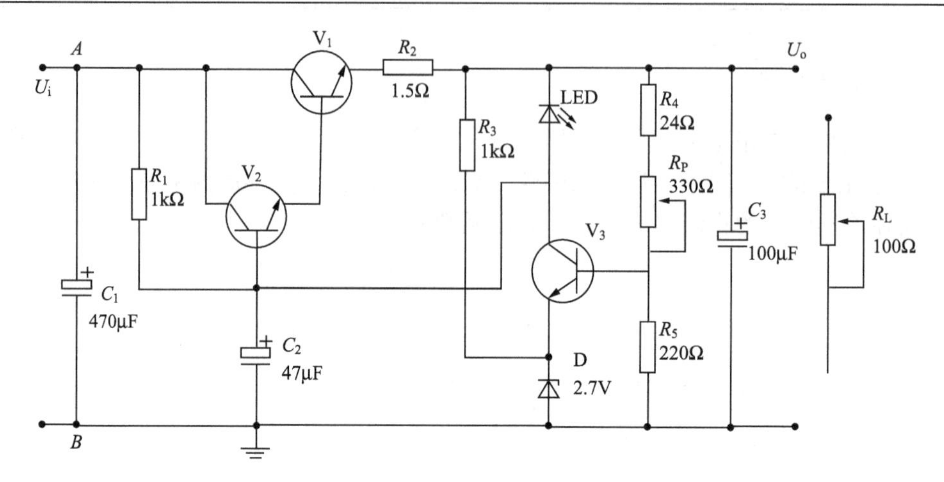

图 3-14　串联稳压电路

它由调整元件(复合晶体管 V_1、V_2)，比较放大器 V_3，取样电路 R_4、R_5、R_P，基准电压电路 D 和 R_3 等组成。整个稳压电路是一个具有电压串联负反馈的闭环系统，其稳压过程为：当电网电压波动或负载变动引起输出直流电压发生变化时，取样电路取输出电压的一部分送入比较放大器，并与基准电压进行比较，产生的误差信号经 V_3 放大后送至 V_1 的基极，改变其管压降，以补偿输出电压的变化，从而达到稳定输出电压的目的。

串联型直流稳压电源原理如图 3-15 所示。

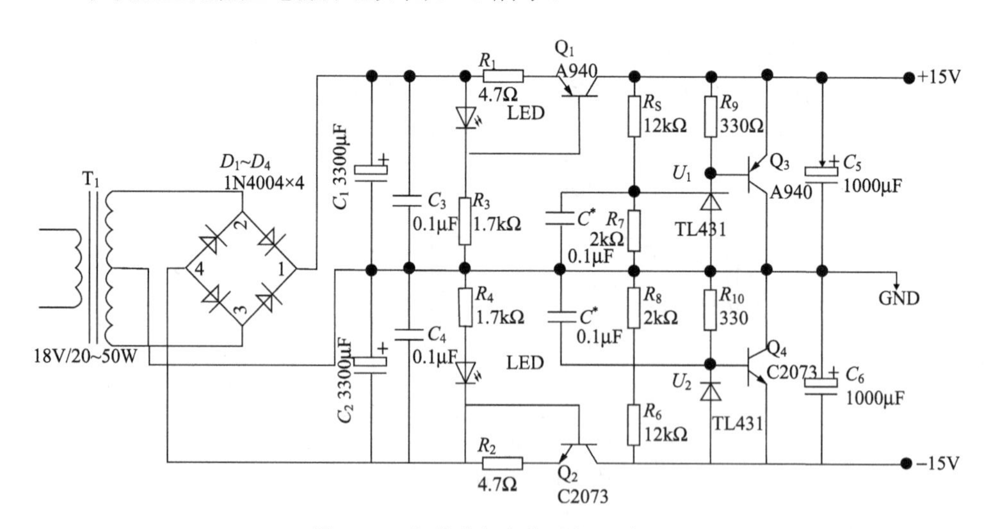

图 3-15　串联型直流稳压电源原理图

3.4　音响放大器

一个音响放大器具有话筒扩音、混合前置放大、音调输出控制、音量控制和功率放大等功能。音响放大器电路结构基本框图如图 3-16 所示。

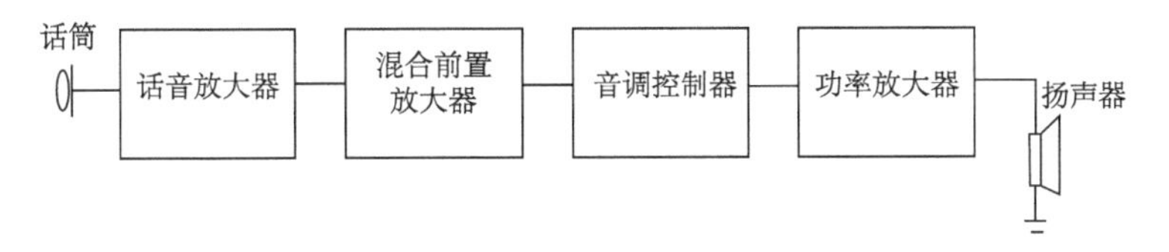

图 3-16　音响放大器电路结构基本框图

1. 话音放大器

由于话筒的输出信号只有 5mV 左右，所以话音放大器的作用是不失真地放大声音信号(最高频率达 10kHz)，其主要元器件是 μA741，如图 3-17 所示。

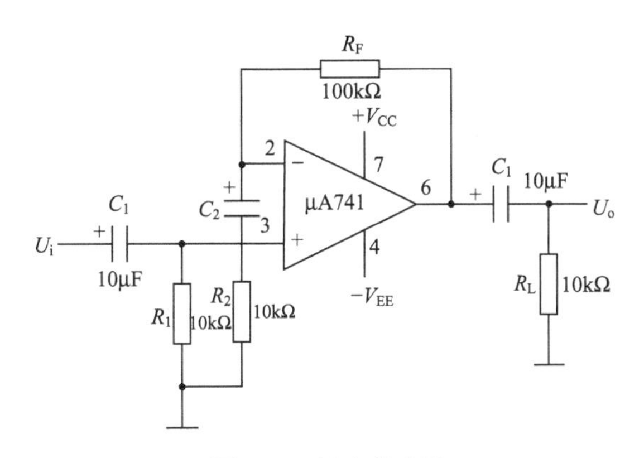

图 3-17　话音放大器

2. 混合前置放大器

混合前置放大器的作用是将放音机输出的音乐信号与电子混响后的声音信号混合放大，如图 3-18 所示。其中，V_1 为话筒放大输出信号，V_2 为放音机输出的音乐信号。

3. 音调控制器

音调控制器主要是控制、调节音响放大器的幅频特性，如图 3-19 所示。

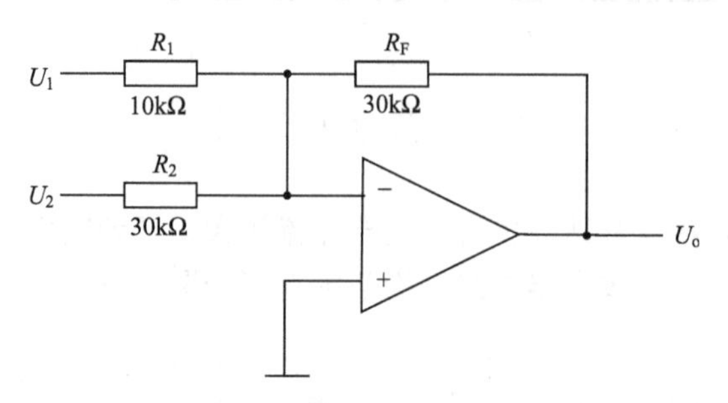

图 3-18　混合前置放大器

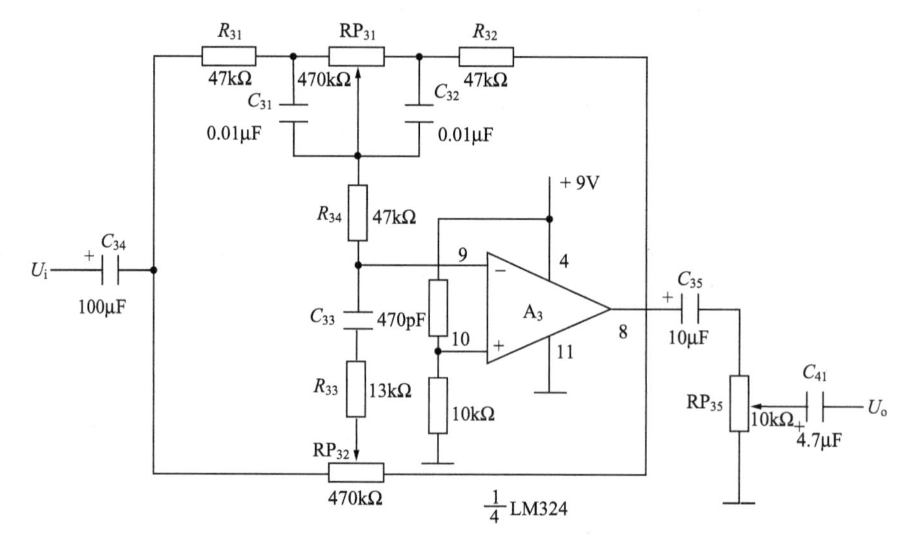

图 3-19　音调控制器

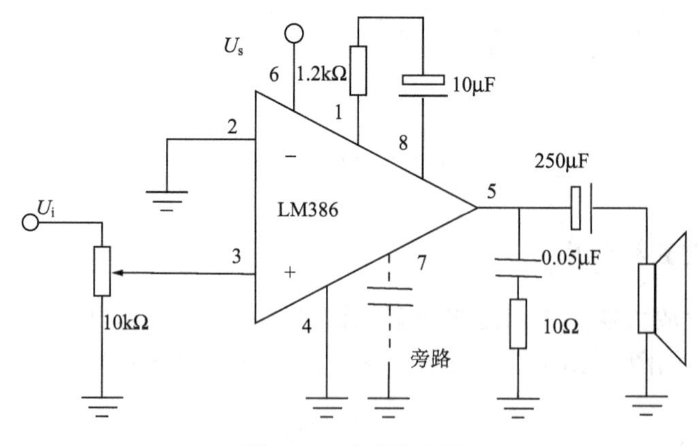

图 3-20　功率放大器

4. 功率放大器

功率放大器的作用是给音响放大器的负载(扬声器)提供一定的输出功率，如图 3-20 所示。当负载一定时，希望输出的功率尽可能大，输出信号的非线性失真尽可能小，效率尽可能高。

音响放大器总原理图如图 3-21 所示。

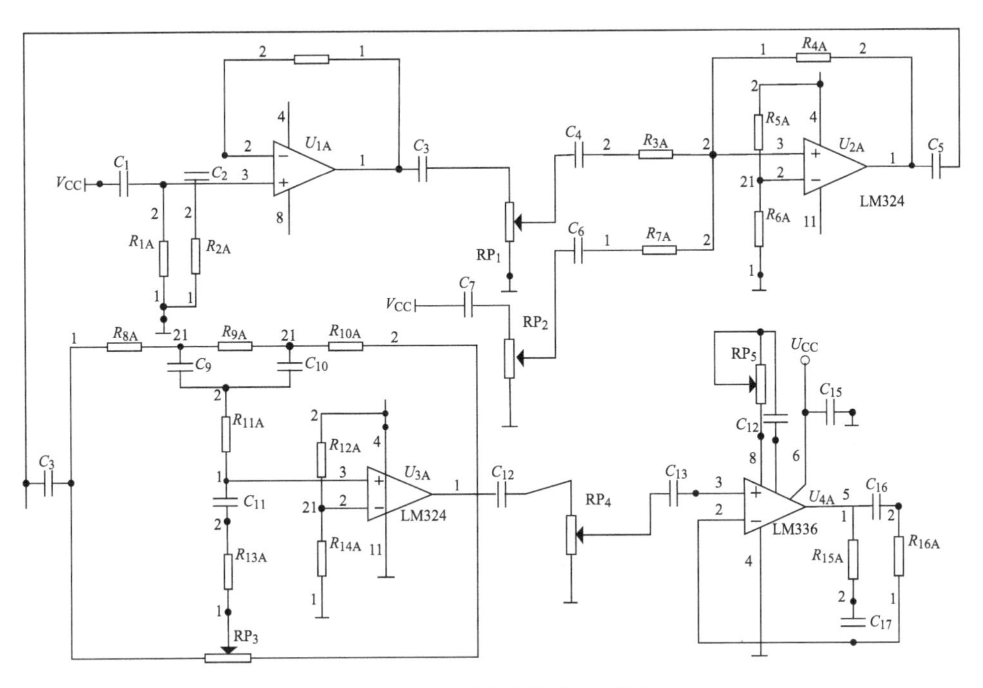

图 3-21　音响放大器总原理图

3.5　温度监测及控制电路

3.5.1　电路组成及工作原理

简易的温度监测及控制电路如图 3-22 所示。它是由负温度系数电阻特性的热敏电阻(NTC 元件)R_t 为一臂组成测温电桥，其输出经测量放大器放大后由滞回比较器输出“加热”与“停止”信号，经三极管放大后控制加热器“加热”与“停止”。改变滞回比较器的比较电压 U_R 即改变控温的范围，而控温的精度则由滞回比较器的滞回宽度确定。

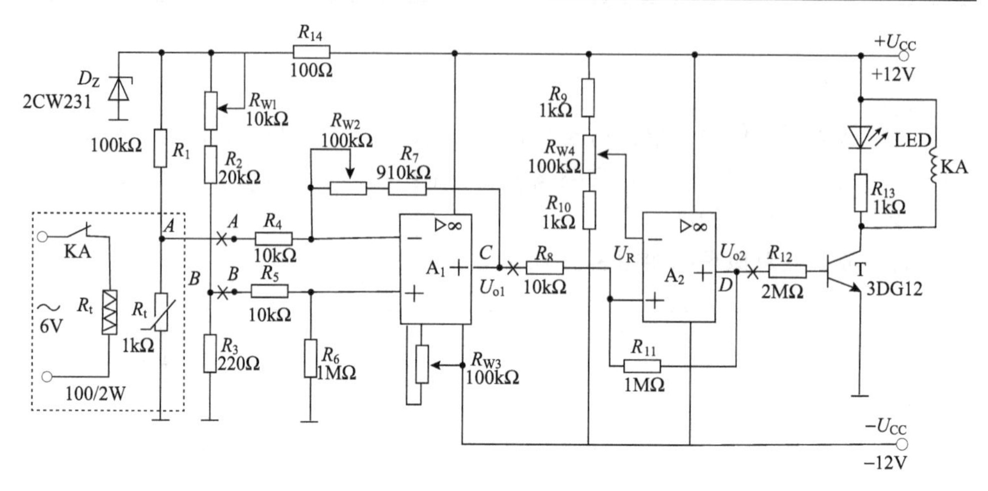

图 3-22　温度监测及控制电路

1. 测温电桥

由 R_1、R_2、R_3、R_{W1} 及 R_t 组成测温电桥，其中，R_t 是温度传感器。其呈现出的阻值与温度呈线性变化关系且具有负温度系数，而温度系数又与流过它的工作电流有关。为了稳定 R_t 的工作电流，达到稳定其温度系数的目的，设置了稳压管 D_2。R_{W1} 可决定测温电桥的平衡。

2. 差动放大电路

由 A_1 及外围电路组成的差动放大电路，将测温电桥输出电压 ΔU 按比例放大。其输出电压为

$$U_{o1} = -\left(\frac{R_7 + R_{W2}}{R_4}\right)U_A + \left(\frac{R_4 + R_7 + R_{W2}}{R_4}\right)\left(\frac{R_6}{R_5 + R_6}\right)U_B$$

当 $R_4 = R_5, R_7 + R_{W2} = R_6$ 时，有

$$U_{o1} = \frac{R_7 + R_{W2}}{R_4}(U_B - U_A)$$

R_{W3} 用于差动放大器调零。

可见差动放大电路的输出电压 U_{o1} 仅取决于两个输入电压之差和外部电阻的比值。

3. 滞回比较器

差动放大器的输出电压 U_{o1} 输入由 A_2 组成的滞回比较器。

同相滞回比较器的单元电路如图 3-23 所示，设比较器输出高电平为 U_{OH}，输

出低电平为 U_{OL}，参考电压 U_R 加在反相输入端。

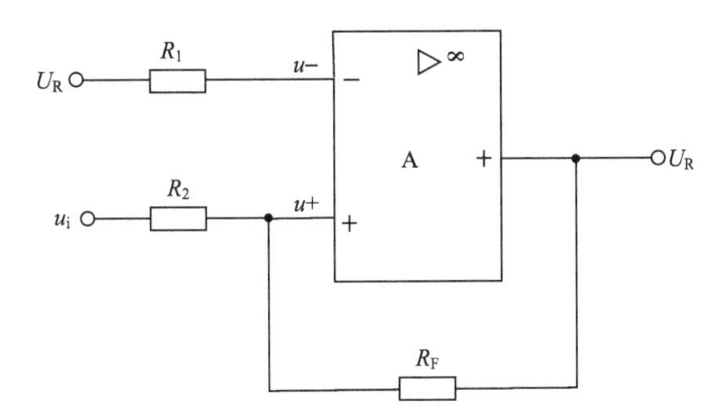

图 3-23　同相滞回比较器的单元电路

当输出为高电平 U_{OH} 时，运算放大器同相输入端电位为

$$u_{+H} = \frac{R_F}{R_2 + R_F}u_i + \frac{R_2}{R_2 + R_F}U_{OH}$$

当 u_i 减小到使 $u_{+H} = U_R$，即

$$u_i = u_{TL} = \frac{R_2 + R_F}{R_F}U_R - \frac{R_2}{R_F}U_{OH}$$

此后，u_i 稍有减小，输出就从高电平跳变为低电平。

当输出为低电平 U_{OL} 时，运算大放器同相输入端电位为

$$u_{+L} = \frac{R_F}{R_2 + R_F}u_i + \frac{R_2}{R_2 + R_F}U_{OL}$$

当 u_i 增大到使 $u_{+L}=U_R$，即

$$u_i = U_{TH} = \frac{R_2 + R_F}{R_F}U_R - \frac{R_2}{R_F}U_{OL}$$

此后，u_i 稍有增加，输出又从低电平跳变为高电平。

因此 U_{TL} 和 U_{TH} 为输出电平跳变时对应的输入电平，常称 U_{TL} 为下门限电平，U_{TH} 为上门限电平，而两者的差值

$$\Delta U_T = U_{TR} - U_{TL} = \frac{R_2}{R_F}(U_{OH} - U_{OL})$$

称为门限宽度，它们的大小可通过调节 R_2/R_F 的比值来调节。

图 3-24 为滞回比较器的电压传输特性。

由上述分析可见，差动放大器输出电压 U_{OL} 经分压后加到由 A_2 组成的滞回比较器的同相输入端，与反相输入端的参考电压 U_R 相比较。当同相输入端的电压信号大于反相输入端的电压时，A_2 输出正饱和电压，三极管 T 饱和导通。通过

发光二极管的发光情况，可见负载的工作状态为加热。反之，当同相输入信号小于反相输入端电压时，A_2 输出负饱和电压，三极管 T 截止，LED 熄灭，负载的工作状态为停止。调节 R_{W4} 可改变参考电平，同时调节了上、下门限电平，从而达到设定温度的目的。

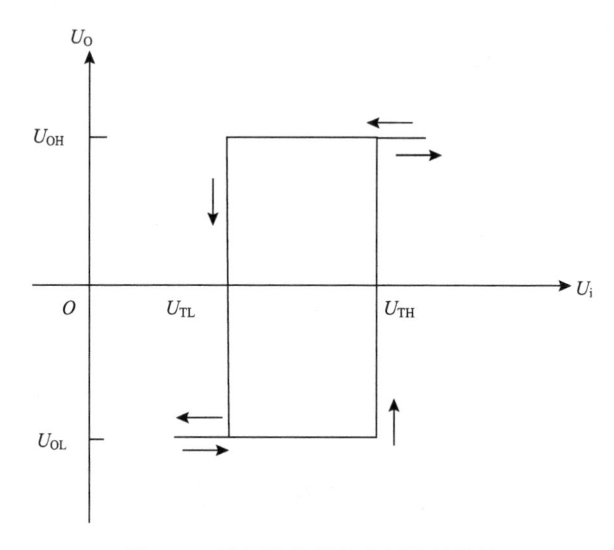

图 3-24　滞回比较器的电压传输特性

3.5.2　测试

按图 3-25 连接电路，各级之间暂不连通，形成各级单元电路，以便各单元分别进行调试。

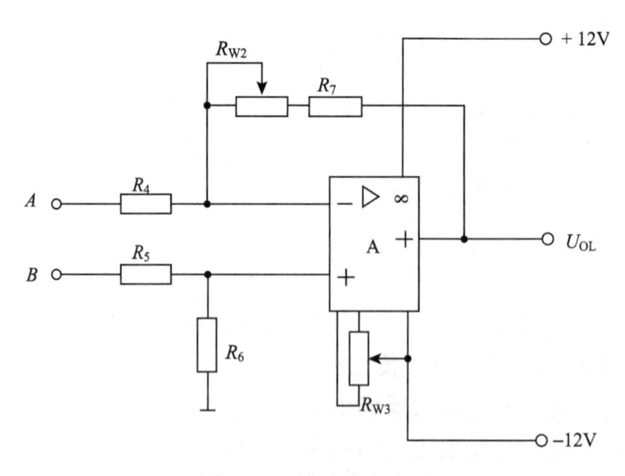

图 3-25　差动放大电路

1. 差动放大器

差动放大电路如图 3-25 所示。它可实现差动比例运算。

(1) 运算放大器调零。将 A、B 两端对地短路，调节 R_{W3} 使 $U_o=0$。

(2) 去掉 A、B 端对地短路线。从 A、B 端分别加入不同的两个直流电平。当电路中 $R_7+R_{W2}=R_6$，$R_4=R_5$ 时，其输出电压为

$$u_o=\frac{R_7+R_{W2}}{R_4}(U_B-U_A)$$

在测试时，要注意加入的输入电压不能太大，以免放大器输出进入饱和区。

(3) 将 B 点对地短路，把频率为 100Hz、有效值为 10mV 的正弦波加入 A 点。用示波器观察输出波形。在输出波形不失真的情况下，用交流毫伏表测出 u_i 和 u_o 的电压。算得此差动放大电路的电压放大倍数 A。

2. 桥式测温放大电路

将差动放大电路的 A、B 端与测温电桥的 A'、B' 端相连，构成一个桥式测温放大电路。

(1) 在室温下使电桥平衡。在室温条件下，调节 R_{W1}，使差动放大器输出 $U_{o1}=0$（注意：前面调好的 R_{W3} 不能再动）。

(2) 温度系数 K(V/℃)。由于测温需升温槽，可虚设室温 T 及输出电压 u_{o1}，温度系数 K 也定为一个常数，具体参数自行填入表 3-1 内。

表 3-1　温度系数测量表

温度 T/℃	室温/℃				
输出电压 U_{o1}/V					

从表 3-1 中可得到 $K=\Delta U/\Delta T$。

(3) 桥式测温放大器的温度-电压关系曲线。根据前面测温放大器的温度系数 K，可画出测温放大器的温度-电压关系曲线，要标注相关的温度和电压的值。从图中可求得在其他温度时，放大器实际应输出的电压值。也可得到在当前室温下，U_{o1} 实际对应值 U_S。

(4) 重调 R_{W1}，使测温放大器在当前室温下输出 U_S。即调 R_{W1}，使 $U_{o1}=U_S$。

3. 滞回比较器

滞回比较器电路如图 3-26 所示。采用直流法测试比较器的上、下门限电平。首先确定参考电平 U_R 的值。调 R_{W4}，使 $U_R=2V$。然后将可变的直流电压

U_i加入比较器的输入端。比较器的输出电压U_o送入示波器Y输入端(将示波器的“输入耦合方式开关”置于“DC”，X轴“扫描触发方式开关”置于“自动”)。改变直流输入电压U_i的大小，从示波器屏幕上观察到当u_o跳变时所对应的U_i值，即上、下门限电平。

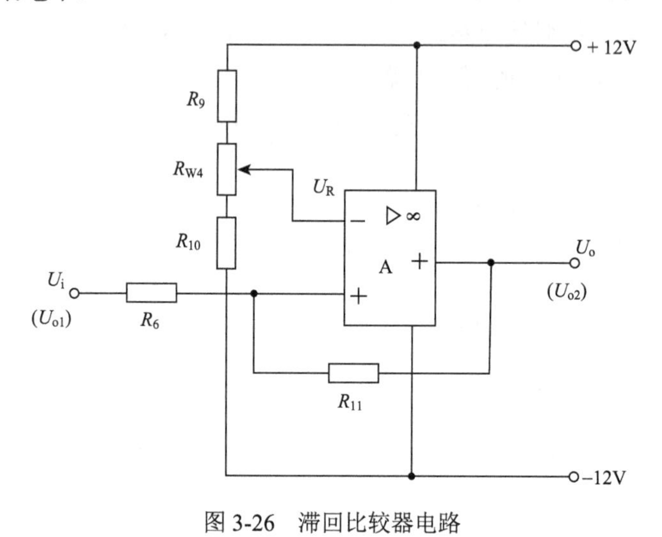

图 3-26　滞回比较器电路

3.6　用运算放大器设计万用电表

在测量中，电表的接入应不影响被测电路的原工作状态，这就要求电压表应具有无穷大的输入电阻，电流表的内阻应为零。但实际上，万用电表表头的可动线圈总有一定的电阻，例如，100μA 的表头，其内阻约为 1kΩ，用万用表进行测量时将影响被测量，引起误差。此外，交流电表中的整流二极管的压降和非线性特性也会产生误差。如果在万用电表中使用运算放大器，就能大大降低这些误差，提高测量精度。在欧姆表中采用运算放大器，不仅能得到线性刻度，还能实现自动调零。

1. 直流电压表

图 3-27 为同相端输入，高精度直流电压表原理图。

为了减小表头参数对测量精度的影响，将表头置于运算放大器的反馈回路中，这时，流经表头的电流与表头的参数无关，只要改变R_1一个电阻，就可进行量程的切换。

表头电流I与被测电压U_i的关系为

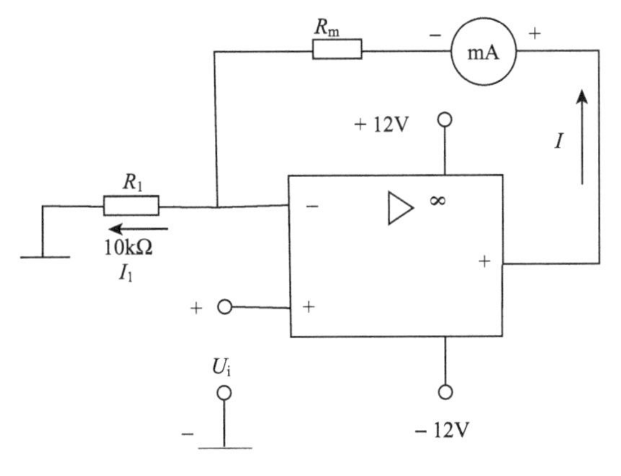

图 3-27　直流电压表

$$I = \frac{U_i}{R_1}$$

应当指出，图 3-27 适用于测量电路与运算放大器共地的有关电路。此外，当被测电压较高时，在运算放大器的输入端应设置衰减器。

2. 直流电流表

图 3-28 是浮地直流电流表的电路原理图。在电流测量中，浮地电流的测量是普遍存在的，例如，若被测电流无接地点，就属于这种情况。为此，应把运算放大器的电源也对地浮动，按此种方式构成的电流表就可像常规电流表那样，串联在任何电流通路中测量电流。

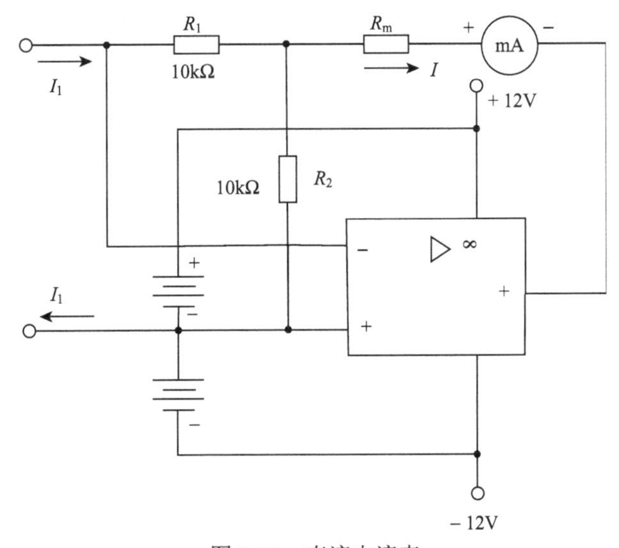

图 3-28　直流电流表

表头电流 I 与被测电流 I_1 间关系为

$$-I_1R_1 = (I_1 - I)R_2$$

$$I = \left(1 + \frac{R_1}{R_2}\right)I_1$$

可见，改变电阻比(R_1/R_2)，可调节流过电流表的电流，以提高灵敏度。如果被测电流较大，应给电流表表头并联分流电阻。

3. 交流电压表

由运算放大器、二极管整流桥和直流毫安表组成的交流电压表如图 3-29 所示。被测交流电压 U_i 加到运算放大器的同相端，故有很高的输入阻抗，又因为负反馈能减小反馈回路中的非线性影响，故把二极管桥路和表头置于运算放大器的反馈回路中，以减小二极管本身非线性的影响。

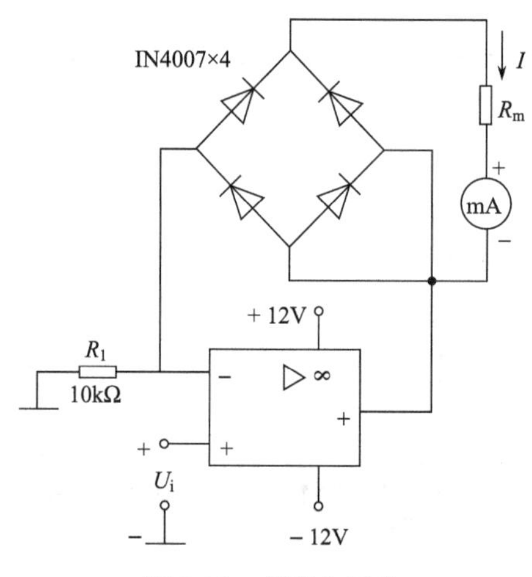

图 3-29　交流电压表

表头电流 I 与被测电压 U_i 的关系为

$$I = \frac{U_i}{R_1}$$

电流 I 全部流过桥路，其值仅与 U_i/R_1 有关，与桥路和表头参数(如二极管的死区等非线性参数)无关。表头中电流与被测电压 U_i 的全波整流平均值成正比，若 U_i 为正弦波，则表头可按有效值来刻度。被测电压的上限频率决定于运算放大器的频带和上升速率。

4. 交流电流表

图 3-30 为浮地交流电流表，表头读数由被测交流电流 I 的全波整流平均值 I_{1AV} 决定，即 $I=\left(1+\dfrac{R_1}{R_2}\right)I_{1AV}$。

如果被测电流 I 为正弦电流，即 $I=\sqrt{2}I_1\sin\omega t$，则上式可写为

$$I=0.9\left(1+\frac{R_1}{R_2}\right)I_1$$

则表头可按有效值来刻度。

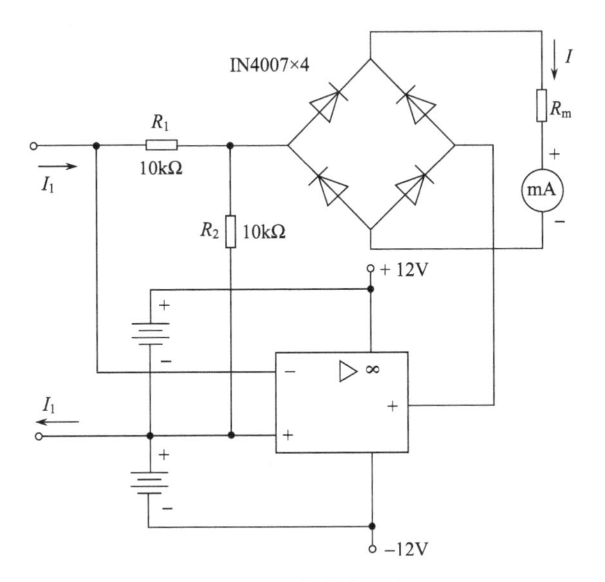

图 3-30 交流电流表

5. 欧姆表

图 3-31 为欧姆表。在此电路中，运算放大器改由单电源供电，被测电阻 R_X 跨接在运算放大器的反馈回路中，同相端加基准电压 U_{REF}。

因此 $U_P=U_N=U_{REF}$，有

$$I_1=I_X$$

$$\frac{U_{REF}}{R_1}=\frac{U_o-U_{REF}}{R_X}$$

即

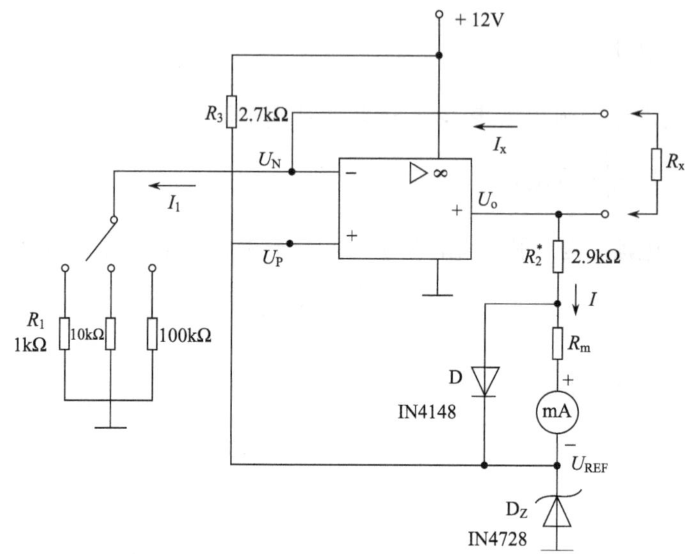

图 3-31　欧姆表

$$R_X = \frac{R_1}{U_{REF}}(U_o - U_{REF})$$

流经表头的电流

$$I = \frac{U_o - U_{REF}}{R_2 + R_m}$$

由以上两式消去 $U_o - U_{REF}$，可得

$$I = \frac{U_{REF}R_X}{R_1(R_m + R_2)}$$

可见，电流 I 与被测电阻成正比，而且表头具有线性刻度，改变 R_1 值，可改变欧姆表的量程。这种欧姆表能自动调零，当 $R_X=0$ 时，电路变成电压跟随器，$U_o=U_{REF}$，故表头电流为零，从而实现了自动调零。

二极管 D 起保护电表的作用，如果没有 D，当 R_X 超量程时，特别是当 $R_X\to\infty$ 时，运算放大器的输出电压将接近电源电压，使表头过载。有了 D 就可使输出钳位，防止表头过载。调整 R_2，可实现满量程调节。

3.7　集成运算放大器综合应用

3.7.1　数显式逻辑笔设计

1. 电路组成与工作原理

该电路的原理图如图 3-32 所示。N_{1A}、N_{2B} 组成窗口式电压比较器，其参考

电压值由分压电阻 R_1、R_2、R_4、R_5 决定，分别设定为 0.8V 和 2.3V。当输入电压低于 0.8V 时，N_{1A} 的输出端引脚 1 为逻辑 0，而 N_{2B} 的输出端引脚 7 为逻辑 1；当输入端电压大于 2.3V 时，N_{1A}、N_{2B} 的输出端的电平与上述相反；如果输入端的电压处在 0.8～2.3V，则 N_{1A} 和 N_{2B} 输出均为逻辑 0。

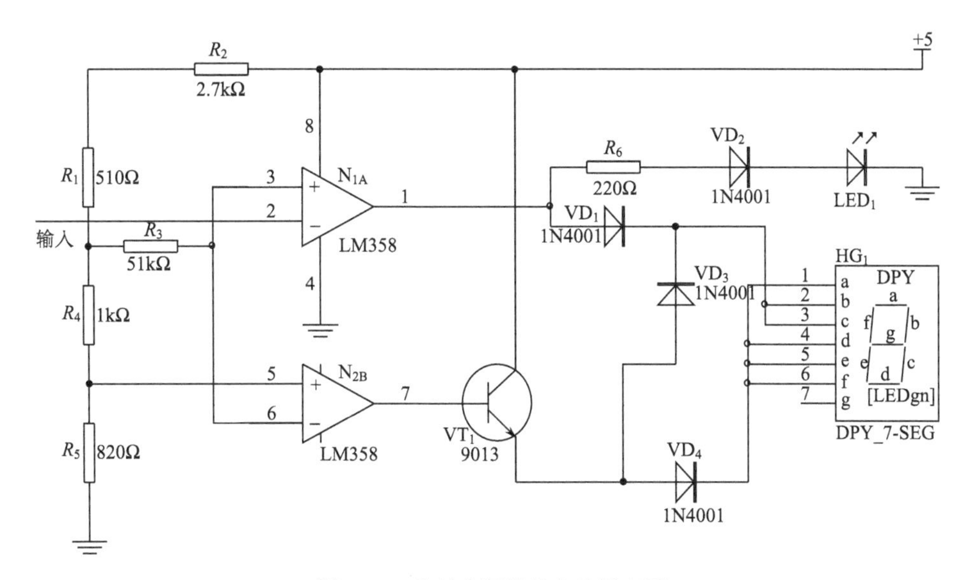

图 3-32　数显式逻辑笔电路原理图

晶体管 VT_1、二极管 VD_1～VD_4 及电阻 R_6 用于控制电平指示器——发光二极管 LED_1 及七段数码管指示器 HG_1。当被测试电路为逻辑 0 时，七段数码管显示 0，当被测试电路为逻辑 1 时，数码管 HG_1 显示 1，同时发光二极管发光指示。如果输入为脉冲信号，数码管显示 0，此时 LED_1 也发光，这种指示状态可称为“中间状态”。

2. 调试

测试器的调整十分简单，在输入端分别输入小于 0.8V、大于 2.3V 或 0.8～2.3V 的任一电压值，LED_1、HG_1 的显示应与其相符。同时选取 R_6，使发光二极管 LDE_1 有足够的亮度。测试器的电源可以由被测电路提供，也可单独配置一个 5V 电源。

3.7.2　全自动电池充电器设计

1. 电路组成及工作原理

该电路的原理图如图 3-33 所示。电源输入采用 6V 直流电源，可用廉价的手机充电器作为电源，稳压电路由滤波电容器 C_1、电位器 R_P 和三端稳压集成电路

IC1（LM317）等组成。

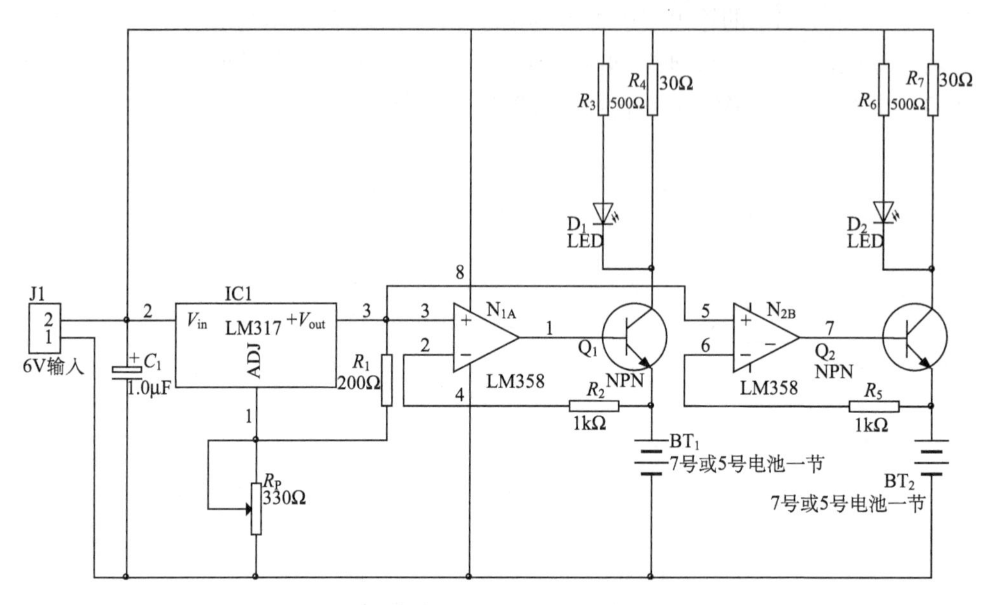

图 3-33　全自动电池充电器电路原理图

充电控制电路由运算放大集成电路 N_{1A} 和 N_{1B}、充电指示发光二极管 D_1 和 D_2、晶体管 Q_1 和 Q_2 和电阻器组成。

接通电源后，+6V 电压的一路供给 N_{1A}、N_{1B}、Q_1、Q_2；另一路经 IC1 稳压后，为 N_{1A} 和 N_{1B} 的正相输入端（引脚 3 和引脚 5）提供基准电压。

被充电电池 B_{T1}-B_{T2} 两端的电压较低，使 N_{1A} 和 N_{1B} 反相输入端（引脚 2 和引脚 6）的电压低于各正相输入端的电压，N_{1A} 和 N_{1B} 均输出高电压，使 Q_1 和 Q_2 均导通，电池 BT_1 和 BT_2 开始充电，同时充电指示发光二极管 D_1 和 D_2 点亮。

当电池 BT_1 充满电后，N_{1A} 的引脚 2（反相输入端）的电压将高于引脚 3（正相输入端）的电压，N_{1A} 输出低电平，使 Q_1 截止，BT_1 停止充电，同时 D_1 熄灭。

同理，当电池 BT_2 充满电后，N_{1B} 的反相输入端电压均高于正相输入端电压，N_{1B} 输出低电平，输出端由高电平变为低电平，使 Q_2 截止，BT_2 停止充电，同时 Q_2 熄灭。

BT_1 和 BT_2 的充电电流取 110mA。要想调节充电电流的大小，可通过改变充电限流电阻器 R_4 和 R_7 的阻值来实现。

R_P 用来调节 IC1 的输出电压（即 N_{1A}-N_{1B} 正向输入端的基准电压），该电压应取 1.45V。

2. 元器件选择

R_4 和 R_7 均选用 1W 金属膜电阻器，其余各电阻器均选用 1/4W 碳膜电阻器。

R_P 选用小型电位器或可变电阻器。

C 选用耐压值为 25V 的铝电解电容器。

D_1 和 D_2 均选用 1N4001 型硅整流二极管。

Q_1 和 Q_2 均选用 3mm 的发光二极管。

Q_1～Q_4 均选用 C8050 或 S8050 型硅 NPN 晶体管。

IC1 选用 LM317 型三端稳压集成电路; N_{1A} 和 N_{1V} 选用 LM358 型四运放集成电路。

第 4 章　数字电子电路

4.1　555 时基电路及其应用设计

4.1.1　555 时基电路各引脚的功能

TH：高电平触发端。当 TH 端电压大于 $\frac{2}{3}V_{CC}$ 时，输出端 OUT 端呈低电平，DIS 端导通。

$\overline{TR}$：低电平触发端。当 $\overline{TR}$ 端电平小于 $\frac{1}{3}V_{CC}$ 时，输出端 OUT 端呈高电平，DIS 端开断。

DIS：放电端。其导通或关断，可为外接的 RC 回路提供放电或充电的通路。

$\overline{R}$：复位端。$\overline{R}$=0 时，OUT 端输出低电平，DIS 端导通。该端不用时接高电平。

VC：控制电压端。VC 接不同的电压值可改变 TH、$\overline{TR}$ 的触发电平值，其外接电压值范围是 0～V_{CC}，该端不用时，一般应在该端与地之间接一个电容。

OUT：输出端。电路的输出带有缓冲器，因而有较强的带负载能力，可直接推动 TTL、CMOS 电路中的各种电路和蜂鸣器等。

VCC：电源端。电源电压范围较宽，TTL 型为+5～+16V，CMOS 型为+3～+18V，本实验所用电压 V_{CC}= +5V。

芯片的功能如表 4-1 所示，引脚如图 4-1 所示，功能简图如图 4-2 所示。

表 4-1　芯片功能表

TH	$\overline{TR}$	$\overline{R}$	OUT	DIS
X	X	L	L	导通
$>\frac{2}{3}V_{CC}$	$>\frac{1}{3}V_{CC}$	H	L	导通
$<\frac{2}{3}V_{CC}$	$>\frac{1}{3}V_{CC}$	H	原状态	原状态
$<\frac{2}{3}V_{CC}$	$<\frac{1}{3}V_{CC}$	H	H	关断

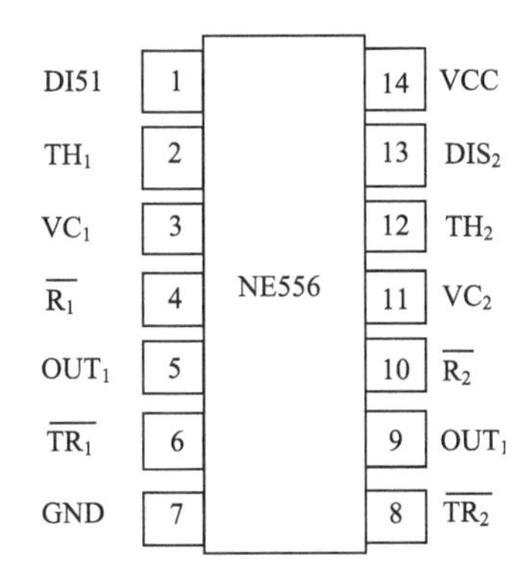

图 4-1　时基电路芯片 NE556 引脚图

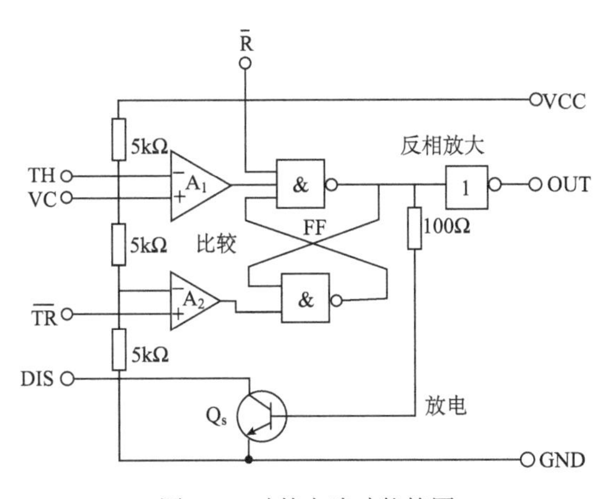

图 4-2　时基电路功能简图

4.1.2　采用 555 时基电路构成的多谐振荡器

由 555 时基电路构成的多谐振荡器如图 4-3 所示。利用电容充放电过程中电容电压的变化来改变加在高低电平触发端的电平的变化，使 555 时基电路内 RS 触发器的状态置“1”、置“0”，从而在输出端获得矩形波。

当电路接通电源时，由于电容 C_1 为低电位，$\overline{\mathrm{TR}}$ 也为低电位，OUT 输出高电平。同时 DIS 断开，电源通过 R_1、R_2 向 C_1 充电，电容电压和 TH、$\overline{\mathrm{TR}}$ 电位随之升高，升高至 TH 的触发电平时，OUT 输出低电平。同时 DIS 接通，电容 C_1 通过 R_2、DIS 放电，电容电压和 $\overline{\mathrm{TR}}$ 、TH 电位随之降低，降低到 TR 的触发电平时，OUT 输出高电平。DIS 断开，电容 C_1 又开始充电，重复上述过程，从而形成振荡。

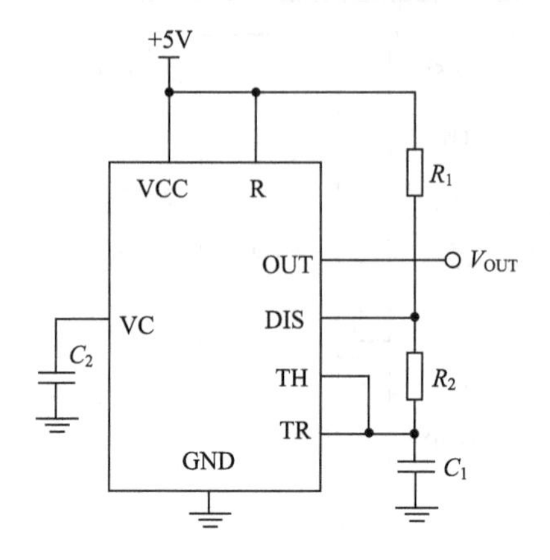

图 4-3　多谐振荡电路

1. 555 时基电路功能测试

(1)按图 4-4 接线，可调电压取自电位器分压器。

(2)按表 4-1 逐项测试其功能并记录。

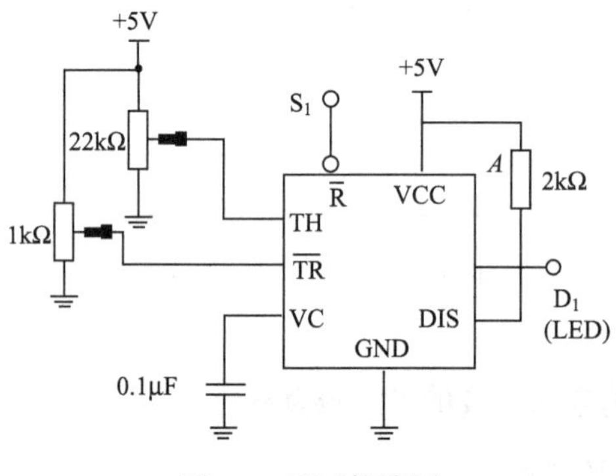

图 4-4　测试接线图

2. 555 时基电路构成的多谐振荡器

测试接线图如图 4-4 所示。

(1)按图接线。

(2)用示波器观察并测量 OUT 端波形的频率和理论估算值比较，算出频率的相对误差值。

(3)若将电阻值改为 R_1=15kΩ、R_2=10kΩ，电容 C 不变，上述的数据有何变化？

(4)根据上述电路的原理，充电回路的支路是 $R_1R_2C_1$，放电回路的支路是 R_2C_1，将电路略做修改，增加一个电位器 R_W 和两个引导二极管，构成图 4-5 所示

的占空比可调的多谐振荡器。其占空比 q 为

$$q=\frac{R_1}{R_1+R_2}$$

改变 R_W 的位置，可调节 q 值。合理选择元件参数(电位器选用 22kΩ)，使电路的占空比 q=0.2，调试正脉冲宽度为 0.2ms。

调试电路，测出所用元件的数值，估算电路的误差。

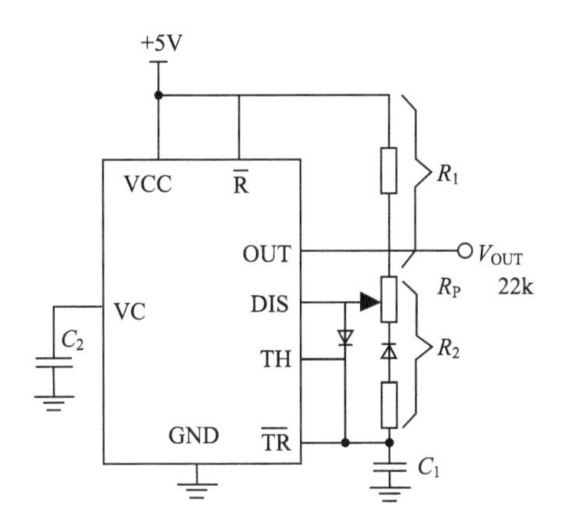

图 4-5　占空比可调的多谐振荡器电路图

3. 555 构成的单稳态触发器

单稳态触发器电路如图 4-6 所示。

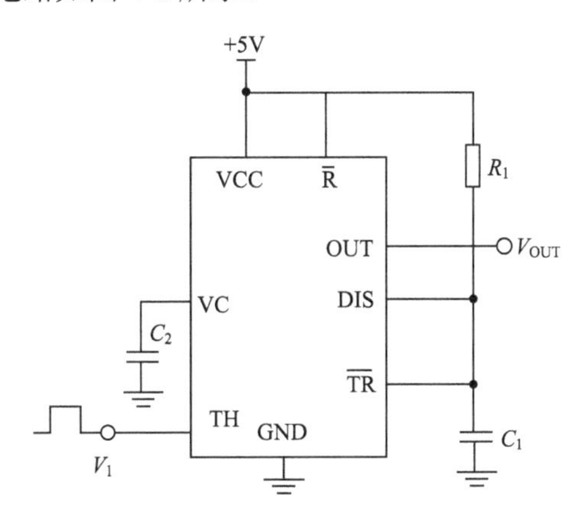

图 4-6　单稳态触发器电路

(1) 按图 4-6 接线，图中 R_1=10kΩ， $C_1=0.01\mu F$， V_1 是频率约为 10kHz 的方波时，用双踪示波器观察 OUT 端相对于 V_1 的波形，并测出输出脉冲的宽度 T_W。

(2) 调节 V_1 的频率，分析并记录观察到的 OUT 端波形的变化。

(3) 若想使 T_W=10μs，怎样调整电路？测出此时各有关的参数值。

4. 应用电路

如图 4-7 所示，用两个 555 时基电路构成低频对高频调制的救护车警铃电路。参考用 555 时基电路构成多谐振荡器的方法确定图 4-7 中未定元件参数，调整元件参数得到满意的声响效果。

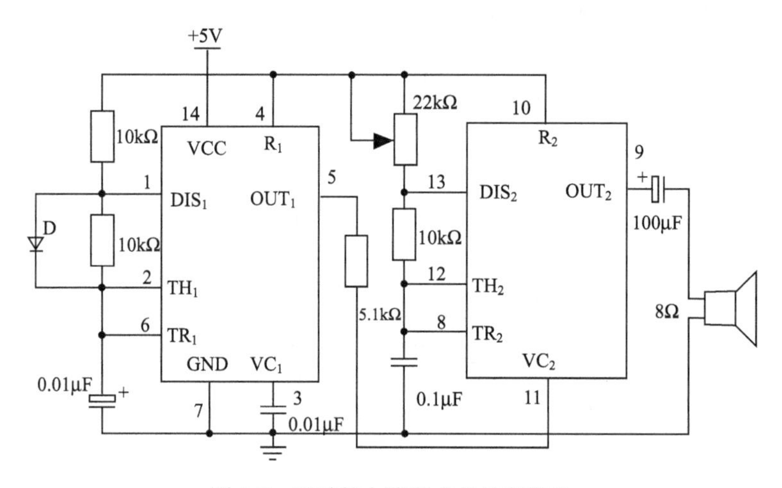

图 4-7　用时基电路组成救护车警铃

5. 时基电路使用说明

556 定时器的电源电压范围较宽，可在+5～+16V 范围内使用(若为 CMOS 的芯片则电压范围在+3～+18V 内)。

电路的输出有缓冲器，因而有较强的带负载能力，双极性定时器最大的灌电流为 200mA 左右，因而可直接驱动 TTL 或 CMOS 电路中的各种电路，包括直接驱动蜂鸣器等器件，使用的电源电压 V_{CC}=+5V。

4.2　抢答器电路设计

4.2.1　电路组成及原理

图 4-8 为供四人用的抢答器电路，用以判断抢答优先权。

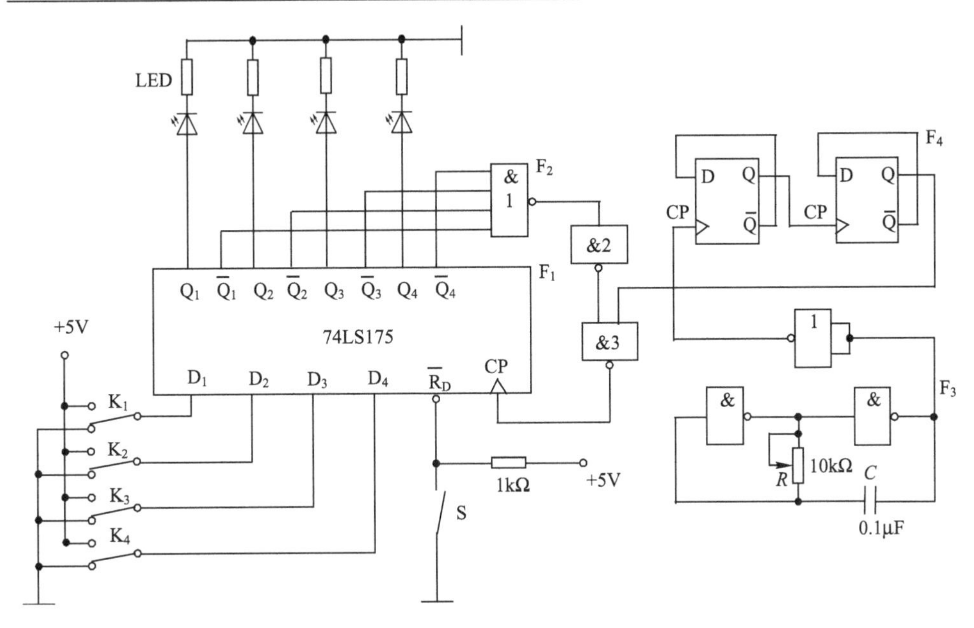

图 4-8　抢答器电路原理图

图 4-8 中 F_1 为四 D 触发器 74LS175，它具有公共置 0 端和公共 CP 端；F_2 为双 4 输入与非门 74LS20；F_3 是由 74LS00 组成的多谐振荡器；F_4 是由 74LS74 组成的四分频电路，F_3、F_4 组成抢答电路中的 CP 时钟脉冲源。抢答开始时，由主持人清除信号，按下复位开关 S，74LS175 的输出 Q_1～Q_4 全为 0，所有发光二极管均熄灭，当主持人宣布“抢答开始”后，首先作出判断的参赛者立即按下开关，对应的发光二极管点亮，同时，通过与非门 F_2 送出信号锁住其余三个抢答者的电路，不再接收其他信号，直到主持人再次清除信号为止。

4.2.2　测试

(1) 按图 4-8 接线，抢答器五个开关接实验装置上的逻辑开关、发光二极管接逻辑电平显示器。

(2) 断开抢答器电路中 CP 脉冲源电路，单独对多谐振荡器 F_3 及分频器 F_4 进行调试，调整多谐振荡器 10kΩ 电位器，使其输出脉冲频率约 4kHz，观察 F_3 及 F_4 输出波形及测试其频率。

(3) 测试抢答器电路功能。接通+5V 电源，CP 端接实验装置上连续脉冲源，取脉冲频率约 1kHz。

①抢答开始前，开关 K_1、K_2、K_3、K_4 均置“0”，准备抢答，将开关 S 置“0”，发光二极管全熄灭，再将 S 置“1”。抢答开始，K_1、K_2、K_3、K_4 某一开关置“1”，观察发光二极管的亮、灭情况，然后再将其他三个开关中任一个置“1”，观察发

光二极管的亮、灭是否改变。

②重复①的内容，改变 K_1、K_2、K_3、K_4 任一个开关状态，观察抢答器的工作情况。

③整体测试断开实验装置上的连续脉冲源，接入 F_3 及 F_4，再进行实验。

4.3 电子秒表设计

4.3.1 电路组成及原理

图 4-9 为电子秒表原理图。按功能分成四个单元电路进行分析。

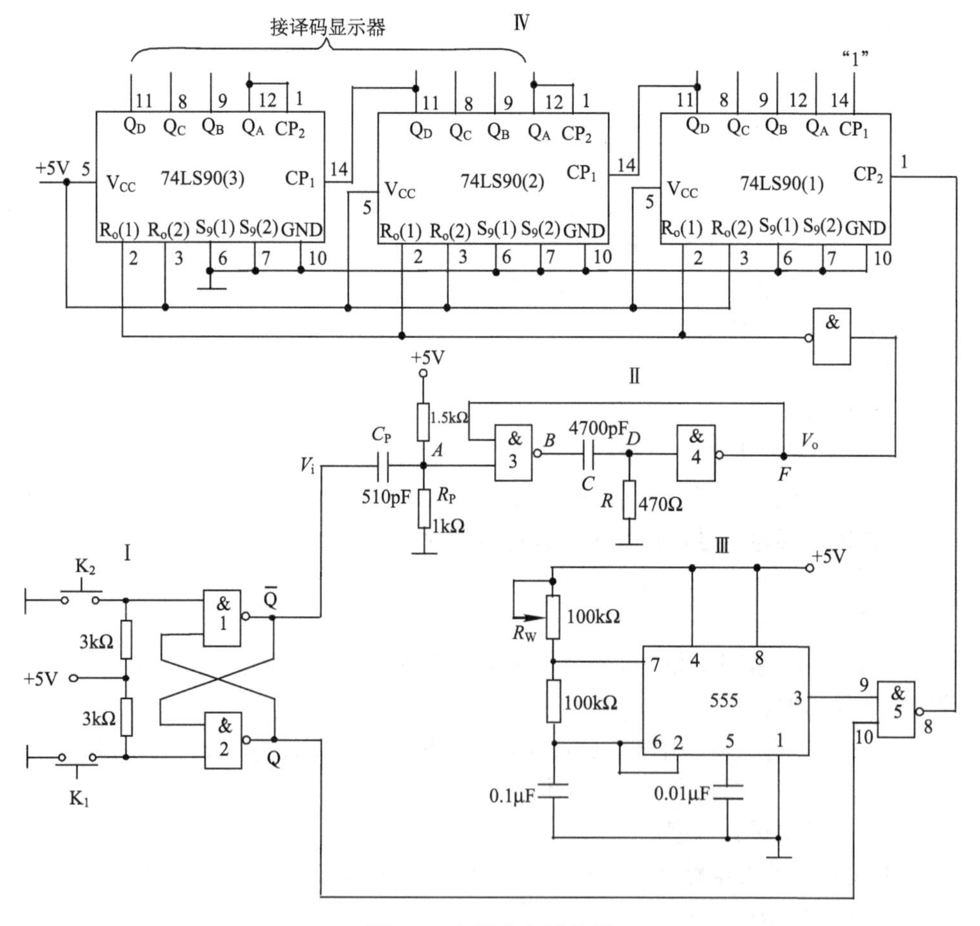

图 4-9 电子秒表原理图

1. 基本 RS 触发器

图 4-9 中单元 Ⅰ 为用集成与非门构成的基本 RS 触发器。属低电平直接触发的触发器，有直接置位、复位的功能。

它的一路输出 $\overline{Q}$ 作为单稳态触发器的输入，另一路输出 Q 作为与非门 5 的输入控制信号。

按动按钮开关 K_2(接地)，则门 1 输出 $\overline{Q}=1$、门 2 输出 $Q=0$，K_2 复位后 Q、$\overline{Q}$ 状态保持不变。再按动按钮开关 K_1，则 Q 由 0 变为 1，门 5 开启，为计数器启动做好准备。$\overline{Q}$ 由 1 变为 0，送出负脉冲，单稳态触发器工作。

基本 RS 触发器在电子秒表中的职能是启动和停止秒表的工作。

2. 单稳态触发器

图 4-9 中单元 Ⅱ 为用集成与非门构成的微分型单稳态触发器。单稳态触发器的输入触发负脉冲信号 V_i 由基本 RS 触发器 $\overline{Q}$ 端提供，输出负脉冲信号 V_o 通过非门加到计数器的清除端 R。

静态时，门 4 应处于截止状态，故电阻 R 必须小于门的关门电阻 R_{off}。定时元件 RC 取值不同，输出脉冲宽度也不同。当触发脉冲宽度小于输出脉冲宽度时，可以省去输入微分电路的 R_P 和 C_P。

单稳态触发器在电子秒表中的职能是为计数器提供清零信号。

3. 时钟发生器

图 4-9 中单元 Ⅲ 为用 555 定时器构成的多谐振荡器，是一种性能较好的时钟源。

调节电位器 R_W，使在输出端 3 获得频率为 50Hz 的矩形波信号，当基本 RS 触发器 $Q=1$ 时，门 5 开启，此时 50Hz 脉冲信号通过门 5 作为计数脉冲加于计数器 74LS90(1)的计数输入端 CP_2。

4. 计数及译码显示

二-五-十进制加法计数器 74LS90 构成电子秒表的计数单元，如图 4-9 中单元 Ⅳ 所示。其中，计数器 74LS90(1)接成五进制形式，对频率为 50Hz 的时钟脉冲进行五分频，在输出端 Q_D 取得周期为 0.1s 的矩形脉冲，作为计数器 74LS90(2)的时钟输入。计数器 74LS90(2)及计数器 74LS90(3)接成 8421 码十进制形式，其输出端与实验装置上译码显示单元的相应输入端连接，可显示 0.1～0.9s、1～9.9s 计时。

注意：集成异步计数器 74LS90 是异步二-五-十进制加法计数器，它既可以做二进制加法计数器，又可以做五进制和十进制加法计数器。

4.3.2 测试

按照次序，将各单元电路逐个进行接线和调试，即分别测试基本 RS 触发器、单稳态触发器、时钟发生器及计数器的逻辑功能，待各单元电路工作正常后，再将有关电路逐级连接起来进行测试，直到测试电子秒表整个电路的功能。这样的测试方法有利于检查和排除故障。

1. 基本 RS 触发器的测试

按下面的顺序在两输入端加信号：

$\overline{S}_d=0$， $\overline{R}_d=0$

$\overline{S}_d=0$， $\overline{R}_d=1$

$\overline{S}_d=1$， $\overline{R}_d=0$

$\overline{S}_d=1$， $\overline{R}_d=1$

观察并记录 Q、$\overline{Q}$ 端的状态，将结果填入表 4-2 中，并判断 RS 触发器的功能是否正常。

表 4-2 RS 触发器功能测试

$\overline{S}_d$	$\overline{R}_d$	Q	$\overline{Q}$	逻辑功能
0	0			
0	1			
1	0			
1	1			

2. 单稳态触发器的测试

(1)静态测试。用数字万用电压表测量 A、B、D、F 各点电位值并记录。

(2)动态测试。输入端接 1kHz 连续脉冲源，用示波器观察并描绘 D 点(V_D)F 点(V_o)波形，如果单稳态输出脉冲持续时间太短，难以观察，可适当加大微分电容 C(如改为 0.1μF)，待测试完毕，再恢复 4700pF。

3. 时钟发生器的测试

用示波器观察输出电压波形并测量其频率，调节 R_W，使输出矩形波频率为 50Hz。

4. 计数器的测试

(1) 计数器 74LS90(1) 接成五进制形式，$R_O(1)$、$R_O(2)$、$S_9(1)$、$S_9(2)$ 接逻辑开关输出插口，CP_2 接单次脉冲源，CP_1 接高电平“1”，Q_D～Q_A 接实验设备上译码显示输入端 D、C、B、A，按表 4-2 测试其逻辑功能并记录。

(2) 计数器 74LS90(2) 及计数器 74LS90(3) 接成 8421 码十进制形式，同内容 (1) 进行逻辑功能测试并记录。

(3) 将计数器①、②、③级联，进行逻辑功能测试并记录。

5. 电子秒表的整体测试

各单元电路测试正常后，按图 4-9 把几个单元电路连接起来，进行电子秒表的总体测试。

先按一下按钮开关 K_2，此时电子秒表不工作，再按一下按钮开关 K_1，计数器清零后便开始计时，观察数码管显示计数情况是否正常，若不需要计时或暂停计时，按一下开关 K_2，计时立即停止，但数码管保留所计时之值。

4.4　拔河游戏机设计

4.4.1　设计要求

(1) 拔河游戏机需用 15 个(或 9 个)发光二极管排列成一行，开机后只有中间一个点亮，以此作为拔河的中心线，游戏双方各持一个按键，迅速地、不断地按动以产生脉冲，哪一方按得快，亮点向哪一方向移动，每按一次，亮点移动一次。移到任一方终端二极管点亮，这一方就得胜，此时双方按键均无作用，输出保持，只有经复位后才使亮点恢复到中心线。

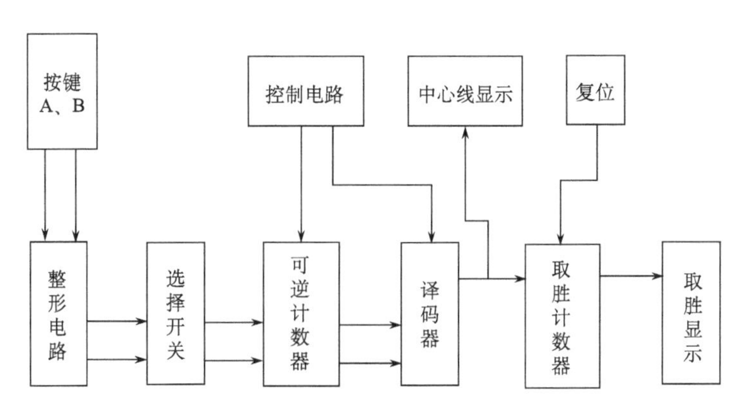

图 4-10　拔河游戏机原理框图

(2) 显示器显示胜者的盘数。

4.4.2 原理框图及电路

(1) 拔河游戏机原理框图如图 4-10 所示。

(2) 拔河游戏机整机线路图如图 4-11 所示。

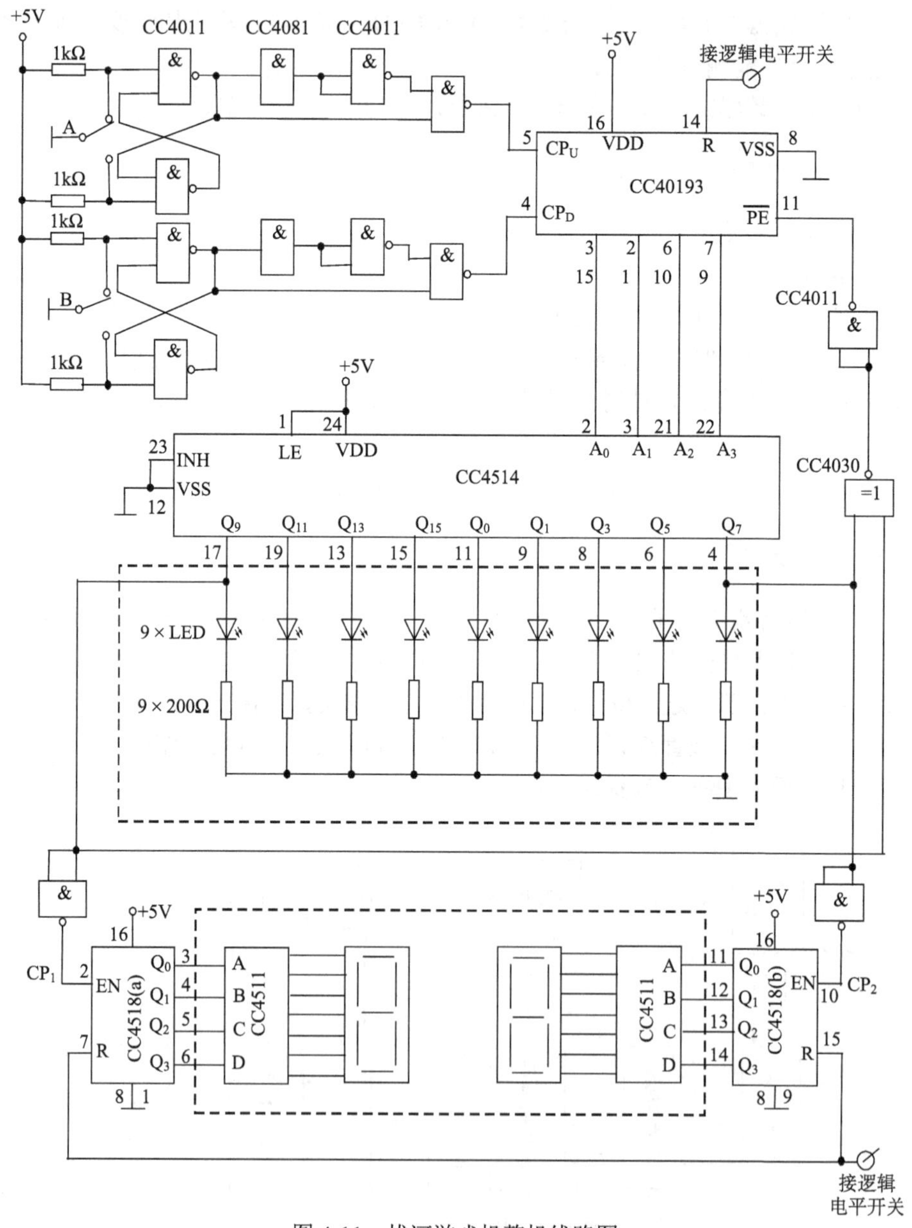

图 4-11　拔河游戏机整机线路图

4.4.3　电路功能及工作原理

可逆计数器 CC40193 原始状态输出 4 位二进制数 0000，经译码器输出使中间的一只发光二极管点亮。当按动 A、B 两个按键时，分别产生两个脉冲信号，经整形后分别加到可逆计数器上，可逆计数器输出的代码经译码器译码后驱动发光二极管点亮并产生位移，当亮点移到任何一方终端后，由于控制电路的作用，这一状态被锁定，而对输入脉冲不起作用。如果按动复位键，亮点又回到中点位置，比赛又可重新开始。

将双方终端二极管的正端分别经两个与非门后接至两个十进制计数器 CC4518 的允许控制端 EN，当任一方取胜时，该方终端二极管点亮，产生一个下降沿使其对应的计数器计数。这样，计数器的输出即显示了胜者取胜的盘数。

1. 编码电路

编码器有两个输入端、四个输出端，要进行加 / 减计数，因此选用 CC40193 双时钟二进制同步加/减计数器来完成。

2. 整形电路

CC40193 是可逆计数器，控制加减的 CP 脉冲分别加至引脚 5 和引脚 4，此时，当电路要求进行加法计数时，减法输入端 CP_D 必须接高电平；进行减法计数时，加法输入端 CP_U 也必须接高电平，若直接由 A、B 键产生的脉冲加到引脚 5 或引脚 4，那么就有很多时机在进行计数输入时，另一计数输入端为低电平，计数器不能计数，双方按键均失去作用，拔河比赛不能正常进行。加一整形电路，使 A、B 两键输出的脉冲经整形后变为一个占空比很大的脉冲，这样就减少了进行某一计数时另一计数输入为低电平的可能性，从而使每按一次键都有可能进行有效的计数。整形电路由与门 CC4081 和与非门 CC4011 实现。

3. 译码电路

选用 4-16 线 CC4514 译码器。译码器的输出 Q_0～Q_{14} 分接 15 个(或 9 个)发光二极管，二极管的负端接地，而正端接译码器。这样，当输出为高电平时，发光二极管点亮。

比赛准备，译码器输入为 0000，Q_0 输出为“1”，中心处二极管首先点亮，当编码器进行加法计数时，亮点向右移，进行减法计数时，亮点向左移。

4. 控制电路

为了指示出谁胜谁负，需要用一个控制电路。当亮点移到任何一方的终端时，判该方为胜，此时双方的按键均宣告无效。此电路可用异或门 CC4030 和与非门 CC4011 来实现。将双方终端二极管的正极接至异或门的两个输入端，当获胜一方为“1”时，另一方为“0”，异或门输出为“1”，经非门产生低电平“0”，再送到 CC40193 计数器的置数端 $\overline{PE}$，于是计数器停止计数，处于预置状态，由于计数器数据端 A、B、C、D 和输出端 Q_A、Q_B、Q_C、Q_D 对应相连，输入也就是输出，从而使计数器对输入脉冲不起作用。

5. 胜负显示

将双方终端二极管正极经非门后的输出分别接到两个 CC4518 计数器的 EN 端，CC4518 的两组 4 位 BCD 码分别接到实验装置的两组译码显示器的 A、B、C、D 插口处。当一方取胜时，该方终端二极管发亮，产生一个上升沿，使相应的计数器进行加一计数，于是就得到了双方取胜次数的显示，若一位数不够，则进行二位数的级联。

6. 复位

为能进行多次比赛而需要进行复位操作，使亮点返回中心点，可用一个开关控制 CC40193 的清零端 R。

胜负显示器的复位也应用一个开关来控制胜负计数器 CC4518 的清零端 R，使其重新计数。

4.5　交通信号灯控制逻辑电路设计

4.5.1　设计要求

为了确保十字路口的车辆顺利地通过，采用自动控制的交通信号灯来进行指挥。其中，红灯(R)亮，表示该条道路禁止通行；黄灯(Y)亮表示停车；绿灯(G)亮表示允许通行。

设计一个十字路口交通信号灯控制器，其要求如下。

(1)它们的工作方式满足如图 4-12 所示的顺序工作流程。图中设南北向的红、黄、绿灯分别为 NSR、NSY、NSG，东西向的红、黄、绿灯分别为 EWR、EWY、EWG 。

(2)两个方向的工作时序：东西向亮红灯的时间应等于南北向亮黄、绿灯的时间之和，南北向亮红灯的时间应等于东西向亮黄、绿灯的时间之和。时序图如图 4-13 所示。

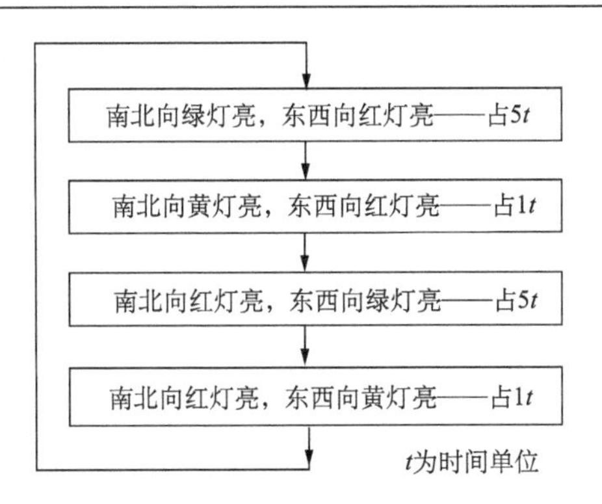

图 4-12　交通信号灯工作流程

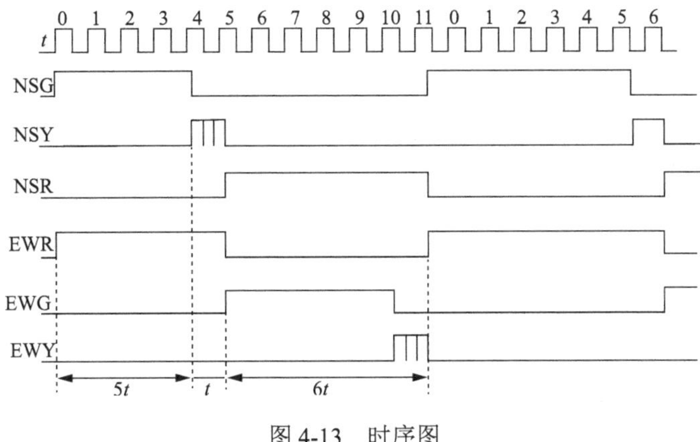

图 4-13　时序图

在图 4-13 中，假设每个单位时间为 5s，则南北、东西向绿、黄、红灯亮的时间分别为 25s、5s、30s，一次循环为 60s。其中，红灯亮的时间为绿灯、黄灯亮的时间之和，黄灯是间歇闪耀。

(3) 十字路口要有数字显示，作为时间提示，以便人们更直观地把握时间。具体为：当某方向绿灯亮时，置显示器为某值，然后以每秒减 1 计数方式工作，直至减到“0”， 十字路口红、绿灯交换，一次工作循环结束，再进入下一步某方向的工作循环。

例如，当南北向从红灯转换成绿灯时，置南北向数字显示为“30”，并使数显计数器开始减“1”计数，当减到绿灯灭而黄灯亮(闪耀)时，数字显示的值应为“5”，当减到“0”时，黄灯灭，而南北向的红灯亮；同时，东西向的绿灯亮，并置东西向的数字显示为“30”。

(4) 可以手动调整和自动控制，夜间为黄灯闪耀。

(5) 在完成上述任务后，可以对电路进行以下几方面的电路改进或扩展。

①设某一方向(如南北)为十字路口主干道，另一方向(如东西)为次干道。主

干道的车辆、行人多，而次干道的车辆、行人少，所以主干道绿灯亮的时间可选定为次干道绿灯亮的时间的 1.5 倍或 2 倍。

②用发光二极管模拟汽车行驶电路。当某一方向绿灯亮时，这一方向的发光二极管接通，并一个一个向前移动，表示汽车在行驶；当遇到黄灯亮时，移位发光二极管就停止，而过了十字路口的移位发光二极管继续向前移动；红灯亮时，另一方向转为绿灯亮，那么，这一方向的发光二极管就开始移位(表示这一方向的车辆行驶)。

4.5.2 设计方案

交通灯控制器系统框图如图 4-14 所示。

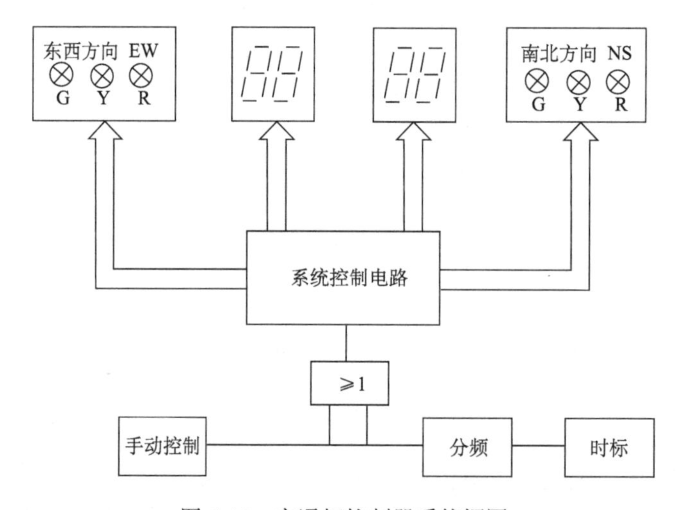

图 4-14　交通灯控制器系统框图

1. 秒脉冲和分频器

因十字路口每个方向绿灯、黄灯、红灯所亮时间的比例分别为 5∶1∶6，所以，若选 5s 为一单位时间，则计数器每计 5s 输出一个脉冲。

2. 交通灯控制器

由波形图可知，计数器每次工作循环周期为 12，所以可以选用 12 进制计数器。计数器可以用单触发器组成，也可以用中规模集成计数器。这里我们选用中规模 74LS164 八位移位寄存器组成循环形 12 进制计数器。循环形 12 进制计数器的状态表请自行设计。根据状态表，不难列出东西向和南北向绿灯、黄灯、红灯的逻辑表达式如下。

东西向	南北向
绿：EWG= $Q_4 \times Q_5$	绿：NSG= $\overline{Q_4} \times \overline{Q_5}$
黄：EWY = $\overline{Q_4} \times Q_5$（EWY′=EWY×CP1）	黄：NSY= $\overline{Q_4} \times Q_5$（NSY′=NSY×CP1）
红：EWR = $\overline{Q_5}$	红：NSR = Q_5

由于黄灯要求闪耀几次，所以用时标 1s 和 EWY 或 NSY 黄灯信号相“与”即可。

3. 显示控制部分

显示控制部分是一个定时控制电路。当绿灯亮时，减法计数器开始工作（用对方的红灯信号控制），每来一个秒脉冲，计数器减 1，直到计数器为“0”而停止。译码显示可用 74LS248BCD 码七段译码器，显示器用 OS5011-12 共阴极 LED 显示器，计数器采用可预置加、减法计数器，如 74LS168、74LS193 等。

4. 手动/自动控制、夜间控制

用选择开关进行。置开关在手动位置，输入单次脉冲可使交通灯处在某一位置，开关在自动位置时，交通信号灯按自动循环工作方式运行。夜间时，将夜间开关接通，黄灯闪亮。

5. 汽车模拟运行控制

用移位寄存器组成汽车模拟控制系统，即当某一方向绿灯亮时，绿灯亮“G”信号，使该路方向的移位通路打开，而当黄灯、红灯亮时，该方向的移位停止。

4.5.3　参考电路及简要说明

根据设计任务和要求，交通信号灯控制器参考电路如图 4-15 所示。

1. 单次手动及脉冲电路

单次脉冲是由两个与非门组成的 RS 触发器产生的，当按下 S_2 时，有一个脉冲输出使 74LS164 移位计数，实现手动控制。S_2 在自动位置时，由秒脉冲电路经分频后（4 分频）输入 74LS164，这样，74LS164 为每 4s 向前移一位（计数一次）。秒脉冲电路可用晶振或 *RC* 振荡电路构成。

2. 控制器部分

它由 74LS164 组成循环形计数器，经译码输出十字路口南北、东西两个方向的控制信号。其中，黄灯信号须满足闪耀，并在夜间时，黄灯闪亮，而绿灯、红灯灭。

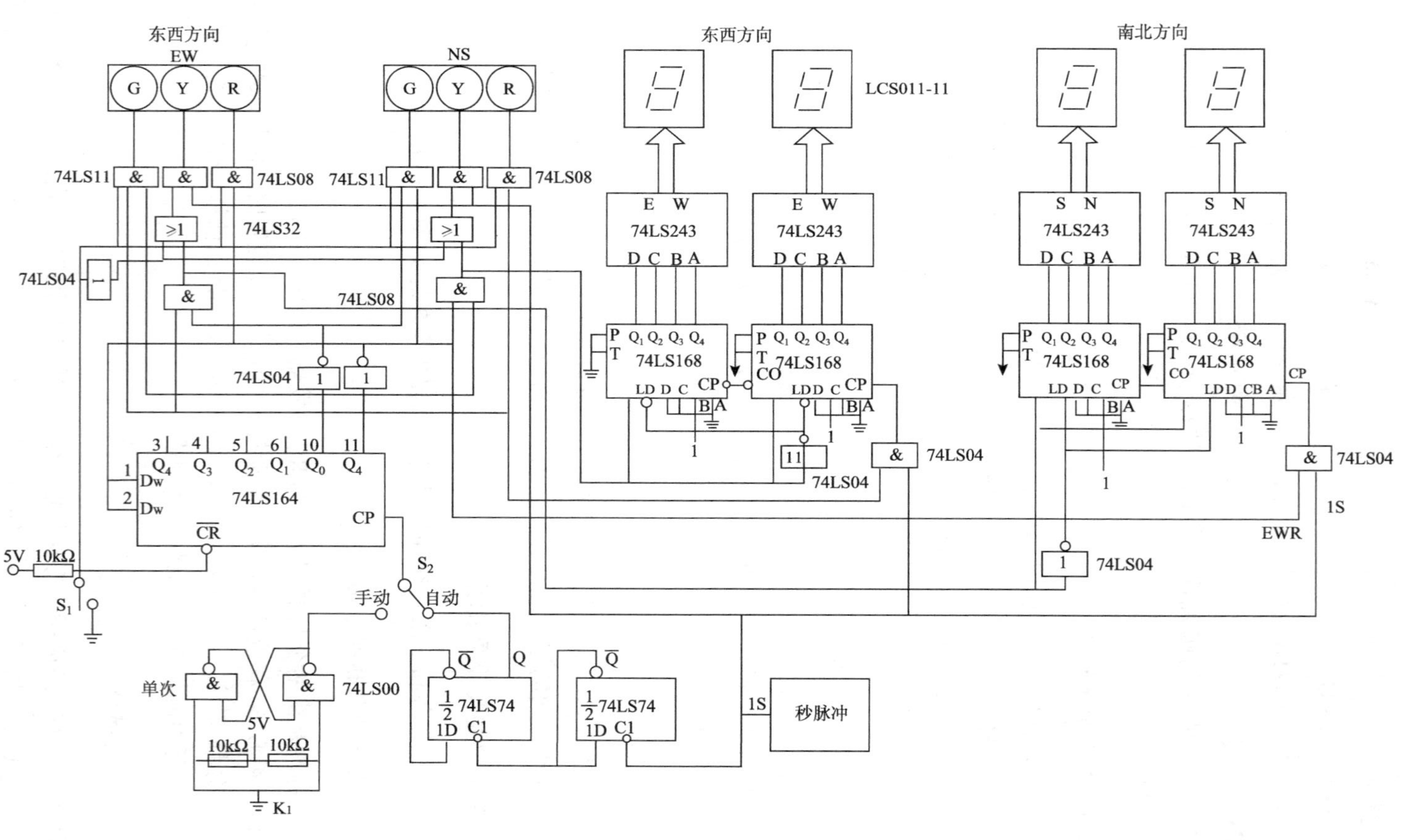

图4-15　交通信号灯控制器参考电路

3. 数字显示部分

当南北向绿灯亮，而东西向红灯亮时，使南北向的 74LS168 以减法计数器方式工作，从数字“30”开始递减，当减到“00”时，南北向绿灯灭，红灯亮，而东西向红灯灭，绿灯亮。东西向红灯灭信号(EWR：0)，使与门关断，减法计数器工作结束，而南北向红灯亮，使另一方向——东西向减法计数器开始工作。

在减法计数器开始之前，黄灯亮信号使减法计数器先置入数据，图 4-15 中接入 1s 和 LD 的信号就是由黄灯亮(为高电平)时，置入数据，黄灯灭(Y=0)，而红灯亮开始减计数。

4.6　汽车尾灯控制电路

4.6.1　设计要求

假设汽车尾灯左右两侧各有三个指示灯(用发光二极管模拟)，要求是：汽车正常运行时指示灯全灭；右转弯时，右侧三个指示灯按右循环顺序点亮；左转弯时左侧三个指示灯按左循环顺序点亮；临时制动时所有指示灯同时闪烁。

4.6.2　设计方案

1. 汽车尾灯控制电路

(1)尾灯与汽车运行状态表见表 4-3。

表 4-3　尾灯与汽车运行状态表

开关控制		运行状态	左尾灯	右尾灯
S_1	S_0		D_4、D_5、D_6	D_1、D_2、D_3
0	0	正常运行	灯灭	灯灭
0	1	右转弯	灯灭	按 D_1、D_2、D_3 顺序循环点亮
1	0	左转弯	按 D_4、D_5、D_6 顺序循环点亮	灯灭
1	1	临时制动	所有的尾灯随时钟 CP 同时闪烁	

(2)尾灯与汽车运行状态功能表。由于汽车向左或向右转弯时，三个指示灯循环点亮，所以用三进制计数器控制译码器电路顺序输出低电平，从而控制尾灯按要求点亮。由此得出在每种运行状态下，各指示灯与各给定条件(S_1、S_0、CP、Q_1、Q_0)的关系，即逻辑功能表如表 4-4 所示(表中 0 表示灯灭状态，1 表示灯亮

状态）。汽车尾灯控制电路原理框图见图 4-16。

表 4-4　尾灯与汽车运行状态功能表

开关控制		三进制计数器		六个指示灯					
S_1	S_0	Q_1	Q_0	D_6	D_5	D_4	D_1	D_2	D_3
0	0	/	/	0	0	0	0	0	0
0	1	0	0	0	0	0	1	0	0
		0	1	0	0	0	0	1	0
		1	0	0	0	0	0	0	1
1	0	0	0	0	0	1	0	0	0
		0	1	0	1	0	0	0	0
		1	0	1	0	0	0	0	0
1	1	/	/	CP	CP	CP	CP	CP	CP

(3) 单元电路。三进制计数器电路可由双 J-K 触发器 74LS76 构成，读者可根据表 4-4 自行设计。

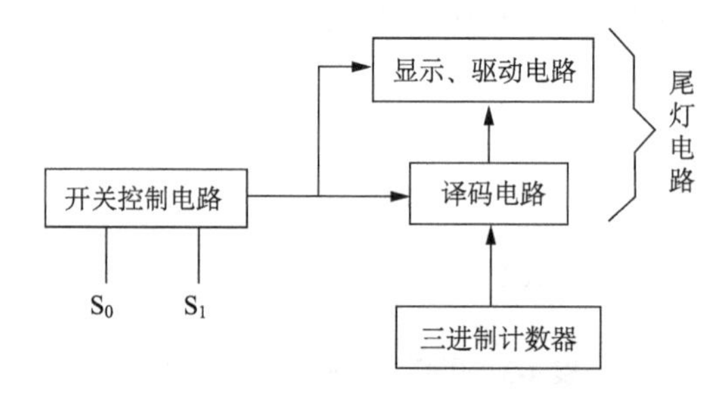

图 4-16　汽车尾灯控制电路原理框图

汽车尾灯电路如图 4-17 所示，其显示驱动电路由六个发光二极管和六个反相器构成；译码电路由 3 线-8 线译码器 74LS138 和六个与非门构成。74LS138 的三个输入端 A_2、A_1、A_0 分别接 S_1、Q_1、Q_0，而 Q_1Q_0 是三进制计数器的输出端。当 S_1=0 时，使能信号 A = G = 1，计数器的状态为 00、01、10 时，74LS138 对应的输出端 $\overline{Y_0}$、$\overline{Y_1}$、$\overline{Y_2}$ 依次为 0 有效（$\overline{Y_4}$、$\overline{Y_5}$、$\overline{Y_6}$ 信号为“1”无效），即反相器 G_1～G_3 的输出端也依次为 0，故指示灯 $D_1 \rightarrow D_2 \rightarrow D_3$ 按顺序点亮示意汽车右转弯。若上述条件不变，而 S_1=1，则 74LS138 对应的输出端 $\overline{Y_4}$、$\overline{Y_5}$、$\overline{Y_6}$ 依次为 0 有效，即反相器 G_4～G_6 的输出端依次为 0，故指示灯 $D_4 \rightarrow D_5 \rightarrow D_6$ 按顺序点亮，示意汽车左转弯。当 G=0、A=1 时，74LS138 的输出端全为 1，G_1～G_6

的输出端也全为 1，指示灯全灭；当 G = 0、A = CP 时，指示灯随 CP 的频率闪烁。

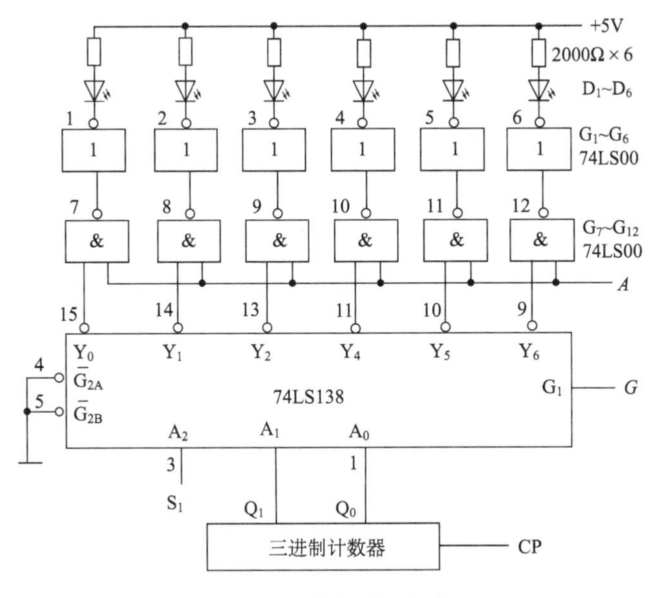

图 4-17　汽车尾灯电路

对于开关控制电路，设 74LS138 和显示驱动电路的使能端信号分别为 G 和 A，根据总体逻辑功能表分析及组合得 G、A 与给定条件(S_1、S_0、CP)的真值表，如表 4-5 所示。

表 4-5　开关控制逻辑真值表

开关控制		CP	使能信号	
S_1	S_0		G	A
0	0		0	1
0	1		1	1
1	0		1	1
1	1	CP		CP

由表 4-5 经过整理得逻辑表达式：

$$G = S_1 \oplus S_0$$

$$A = \overline{S_1S_0}\ \ S_1S_0$$

$$CP = \overline{S_1S_0\ \ \overline{S_1S_0CP}}$$

由上式得开关控制电路，如图 4-18 所示。

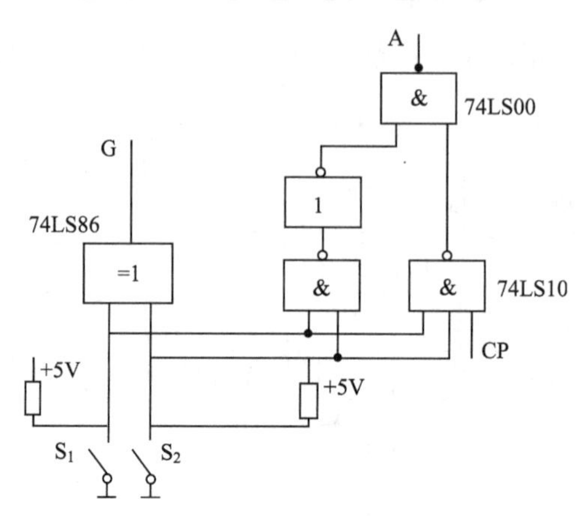

图 4-18　开关控制电路

2. 汽车尾灯总体参考电路

汽车尾灯总体参考电路如图 4-19 所示。

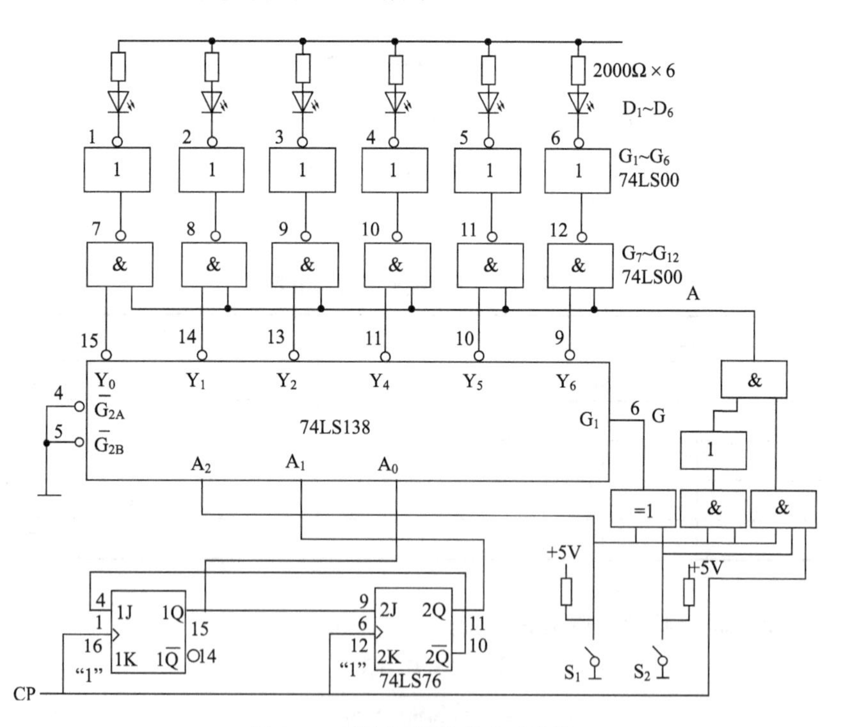

图 4-19　汽车尾灯总体参考电路

4.7　30s 计时器设计

4.7.1　设计要求

(1)具有显示 30s 的计时功能。

(2)设置外部操作开关，控制计时器的直接清零、启动和暂停/连续功能。

(3)计时器为 30s 递减计时器，其计时间隔为 1s 。

(4)计时器递减计时到零时，数码显示器不能灭灯，应发出光电报警信号。

4.7.2　设计方案

1. 原理框图

根据功能要求，设计如图 4-20 所示的 30s 计时器总体框图。该图包括秒脉冲发生器、计数器、译码显示电路、辅助时序控制电路(简称控制电路)和报警电路五个部分，其中，计数器和控制电路是系统的主要部分。计数器完成 30s 计时功能，而控制电路具有直接控制计数器的启动计数、暂停/连续计数、译码显示电路的显示和灭灯等功能。为了保证满足系统的设计要求，在设计控制电路时，应正确处理各个信号之间的时序关系。在操作直接清零开关时，要求计数器清零，数码显示器灭灯。当启动开关闭合时，控制电路应封锁时钟信号 CP(秒脉冲信号)，同时计数器完成置数功能，译码显示电路显示 30s 字样；当启动开关断开时，计数器开始计数；当暂停/连续开关拨在暂停位置上时，计数器停止计数，处于保持状态；当暂停/连续开关拨在连续位置上时，计数器继续递减计数。另外，外部操作开关都应采取去抖动措施，以防止机械抖动造成电路工作不稳定。

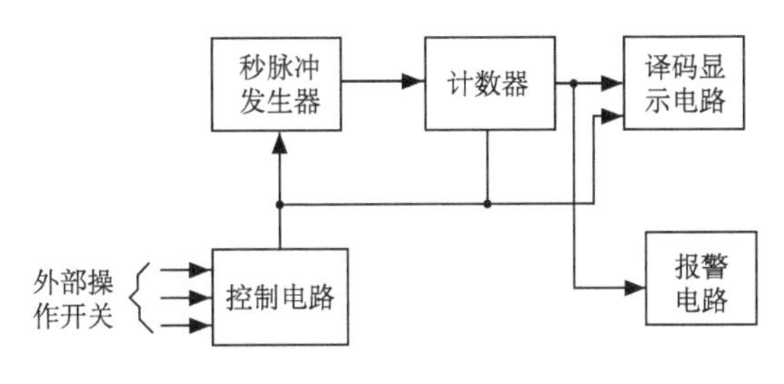

图 4-20　30s 计时器总体框图

2. 单元电路

8421BCD 码 30 进制递减计数器是由 74LS192 构成的，如图 4-21 所示。30 进制递减计数器的预置数为 $N=(0011\ 0000)_{8421BCD}=(30)_D$。它的计数原理是：

每当低位计数器的$\overline{BO}$端发出负跳变借位脉冲时，高位计数器减 1 计数。当高、低位计数器处于全 0，同时在 CP_D =0 期间，高位计数器$\overline{BO}=\overline{LD}=0$ 计数器完成异步置数，之后$\overline{BO}=\overline{LD}$ =1，计数器在 CP_D 时钟脉冲作用下，进入下一轮减计数。

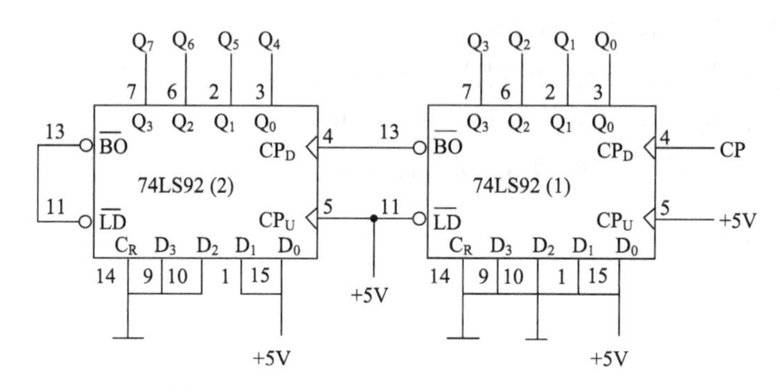

图 4-21 8421BCD 码 30 进制递减计数器

辅助时序控制电路如图 4-22 所示。图中，与非门 G_2、G_4 的作用是控制时钟信号 CP 的放行与禁止，当 G_4 输出为 1 时，G_2 关闭，封锁 CP 信号；当 G_4 输出为 0 时，G_2 打开，放行 CP 信号，而 G_4 的输出状态又受外部操作开关 S_1、S_2(即启动、暂停/连续开关)的控制。

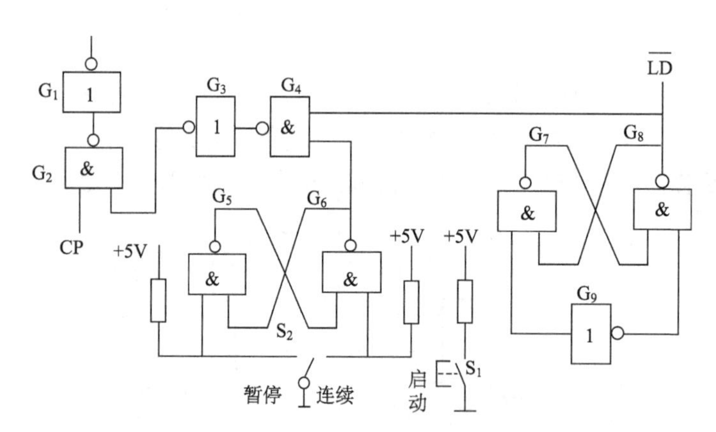

图 4-22 辅助时序控制电路

3. 参考电路

30s 计时器参考电路如图 4-23 所示。

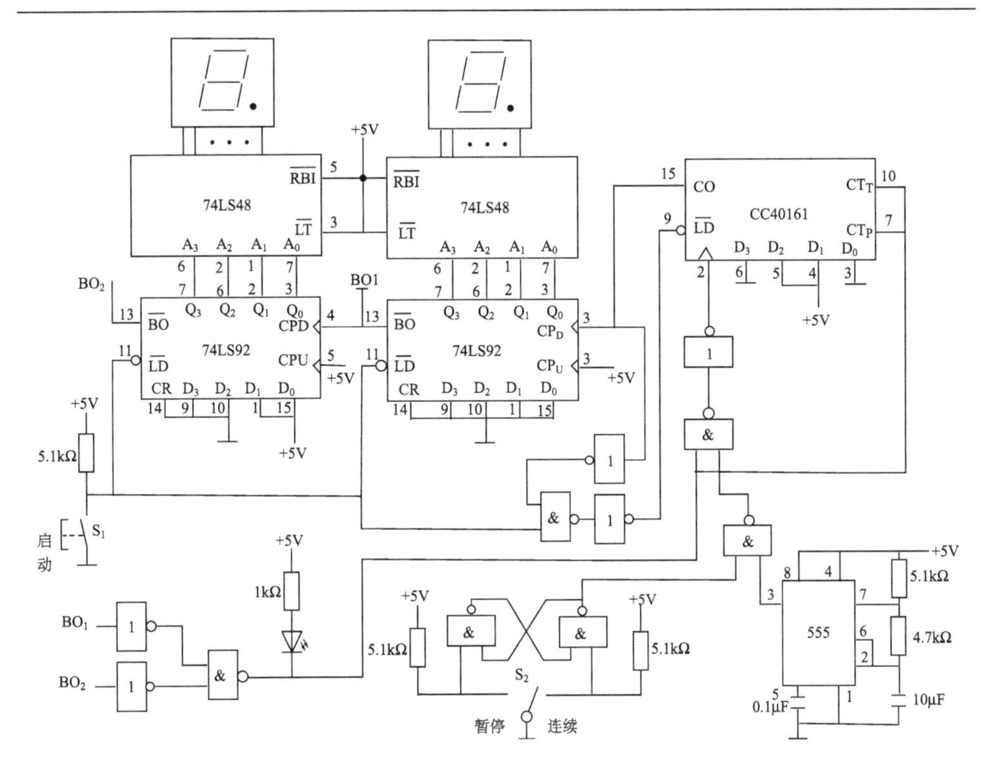

图4-23　30s计时器参考电路

第 5 章　常用电子电路设计

5.1　基 本 概 念

5.1.1　VCC、VDD 和 VSS 三种符号的区别

在电子电路中，常可以看到 VCC、VDD 和 VSS 三种不同的符号，它们有什么区别呢？

VCC：C=circuit 表示电路，即接入电路的电压。

VDD：D=device 表示器件，即器件内部的工作电压。

VSS：S=series 表示公共连接，通常指电路公共接地端电压。

(1) 对于数字电路来说，VCC 是电路的供电电压，VDD 是芯片的工作电压(通常 VCC>VDD)，VSS 是接地点(例如，对于 ARM 单片机电路，其供电电压 VCC 一般为 5V，一般经三端稳压块将其转为单片机工作电压 VDD=3.3V)。

(2) 有些 IC 既有 VDD 引脚又有 VCC 引脚，说明这种器件自身带有电压转换功能。

(3) 在场效应管(或 COMS 器件)中，VDD 为漏极，VSS 为源极，VDD 和 VSS 指的是元件引脚，而不表示供电电压。

5.1.2　输入阻抗、输出阻抗、阻抗匹配

1. 输入阻抗

输入阻抗是指一个电路输入端的等效阻抗。在输入端加上一个电压源 U，测量输入端的电流 I，则输入阻抗 $R_{\text{in}} = \frac{U}{I}$。可以把输入端想象成一个电阻的两端，这个电阻的阻值，就是输入阻抗。

对于电压驱动型的电路，输入阻抗越大，则对电压源的负载就越轻，因而就越容易驱动，也不会对信号源产生影响；而对于电流驱动型的电路，输入阻抗越小，则对电流源的负载就越轻。因此，可以这样认为：如果是用电压源来驱动的，则输入阻抗越大越好；如果是用电流源来驱动的，则阻抗越小越好(注：只适合于低频电路，在高频电路中，还要考虑阻抗匹配问题。另外，如果要获取最大输出功率，就要考虑阻抗匹配问题)。

2. 输出阻抗

无论信号源或放大器还是电源，都有输出阻抗的问题。输出阻抗就是一个信号源的内阻。对于一个理想的电压源(包括电源)，内阻应该为 0，或理想电流源的阻抗应当为无穷大。现实中的电压源，则做不到这一点。常用一个理想电压源串联一个电阻 r 的方式来等效一个实际的电压源。这个跟理想电压源串联的电阻 r 就是(信号源/放大器输出/电源)的内阻。当这个电压源给负载供电时，就会有电流 I 从这个负载上流过，并在这个电阻上产生 $I \times R$ 的电压降。这将导致电源输出电压的下降，从而限制了最大输出功率(关于为什么会限制最大输出功率，请看后面的“阻抗匹配”)。同样，一个理想的电流源，输出阻抗应该是无穷大，但实际的电路是不可能的。

3. 阻抗匹配

阻抗匹配是指信号源或者传输线跟负载之间的一种合适的搭配方式。阻抗匹配分为低频和高频两种情况讨论。

当负载电阻跟信号源内阻相等时，负载可获得最大输出功率，这就是常说的阻抗匹配之一。对于纯电阻电路，此结论同样适用于低频电路及高频电路。

当交流电路中含有容性或感性阻抗时，结论有所改变(是对于最大输出功率而言的)，就是需要信号源与负载阻抗的实部相等，虚部互为相反数，这称为共轭匹配。

当阻抗不匹配时，有哪些办法让它匹配呢？

(1) 可以考虑使用变压器来做阻抗转换。

(2) 可以考虑使用串联/并联电容或电感的办法，这在调试射频电路时常使用。

(3) 可以考虑使用串联/并联电阻的办法。一些驱动器的阻抗比较低，可以串联一个合适的电阻来跟传输线匹配，例如，高速信号线，有时会串联一个几十欧的电阻。而一些接收器的输入阻抗则比较高，可以使用并联电阻的方法来跟传输线匹配，例如，485 总线接收器常在数据线终端并联 120Ω 的匹配电阻。

5.1.3　上拉电阻与下拉电阻

1. 上拉电阻

将某输出电位点采用电阻与电源 VDD 相连的电阻。因为输出端可以看作具有内阻的电压源，由于上拉电阻与 VDD 连接，利用该电阻的分压原理(一般上拉电阻比输出端内阻大得多，至于该阻值的大小见上拉电阻的选取原则)将输出端电位拉高。

以下情况需要接上拉电阻。

(1) 当 TTL 电路驱动 COMS 电路时，如果 TTL 电路输出的高电平低于 COMS 电路的最低高电平（一般为 3.5V），就需要在 TTL 的输出端接上拉电阻，以提高输出高电平的值。

(2) OC 门电路必须加上拉电阻才能使用。

(3) 为加强输出引脚的驱动能力，有的单片机引脚上也常使用上拉电阻。

(4) 在 COMS 芯片上，为了防止静电造成损坏，不用的引脚不能悬空，一般接上拉电阻，降低输入阻抗，提供泄荷通路。同时引脚悬空就比较容易受到外界的电磁干扰。

(5) 芯片的引脚加上拉电阻来提高输出电平，从而提高芯片输入信号的噪声容限增强抗干扰能力。

(6) 提高总线的抗电磁干扰能力。引脚悬空就比较容易受外界的电磁干扰。

(7) 长线传输中电阻不匹配容易引起反射波干扰，加上下拉电阻是电阻匹配，有效地抑制反射波干扰。

需要注意的是，上拉电阻太大会引起输出电平的延迟。一般 CMOS 门电路输出不能悬空，都是接上拉电阻设定成高电平。上拉电阻阻值的选择要遵循以下原则。

(1) 从节约功耗及芯片的灌电流能力考虑，上拉电阻应当足够大：电阻大，电流小。

(2) 从确保足够的驱动电流考虑，上拉电阻应当足够小：电阻小，电流大。

(3) 对于高速电路，过大的上拉电阻可能使边沿变平缓。

综合考虑以上三点，通常在 1～10kΩ 选取。对下拉电阻也有类似道理。

2. 下拉电阻

下拉电阻和上拉电阻的原理差不多，只是拉到 GND 而已，那样电平就会被拉低。下拉电阻一般用于设定低电平或者阻抗匹配(抗回波干扰)。

在数字电路中不用的输入脚都要接固定电平，通过 1kΩ 电阻接高电平或接地。

3. 为什么要使用拉电阻

(1) 一般做单键触发使用时，如果 IC 本身没有内接电阻，为了使单键维持在不被触发的状态或触发后回到原状态，必须在 IC 外部另接一电阻。

(2) 数字电路有三种状态：高电平、低电平和高阻状态。有些应用场合不希望出现高阻状态，可以通过上拉电阻或下拉电阻的方式使电路处于稳定状态。

(3) 上拉电阻是在总线驱动能力不足时提供电流的，一般说法是拉电流；下拉电阻是用来吸收电流的，也就是灌电流。

5.1.4　拉电流与灌电流

拉电流和灌电流是衡量电路输出驱动能力(注意：拉、灌都是对输出端而言的，所以是驱动能力)的参数，这种说法一般用在数字电路中。这里首先要说明，芯片手册中的拉电流、灌电流是一个参数值，是芯片在实际电路中允许输出端拉电流、灌电流的上限值(允许最大值)。而下面要讲的这个概念是电路中的实际值。

由于数字电路的输出只有高、低(1，0)两种电平值，高电平输出时，一般是输出端对负载提供电流，其提供电流的数值称为“拉电流”；低电平输出时，一般是输出端要吸收负载的电流，其吸收电流的数值称为“灌(入)电流”。

对于输入电流的器件而言，灌电流和吸收电流都是输入的，灌电流是被动的，吸收电流是主动的。

如果外部电流通过芯片引脚向芯片内流入，则称为灌电流(被灌入)； 反之如果内部电流通过芯片引脚从芯片内流出，则称为拉电流(被拉出)。当逻辑门输出端是高电平时，逻辑门输出端的电流是从逻辑门中流出，这个电流称为拉电流。拉电流越大，输出端的高电平就越低。这是因为输出级三极管是有内阻的，内阻上的电压降会使输出电压下降。

5.1.5　三态门与高阻态

1. 三态门

三态门是指逻辑门的输出除有高、低电平两种状态外，还有第三种状态——高阻状态的门电路。三态门是一种扩展逻辑功能的输出级，也是一种控制开关。主要是用于总线的连接，因为总线只允许同时有一个使用者。通常在数据总线上接有多个器件，每个器件通过 OE/CE 之类的信号选通。如器件没有被选通，它就处于高阻态，相当于没有接在总线上，不影响其他器件的工作。三态门都有一个 EN 控制使能端来控制门电路的通断。

2. 高阻态

这是一个数字电路里常见的术语，指的是电路的一种输出状态，既不是高电平也不是低电平，相当于隔断状态(电阻很大，相当于开路)。如果高阻态再输入下一级电路，对下级电路无任何影响，用万用表测量，有可能是高电平，也有可能是低电平，视其后面接的电路而定。

5.2　开关电源中的“地”

理想地线应是一个零电位、零阻抗的物理实体。

实际的布线中，地线在 PCB 上，本身会有阻抗成分，又有分布电容、电感构成的电抗成分；根据欧姆定律，有电流通过就会产生压降。地线跟源(电源、信号源)构成回路，此回路的电场会感应出外部电磁场的 RF 电流，即常说的“噪声”，从而引起 EMI 问题。

5.2.1　开关电源中地的分类

(1)交流地：交流电的零线，这种地通常是产生噪声的地，应与大地区别开。

(2)直流地：直流电路“地”，零电位参考点。

(3)模拟地：是各种模拟量信号的零电位。

(4)数字地：也称为逻辑地，是数字电路各种开关量(数字量)信号的零电位。

(5)热地：指变压器初级地，跟电网不隔离，带电。

(6)冷地：指变压器次级地，跟电网隔离，不带电。

(7)功率地：大电流网络器件、功率电子与磁性器件的零电位参考点。

(8)信号地：一般指传感变化信号的地线。

(9)安全地：提供大地接地点的回路，可防止触电危险。

(10)屏蔽地：为互联的电缆与主要机架提供 0V 参考或电磁屏蔽，防止静电感应和磁场感应。

(11)系统地：整个系统模拟、数字信号公共参考点。

(12)浮地：将电路中某条支路作为 0V 参考而不接地。

5.2.2　接地方式

1. 单点接地

单点接地指所有电路的地线接到公共地线的同一点，以减少地回路之间的相互干扰。可以防止不同子系统中的电流与 RF 电流，经过同样的返回路径，从而避免造成相互之间的共模噪声耦合。根据不同系统的特点，可以选择单点串联接地与单点并联接地。

(1)单点串联接地。单点串联接地指所有器件的地都连接到地总线上，然后通过总线连接到地汇接点，如图 5-1 所示。

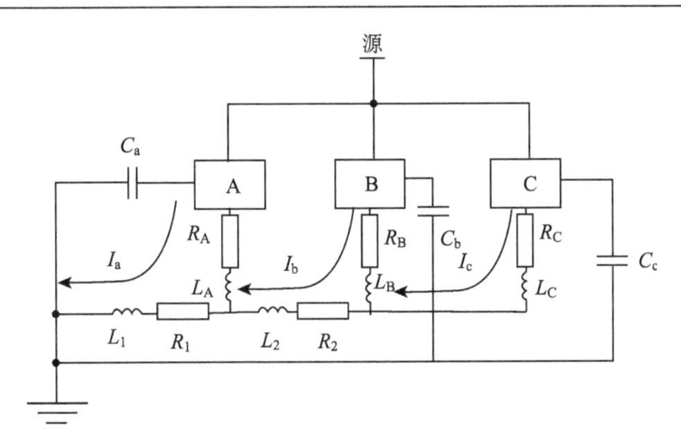

图 5-1　单点串联接地

优点：分布传输的阻抗极小，布线简单、美观。

缺点：①不适合高频电路（$f \geqslant$1MHz）；②不适合多个功率回路电路；③各子系统之间存在着共阻抗干扰；④由于对地分布电容的影响，会产生并联谐振现象，大大增加地线的阻抗。

(2) 单点并联接地。单点并联接地指所有的器件的地直接接到地汇接点，不共用地总线，如图 5-2 所示。

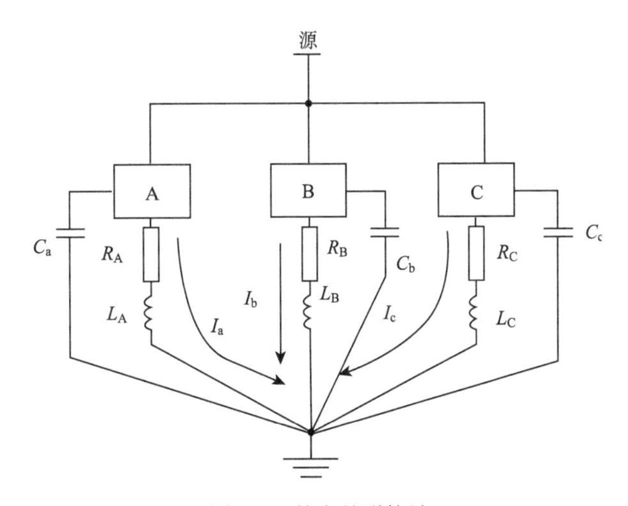

图 5-2　单点并联接地

优点：可以防止系统内各模块之间的共阻抗干扰。

缺点：①不适合高频电路（$f \geqslant$1MHz）；②会受到并联谐振的影响；③由于各自的地线较长，地回路阻抗不同，会加剧地噪声的影响，引起 RF 问题。

2. 多点接地

多点接地指系统内各部分电路就近接地，如图 5-3 所示。

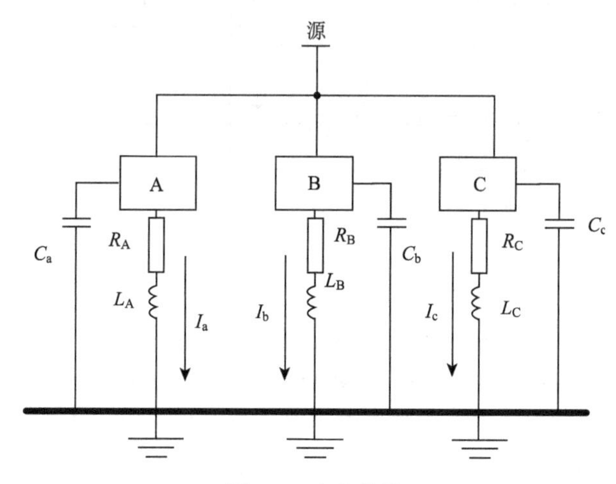

图 5-3　多点接地

优点：多根导线并联能够降低接地导体的总电感，提供较低的接地阻抗。

缺点：①每根接地线的长度小于信号波长的 1/20；②多点接地可能会导致设备内部形成许多接地环路，从而降低设备对外界电磁场的抵御能力；③不同的模块、设备之间组网时，地线回路容易导致 EMI 问题。

3. 混合接地

混合接地是单点接地和多点接地的综合应用，一般是在单点接地的基础上再通过一些电感或电容多点接地，它是利用电感、电容器件在不同频率下有不同阻抗的特性，使地线系统在不同的频率下具有不同的接地结构，主要适用于工作在混合频率下的电路系统。

要注意分清楚模拟电路的地与数字电路的地，以及它们的最佳公共连接点。

5.2.3　接地的一般选取原则

以最高频率(对应波长为 λ)为考虑对象，若传输线的长度 $L>\lambda$，则视为高频电路，反之，则视为低频电路。

(1) 低频电路(<1MHz)，建议采用单点接地。

(2) 高频电路(>10MHz)，建议采用多点接地。

(3) 高、低频混合电路，建议采用混合接地。

总之，无论何种接地方式，都须遵守“低阻抗，低噪声”的原则。

5.3　常用二极管电路及故障处理

二极管除单向导电特性外，还有许多特性，很多的电路中并不是利用单向导电特性就能分析二极管所构成电路的工作原理，而需要掌握二极管更多的特性才能正确分析这些电路，例如，二极管构成的简易直流稳压电路，二极管构成的温度补偿电路等。

5.3.1　二极管简易直流稳压电路及故障处理

二极管简易稳压电路主要用于一些局部的直流电压供给电路中，由于电路简单、成本低，所以应用比较广泛。

二极管简易稳压电路中主要利用二极管的管压降基本不变特性。

二极管的管压降特性：二极管导通后其管压降基本不变，对硅二极管而言，这一管压降是 0.6V 左右，对锗二极管而言是 0.2V 左右。

如图 5-4 所示是由普通的 3 只二极管构成的简易直流稳压电路。电路中的 VD_1、VD_2 和 VD_3 是普通二极管，它们串联起来后构成一个简易直流电压稳压电路。

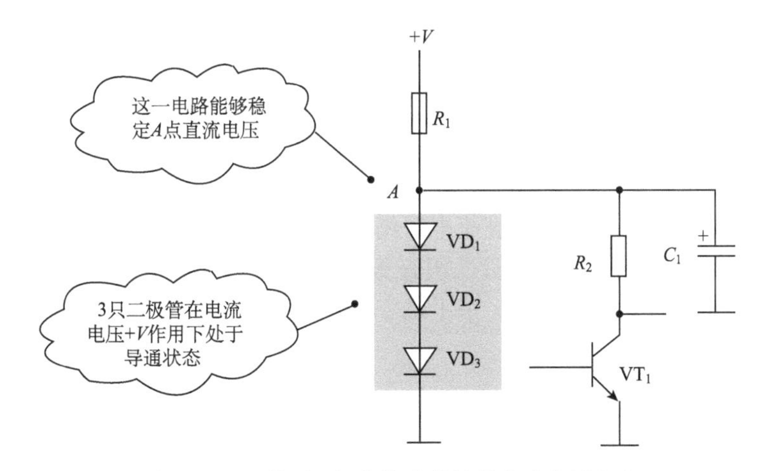

图 5-4　3 只普通二极管构成的简易直流稳压电路

1. 电路分析思路说明

关于这一电路的分析思路主要说明如下。

(1) 从电路中可以看出 3 只二极管串联，根据串联电路特性可知，这 3 只二极管如果导通会同时导通，如果截止会同时截止。

(2) 根据二极管是否导通的判断原则分析，在二极管的正极接有比负极高得多的电压，无论直流还是交流的电压，此时二极管均处于导通状态。从电路中可以看出，在 VD_1 正极通过电阻 R_1 接电路中的直流工作电压 $+V$，VD_3 的负极接地，这样在 3 只串联二极管上加有足够大的正向直流电压。由此分析可知，3 只二极管 VD_1、VD_2 和 VD_3 是在直流工作电压 $+V$ 作用下导通的。

(3) 从电路中还可以看出，3 只二极管上没有加入交流信号电压，因为在 VD_1 正极即电路中的 A 点与地之间接有大容量电容 C_1，将 A 点的任何交流电压旁路到地端。

2. 二极管能够稳定直流电压原理说明

电路中，3 只二极管在直流工作电压的正向偏置作用下导通，导通后对这一电路的作用是稳定了电路中 A 点的直流电压。

众所周知，二极管内部是一个 PN 结的结构，PN 结除单向导电特性之外还有许多特性，其中之一是二极管导通后其管压降基本不变，对于常用的硅二极管而言，导通后正极与负极之间的电压降为 0.6V。

根据二极管的这一特性，可以很方便地分析由普通二极管构成的简易直流稳压电路工作原理。3 只二极管导通之后，每只二极管的管压降是 0.6V，那么 3 只二极管串联之后的直流电压降是 0.6V×3=1.8V。

3. 故障检测方法

检测这一电路中的 3 只二极管最为有效的方法是测量二极管上的直流电压，如图 5-5 所示是测量时接线示意图。如果测量直流电压结果是 1.8V 左右，说明 3 只二极管工作正常；如果测量直流电压结果是 0V，要测量直流工作电压 $+V$ 是否正常和电阻 R_1 是否开路，与 3 只二极管无关，因为 3 只二极管同时击穿的可能性较小；如果测量直流电压结果大于 1.8V，检查 3 只二极管中有一只开路故障。

4. 电路故障分析

(1) 故障Ⅰ，某只二极管开路。故障分析：电路不能进行直流电压的稳定，且二极管上没有直流电压，但是电路中 R_1 下端的直流电压升高造成 VT_1 管直流工作电压升高。原因：二极管导通后的内阻很小，这时相当于 3 只二极管内阻与电阻 R_1 构成对直流电压 $+V$ 的分压电路。当二极管开路后，不存在这种分压电路，所以 R_1 下端的电压要升高。

(2) 故障Ⅱ，某只二极管短路。故障分析：电路能够稳定直流电压，但是 R_1 下端的直流电压降低了 0.6V，使 VT_1 管直流工作电压下降，影响了 VT_1 管的正常工作。原因：二极管短路后，它两端的直流电压为 0V，所以 3 只二极管上的直流电压减小了。

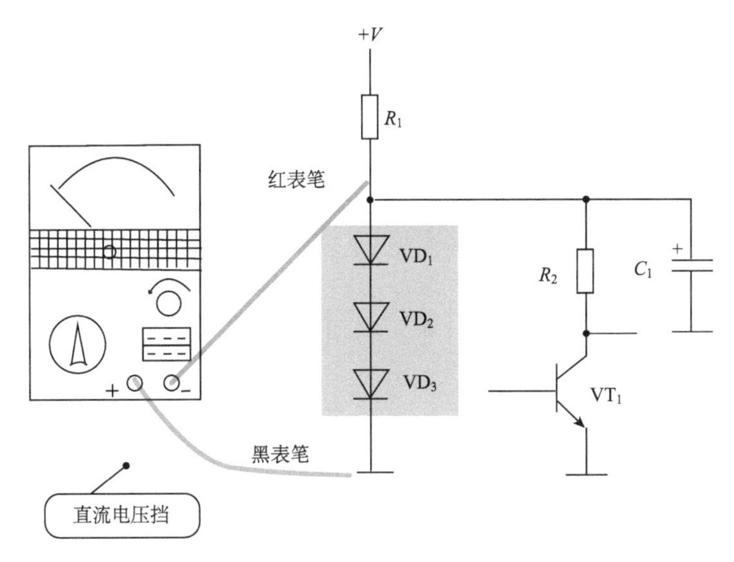

图 5-5　测量二极管上直流电压接线示意图

5. 电路分析细节说明

关于上述二极管简易直流电压稳压电路分析细节说明如下。

(1) 在电路分析中，利用二极管的单向导电性可以知道二极管处于导通状态，但是并不能说明这几只二极管导通后对电路有什么具体作用，所以只利用单向导电特性还不能够正确分析电路工作原理。

(2) 二极管众多的特性中只有导通后管压降基本不变这一特性能够最为合理地解释这一电路的作用，所以依据这一点可以确定这一电路是为了稳定电路中 A 点的直流工作电压。

(3) 电路中有多只元器件时，一定要设法搞清楚实现电路功能的主要元器件，然后围绕它展开分析。分析中运用该元器件的主要特性，进行合理解释。

5.3.2　二极管温度补偿电路及故障处理

众所周知，PN 结导通后有一个约为 0.6V (指硅材料 PN 结) 的压降，同时 PN 结还有一个与温度相关的特性：PN 结导通后的压降基本不变，但不是不变，PN 结两端的压降随温度升高而略有下降，温度越高其下降量越多，当然 PN 结两端电压下降量的绝对值对于 0.6V 而言相当小，利用这一特性可以构成温度补偿电路。如图 5-6 所示是利用二极管温度特性构成的温度补偿电路。

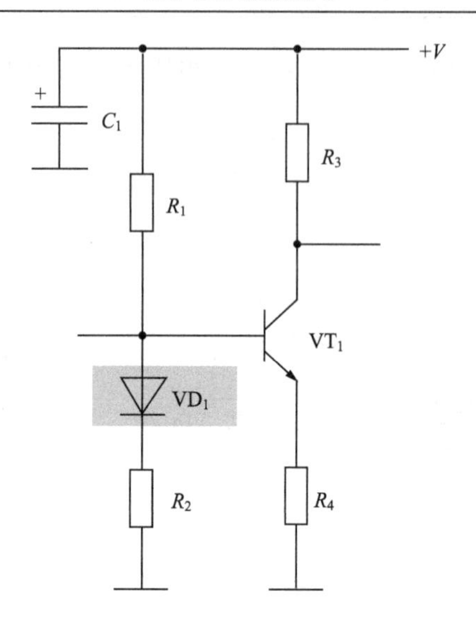

图 5-6　二极管温度补偿电路

电路中 VT_1 等元器件构成的是一种放大器，电路分析中，熟悉 VT_1 等元器件所构成的单元电路功能，对分析 VD_1 工作原理有着积极意义。

1. 需要了解的深层次电路工作原理

分析这一电路工作原理需要了解下列两个深层次的电路原理。

(1) VT_1 等构成一种放大器电路，对于放大器而言，要求它的工作稳定性好，其中有一条就是温度高低变化时三极管的静态电流不能改变，即 VT_1 基极电流不能随温度变化而改变，否则就是工作稳定性不好。了解放大器的这一温度特性，对理解 VD_1 构成的温度补偿电路工作原理非常重要。

(2) 三极管 VT_1 有一个与温度相关的不良特性，即温度升高时，三极管 VT_1 基极电流会增大，温度越高基极电流越大，反之则小，显然三极管 VT_1 的温度稳定性能不好。由此可知，放大器的温度稳定性能不良是由三极管温度特性造成的。

2. 三极管偏置电路分析

电路中，三极管 VT_1 工作在放大状态时要给它一定的直流偏置电压，这由偏置电路来完成。电路中的 R_1、VD_1 和 R_2 构成分压式偏置电路，为三极管 VT_1 基极提供直流工作电压，基极电压的大小决定了 VT_1 基极电流的大小。如果不考虑温度的影响，而且直流工作电压 $+V$ 的大小不变，那么 VT_1 基极直流电压是稳定的，则三极管 VT_1 的基极直流电流是不变的，三极管可以稳定工作。

在分析二极管 VD_1 工作原理时还要搞清楚一点：VT_1 是 NPN 型三极管，其基极直流电压高，则基极电流大；反之则小。

3. 二极管 VD_1 温度补偿电路分析

根据二极管 VD_1 在电路中的位置，对其工作原理分析思路主要说明下列几点。

(1) VD_1 的正极通过 R_1 与直流工作电压 $+V$ 相连，而它的负极通过 R_2 与地线相连，这样 VD_1 在直流工作电压 $+V$ 的作用下处于导通状态。理解二极管导通的要点是：正极上电压高于负极上电压。

(2) 利用二极管导通后有一个 0.6V 的管压降来解释电路中 VD_1 的作用是行不通的，因为通过调整 R_1 和 R_2 的阻值可以达到 VT_1 基极所需要的直流工作电压，根本没有必要通过串入二极管 VD_1 来调整 VT_1 的基极电压。

(3) 利用二极管的管压降温度特性可以正确解释 VD_1 在电路中的作用。假设温度升高，根据三极管特性可知，VT_1 的基极电流会增大一些。当温度升高时，二极管 VD_1 的管压降会下降一些，VD_1 管压降的下降导致 VT_1 基极电压下降，结果使 VT_1 基极电流下降。由上述分析可知，加入二极管 VD_1 后，原来温度升高使 VT_1 基极电流增大，现在通过 VD_1 电路可以使 VT_1 基极电流减小，这样起到稳定三极管 VT_1 基极电流的作用，所以 VD_1 可以起温度补偿的作用。

(4) 三极管的温度稳定性能不良还表现为温度下降的过程中。在温度降低时，三极管 VT_1 基极电流减小，这也是温度稳定性能不好的表现。接入二极管 VD_1 后，温度下降，它的管压降稍有升高，使 VT_1 基极直流工作电压升高，结果 VT_1 基极电流增大，这样也能补偿三极管 VT_1 温度下降时的不稳定性。

4. 电路分析细节说明

电路分析的细节说明如下。

(1) 在电路分析中，若能运用元器件的某一特性合理地解释它在电路中的作用，说明电路分析很可能是正确的。例如，在上述电路分析中，只能用二极管的温度特性合理解释电路中 VD_1 的作用。

(2) 温度补偿电路的温度补偿是双向的，即能够补偿由于温度升高或降低而引起的电路工作的不稳定性。

(3) 分析温度补偿电路工作原理时，要假设温度的升高或降低变化，然后分析电路中的反应过程，得到正确的电路反馈结果。在实际电路分析中，可以只设温度升高来进行电路补偿的分析，不必再分析温度降低时电路补偿的情况，因为温度降低的电路分析思路、过程是相似的，只是电路分析的每一步变化相反。

(4) 在上述电路分析中，VT_1 基极与发射极之间 PN 结（发射结）的温度特性与 VD_1 温度特性相似，因为它们都是 PN 结的结构，所以温度补偿的结果比较好。

(5) 在上述电路中的二极管 VD_1，对直流工作电压 $+V$ 的大小波动无稳定作用，所以不能补偿由直流工作电压$+V$的波动造成的VT_1管基极直流工作电流的不稳定性。

5. 故障检测方法和电路故障分析

这一电路中的二极管VD_1故障检测方法比较简单，可以用万用表欧姆挡在线测量VD_1正向和反向电阻大小的方法。

当VD_1出现开路故障时，三极管VT_1基极直流偏置电压升高许多，导致VT_1管进入饱和状态，VT_1可能会发烧，严重时VT_1会烧坏。VD_1如果出现击穿故障，会导致VT_1管基极直流偏置电压下降0.6V，三极管VT_1直流工作电流减小，VT_1管放大能力减小或进入截止状态。

5.3.3　二极管控制电路及故障处理

二极管导通之后，它的正向电阻随电流变化而有微小改变，正向电流越大，正向电阻越小；反之则越大。

利用二极管正向电流与正向电阻之间的特性，可以构成一些自动控制电路。如图5-7所示是一种由二极管构成的自动控制电路，又称ALC电路(自动电平控制电路)，它经常应用在磁性录音设备中(如卡座)的录音电路中。

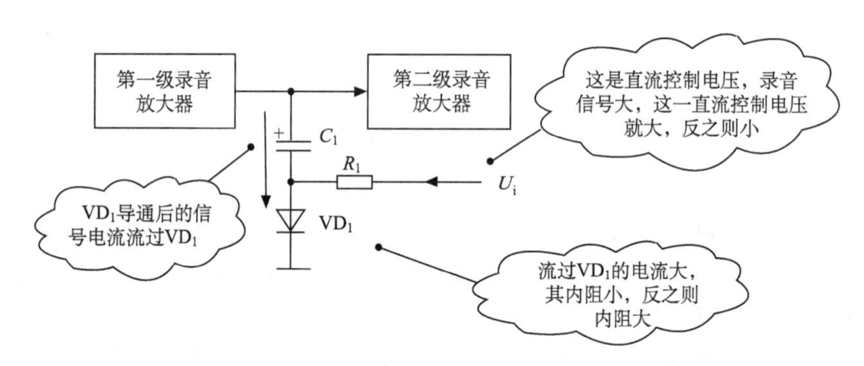

图5-7　二极管构成的自动控制电路

1. 电路分析准备知识说明

二极管正向导通之后，它的正向电阻还与流过二极管的正向电流相关。增加正向电流，二极管导通后的正向电阻还会进一步下降，即正向电流越大，正向电阻越小，反之则越大。

ALC电路在录音机录音时要对录音信号的幅度进行控制。

(1)在录音信号的幅度较小时，不控制录音信号的幅度。

(2) 当录音信号的幅度大到一定程度后，开始对录音信号的幅度进行控制，即对信号幅度进行衰减，对录音信号幅度控制的电路就是 ALC 电路。

(3) ALC 电路进入控制状态后，要求录音信号越大，对信号的衰减量越大。

2. 电路工作原理分析思路说明

关于这一电路工作原理的分析思路主要说明下列几点。

(1) 如果没有 VD_1 这一支路，从第一级录音放大器输出的录音信号全部加到第二级录音放大器中。但是，有了 VD_1 这一支路之后，从第一级录音放大器输出的录音信号有可能会经过 C_1 和导通的 VD_1 流到地端，形成对录音信号的分流衰减。

(2) 电路分析的第二个关键是 VD_1 这一支路对第一级录音放大器输出信号的对地分流衰减的具体情况。显然，支路中的电容 C_1 是一只容量较大的电容(C_1 电路符号中标出极性，说明 C_1 是电解电容，而电解电容的容量较大)，所以 C_1 对录音信号呈通路，说明这一支路中 VD_1 是对录音信号进行分流衰减的关键元器件。

(3) 从分流支路电路分析中要明白一点：从第一级录音放大器输出的信号，如果从 VD_1 支路分流得多，那么流入第二级录音放大器的录音信号就小，反之则大。

(4) VD_1 存在导通与截止两种情况，当 VD_1 截止时，对录音信号无分流作用；当 VD_1 导通时，对录音信号进行分流。

(5) 在 VD_1 正极上接有电阻 R_1，它给 VD_1 一个控制电压，显然这个电压控制着 VD_1 导通或截止。所以，R_1 送来的电压是分析 VD_1 导通、截止的关键所在。

分析这个电路最大的困难是在 VD_1 导通后，利用二极管导通后其正向电阻与导通电流之间的关系特性进行电路分析，即二极管的正向电流越大，其正向电阻越小，流过 VD_1 的电流越大，其正极与负极之间的电阻越小，反之则越大。

3. 控制电路的一般分析方法说明

对于控制电路的分析通常要分成多种情况，例如，将控制信号分成大、中、小几种情况。就这一电路而言，电压 U_i 对二极管 VD_1 的控制要分成下列几种情况。

(1) 电路中没有录音信号时，直流控制电压 U_i 为 0，二极管 VD_1 截止，VD_1 对电路工作无影响，第一级录音放大器输出的信号可以全部加到第二级录音放大器中。

(2) 当电路中的录音信号较小时，直流控制电压 U_i 较小，没有大于二极管 VD_1 的导通电压，所以不足以使二极管 VD_1 导通，此时二极管 VD_1 对第一级录音放大器输出的信号也没有分流作用。

(3) 当电路中的录音信号比较大时，直流控制电压 U_i 较大，使二极管 VD_1 导通，录音信号越大，直流控制电压 U_i 越大，VD_1 导通程度越深，VD_1 的内阻越小。

(4) VD_1 导通后，VD_1 的内阻下降，第一级录音放大器输出的录音信号中的一部分通过电容 C_1 和导通的二极管 VD_1 被分流到地端，VD_1 导通越深，它的内阻越小，对第一级录音放大器输出信号的对地分流量越大，实现自动电平控制。

(5) 二极管 VD_1 的导通程度受直流控制电压 U_i 控制，而直流控制电压 U_i 随着电路中录音信号大小的变化而变化，所以二极管 VD_1 的内阻变化实际上受录音信号大小控制。

4. 故障检测方法和电路故障分析

对于这一电路中的二极管故障检测最好的方法是进行代替检查，因为二极管如果性能不好也会影响电路的控制效果。

当二极管 VD_1 开路时，不存在控制作用，这时大信号录音时会出现声音一会儿大一会儿小的起伏状失真，在录音信号很小时录音正常。

当二极管 VD_1 击穿时，也不存在控制作用，这时录音声音很小，因为录音信号被击穿的二极管 VD_1 分流到地了。

5.3.4 二极管限幅电路及故障处理

二极管最基本的工作状态是导通和截止两种，利用这一特性可以构成限幅电路。所谓限幅电路就是限制电路中某一点的信号幅度大小，让信号幅度大到一定程度时，不让信号的幅度再增大，当信号的幅度没有达到限制的幅度时，限幅电路不工作，具有这种功能的电路称为限幅电路，利用二极管来完成这一功能的电路称为二极管限幅电路。

如图 5-8 所示是二极管限幅电路。在电路中，A_1 是集成电路(一种常用元器件)，VT_1 和 VT_2 是三极管(一种常用元器件)，R_1 和 R_2 是电阻器，VD_1～VD_6 是二极管。

1. 电路分析思路说明

对电路中 VD_1 和 VD_2 的作用分析的思路主要说明下列几点。

(1) 从电路中可以看出，VD_1、VD_2、VD_3 和 VD_4、VD_5、VD_6 两组二极管的电路结构一样，这两组二极管在这一电路中所起的作用是相同的，所以只要分析其中一组二极管电路的工作原理即可。

(2) 集成电路 A_1 的引脚①通过电阻 R_1 与三极管 VT_1 基极相连，显然 R_1 是信号传输电阻，将引脚①上的输出信号通过 R_1 加到 VT_1 基极，由于在集成电路 A_1 的引脚①与三极管 VT_1 基极之间没有隔直电容，根据这一电路结构可以判断：集

成电路 A_1 的引脚①是输出信号引脚，而且输出直流和交流的复合信号。确定集成电路 A_1 的引脚①是信号输出引脚的目的是判断二极管 VD_1 在电路中的具体作用。

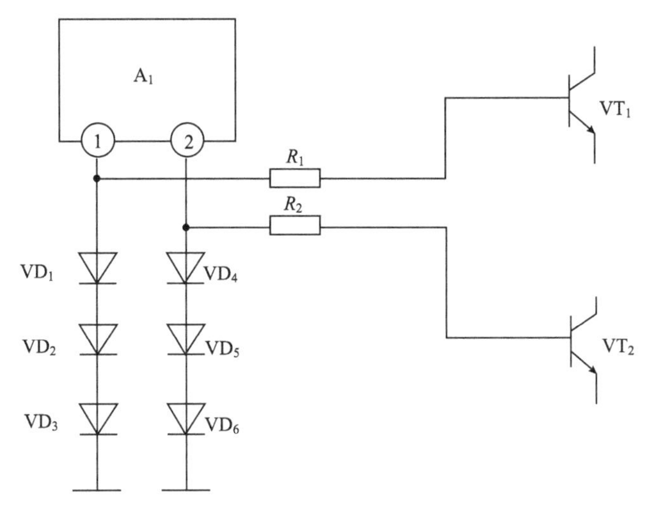

图 5-8　二极管限幅电路

(3) 集成电路的引脚①输出的直流电压显然不是很高，没有高到让外接的二极管处于导通状态，理由是：如果集成电路 A_1 的引脚①输出的直流电压足够高，那么 VD_1、VD_2 和 VD_3 导通，其导通后的内阻很小，这样会将集成电路 A_1 的引脚①输出的交流信号分流到地，对信号造成衰减，显然这一电路中不需要对信号进行这样的衰减。所以从这个角度分析得到的结论是：集成电路 A_1 的引脚①输出的直流电压不会高到让 VD_1、VD_2 和 VD_3 导通的程度。

(4) 从集成电路 A_1 的引脚①输出的是直流和交流叠加信号，通过电阻 R_1 与三极管 VT_1 的基极，VT_1 是 NPN 型三极管，如果加到 VT_1 基极的正半周交流信号幅度很大，会使 VT_1 的基极电压很大而有烧坏 VT_1 的危险。加到 VT_1 基极的交流信号负半周信号幅度很大时，对 VT_1 没有影响，因为 VT_1 基极上负极性信号使 VT_1 基极电流减小。

(5) 通过上述电路分析思路可以初步判断，电路中的 VD_1、VD_2 和 VD_3 是限幅保护二极管电路，防止集成电路 A_1 的引脚①输出的交流信号正半周幅度太大而烧坏 VT_1。

从上述思路出发对 VD_1、VD_2、VD_3 二极管电路进一步分析，分析如果符合逻辑，可以说明上述电路分析思路是正确的。

2. 二极管限幅电路

分析各种限幅电路工作是有方法的，将信号的幅度分两种情况。

（1）信号幅度比较小时的电路工作状态，即信号幅度没有大到让限幅电路动作的程度，这时限幅电路不工作。

（2）信号幅度比较大时的电路工作状态，即信号幅度大到让限幅电路动作的程度，这时限幅电路工作，限制信号幅度。

在这个二极管限幅电路中，当集成电路 A_1 的引脚①输出信号中的交流电压比较小时，交流信号的正半周加上直流输出电压 U_1 也没有达到 VD_1、VD_2 和 VD_3 的导通电压，所以各二极管全部截止，对引脚①输出的交流信号没有影响，交流信号通过 R_1 加到 VT_1 中。

假设集成电路 A_1 的引脚①输出的交流信号其正半周幅度在某期间很大，由于此时交流信号的正半周电压加上直流电压已超过二极管 VD_1、VD_2 和 VD_3 正向导通电压，如果每只二极管的导通电压是 0.7V，那么 3 只二极管的导通电压是 2.1V。由于 3 只二极管导通后的管压降基本不变，即集成电路 A_1 的引脚①最大为 2.1V，所以交流信号正半周超出部分被去掉（限制）。

当集成电路 A_1 的引脚①直流和交流输出信号的幅度小于 2.1V 时，这一电压又不能使 3 只二极管导通，这样 3 只二极管再度从导通转入截止状态，对信号没有限幅作用。

3. 电路分析细节说明

对于这一电路的具体分析细节说明如下。

（1）集成电路 A_1 的引脚①输出的负半周大幅度信号不会造成 VT_1 过电流，因为负半周信号只会使 NPN 型三极管的基极电压下降，基极电流减小，所以无须加入对于负半周的限幅电路。

（2）上面介绍的是单向限幅电路，这种限幅电路只能对信号的正半周或负半周大信号部分进行限幅，对另一半周信号不限幅。另一种是双向限幅电路，它能同时对正、负半周信号进行限幅。

（3）引起信号幅度异常增大的原因是多种多样的，例如，偶然的因素（如电源电压的波动）导致信号幅度在某瞬间增大许多，外界的大幅度干扰脉冲窜入电路也是引起信号某瞬间异常增大的常见原因。

（4）3 只二极管 VD_1、VD_2 和 VD_3 导通之后，集成电路 A_1 的引脚①上的直流和交流电压之和是 2.1V，这一电压通过电阻 R_1 加到 VT_1 基极，这也是 VT_1 最高的基极电压，这时的基极电流也是 VT_1 最大的基极电流。

（5）由于集成电路 A_1 的引脚①和引脚②外电路一样，所以其外电路中的限幅保护电路工作原理一样，分析电路时只要分析一个电路即可。

（6）根据串联电路特性可知，串联电路中的电流处处相等，这样可以知道 VD_1、VD_2 和 VD_3 3 只串联二极管导通时同时导通，否则同时截止，绝不会出现串联电路中的某只二极管导通而某几只二极管截止的现象。

4. 故障检测方法和电路故障分析

对这一电路中的二极管故障检测主要采用万用表欧姆挡在路测量其正向和反向电阻大小，因为这一电路中的二极管不工作在直流电路中，所以采用测量二极管两端直流电压降的方法不合适。

这一电路中二极管出现故障的可能性较小，因为它们工作在小信号状态下。如果电路中有一只二极管出现开路故障，电路就没有限幅作用，将会影响后级电路的正常工作。

5.3.5　二极管开关电路及故障处理

开关电路是一种常用的功能电路，例如，家庭中的照明电路中的开关，各种民用电器中的电源开关等。

在开关电路中有两大类的开关：①机械式的开关，采用机械式的开关件作为开关电路中的元器件；②电子开关，即不用机械式的开关件，而是采用二极管、三极管这类器件构成开关电路。

1. 开关二极管开关特性说明

开关二极管同普通的二极管一样，也是一个 PN 结的结构，不同之处是要求这种二极管的开关特性要好。

当给开关二极管加上正向电压时，二极管处于导通状态，相当于开关的通态；当给开关二极管加上反向电压时，二极管处于截止状态，相当于开关的断态。二极管的导通和截止状态完成开与关功能。

开关二极管就是利用这种特性，且通过制造工艺，开关特性更好，即开关速度更快，PN 结的结电容更小，导通时的内阻更小，截止时的电阻很大。

开通时间：开关二极管从截止到加上正向电压后的导通要有一段时间，这一时间称为开通时间，要求这一时间越短越好。

反向恢复时间：开关二极管在导通后，去掉正向电压，二极管从导通转为截止所需要的时间称为反向恢复时间，要求这一时间越短越好。

开关时间：开通时间和反向恢复时间之和，称为开关时间，要求这一时间越短越好。

2. 典型二极管开关电路工作原理

二极管构成的电子开关电路形式多种多样，如图 5-9 所示是一种常见的二极管开关电路。

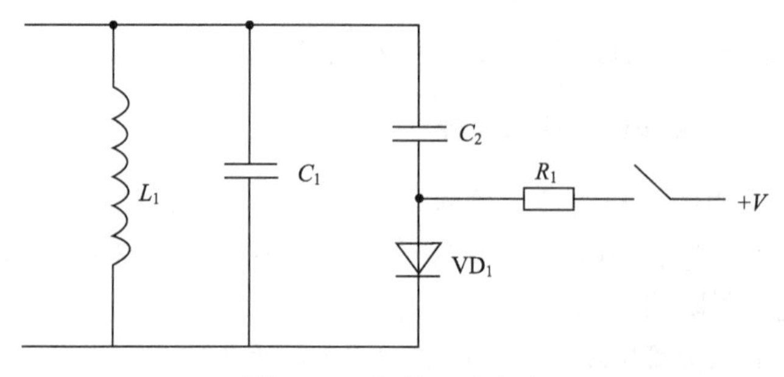

图 5-9　二极管开关电路

通过观察这一电路，可以熟悉下列几个方面的问题，以利于对电路工作原理的分析。

(1) 了解这个单元电路的功能是第一步。从图 5-9 所示电路中可以看出，电感 L_1 和电容 C_1 并联，这显然是一个 LC 并联谐振电路，是这个单元电路的基本功能，明确这一点后可以知道，电路中的其他元器件应该是围绕这个基本功能的辅助元器件，是对电路基本功能的扩展或补充等，以此思路可以方便地分析电路中的元器件作用。

(2) C_2 和 VD_1 构成串联电路，然后再与 C_1 并联，从这种电路结构可以得出一个判断结果：C_2 和 VD_1 这个支路的作用是通过该支路来改变与电容 C_1 并联后的总容量大小，这样判断的理由是：C_2 和 VD_1 支路与 C_1 并联后总电容量改变了，与 L_1 构成的 LC 并联谐振电路的振荡频率改变了。所以，这是一个改变 LC 并联谐振电路频率的电路。

关于二极管电子开关电路分析思路说明如下几点。

(1) 电路中，C_2 和 VD_1 串联，根据串联电路特性可知，C_2 和 VD_1 要么同时接入电路，要么同时断开。如果只是需要 C_2 并联在 C_1 上，可以直接将 C_2 并联在 C_1 上，可是串入二极管 VD_1，说明 VD_1 控制着 C_2 的接入与断开。

(2) 根据二极管的导通与截止特性可知，当需要 C_2 接入电路时，让 VD_1 导通，当不需要 C_2 接入电路时，让 VD_1 截止，二极管的这种工作方式称为开关方式，这样的电路称为二极管开关电路。

(3) 二极管的导通与截止要有电压控制，电路中 VD_1 正极通过电阻 R_1、开关 S_1 与直流电压+V 端相连，这一电压就是二极管的控制电压。

(4) 电路中的开关 S_1 用来控制工作电压+V 是否接入电路。根据 S_1 开关电路更容易确认二极管 VD_1 工作在开关状态下，因为 S_1 的开、关控制了二极管的导通与截止。

开关 S_1 断开：直流电压+V 无法加到 VD_1 的正极，这时 VD_1 截止，其正极与负极之间的电阻很大，想到 VD_1 开路，这样 C_2 不能接入电路，L_1 只是与 C_1 并联构成 LC 并联谐振电路。

开关 S_1 接通：直流电压 $+V$ 通过 S_1 和 R_1 加到 VD_1 的正极，使 VD_1 导通，其正极与负极之间的电阻很小，相当于 VD_1 的正极与负极之间接通，这样 C_2 接入电路，且与电容 C_1 并联，L_1 与 C_1、C_2 构成 LC 并联谐振电路。

在上述两种状态下，由于 LC 并联谐振电路中的电容不同，一种情况只有 C_1，另一种情况是 C_1 与 C_2 并联。在电容不同的情况下 LC 并联谐振电路的谐振频率不同。所以，VD_1 在电路中的真正作用是控制 LC 并联谐振电路的谐振频率。

关于二极管电子开关电路分析细节说明下列两点。

(1) 当电路中有开关时，电路的分析就以该开关接通和断开两种情况为例，分别进行电路工作状态的分析。所以，电路中出现开关时能为电路分析提供思路。

(2) LC 并联谐振电路中的信号通过 C_2 加到 VD_1 正极上，但是由于谐振电路中的信号幅度比较小，所以加到 VD_1 正极上的正半周信号幅度很小，不会使 VD_1 导通。

3. 故障检测方法和电路故障分析

如图 5-10 所示是检测电路中开关二极管时接线示意图，在开关接通时测量二极管 VD_1 两端直流电压降，应该为 0.6V，如果远小于这个电压值说明 VD_1 短路，如果远大于这个电压值说明 VD_1 开路。另外，如果没有明显发现 VD_1 出现短路或开路故障，可以用万用表欧姆挡测量它的正向电阻，要很小。

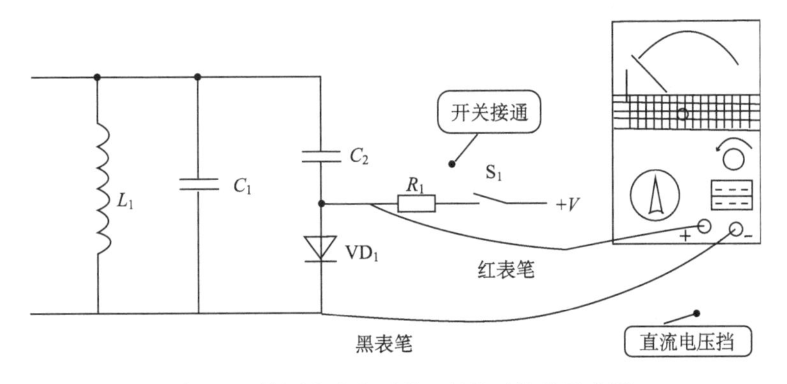

图 5-10　检测电路中开关二极管时接线示意图

如果这一电路中开关二极管开路或短路，都不能进行振荡频率的调整。开关二极管开路时，电容 C_2 不能接入电路，此时振荡频率升高；开关二极管短路时，电容 C_2 始终接入电路，此时振荡频率降低。

5.3.6　二极管检波电路及故障处理

如图 5-11 所示是二极管检波电路。电路中的 VD_1 是检波二极管，C_1 是高频滤波电容，R_1 是检波电路的负载电阻，C_2 是耦合电容。

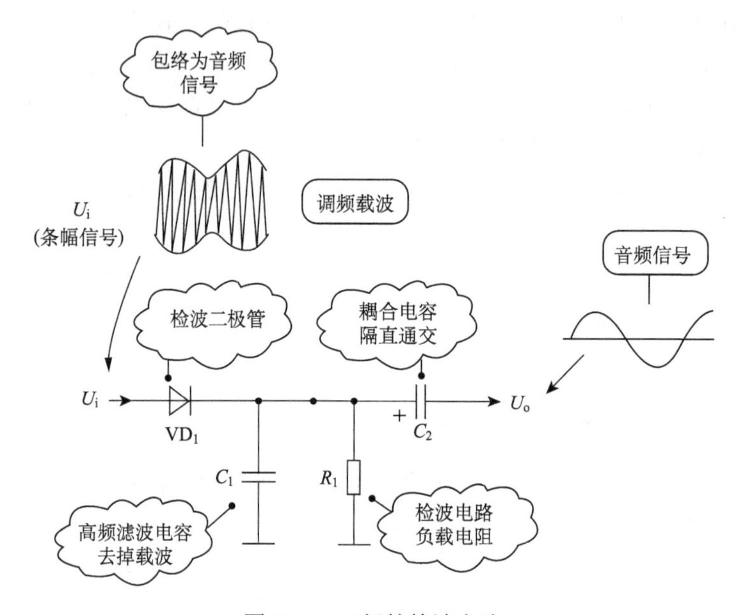

图 5-11　二极管检波电路

1. 电路分析准备知识

众所周知，收音机有调幅收音机和调频收音机两种，调幅信号就是调幅收音机中处理和放大的信号。见图 5-11 中的调幅信号波形示意图，对这一信号波形主要说明下列几点。

(1)经过调幅收音机天线后的信号就是调幅信号。

(2)信号的中间部分是频率很高的载波信号，它的上下端是调幅信号的包络，其包络就是所需要的音频信号。

(3)上包络信号和下包络信号对称，但是信号相位相反，收音机最终只要其中的上包络信号，下包络信号不用，中间的高频载波信号也不需要。

2. 电路中各元器件作用说明

检波二极管 VD_1：将调频信号的下半部分去掉，留下上包络信号上半部分的高频载波信号。

高频滤波电容 C_1：将检波二极管输出信号中的高频载波信号去掉。

检波电路负载电阻 R_1：检波二极管导通时的电流回路由 R_1 构成，在 R_1 上的压降就是检波电路的输出信号电压。

耦合电容 C_2：检波电路输出信号中有不需要的直流成分，还有需要的音频信号，这一电容的作用是让音频信号通过，不让直流成分通过。

3. 检波电路工作原理分析

检波电路主要由检波二极管 VD_1 构成。

在检波电路中，调幅信号加到检波二极管的正极，这时的检波二极管工作原理与整流电路中的整流二极管工作原理基本一样，利用信号的幅度使检波二极管导通，如图 5-12 所示是调幅波形展开后的示意图。

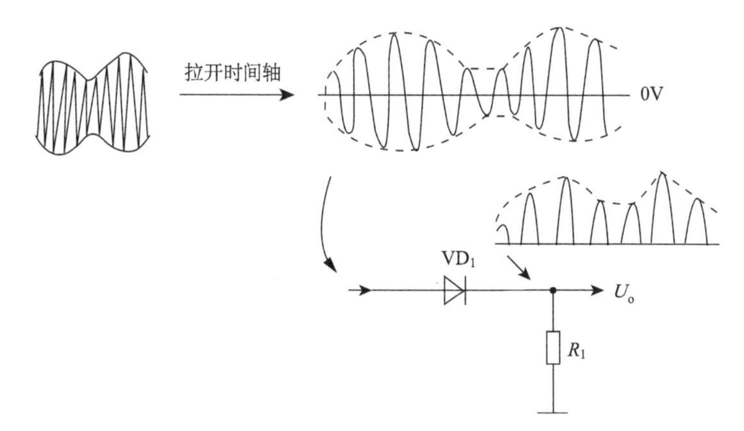

图 5-12　调幅波形时间轴展开示意图

从展开后的调幅信号波形中可以看出，它是一个交流信号，只是信号的幅度在变化。这一信号加到检波二极管正极，正半周信号使二极管导通，负半周信号使二极管截止，这样相当于整流电路工作一样，在检波二极管负载电阻 R_1 上得到正半周信号的包络，即信号的虚线部分，见图中检波电路输出信号波形(不加高频滤波电容时的输出信号波形)。

检波电路输出信号由音频信号、直流成分和高频载波信号三种组成，详细的电路分析需要根据三种信号情况进行展开。这三种信号中，最重要的是音频信号处理电路的分析和工作原理的理解。

(1) 所需要的音频信号是输出信号的包络，如图 5-13 所示，这一音频信号通过检波电路输出端电容 C_2 耦合，送到后级电路中做进一步处理。

(2) 检波电路输出信号的平均值是直流成分，它的大小表示了检波电路输出信号的平均幅值大小，检波电路输出信号幅度越大，其平均值越大，这一直流电压值就越大，反之则越小。这一直流成分在收音机电路中用来控制中频放大器的放大倍数(也可以称为增益)，称为 AGC(自动增益控制)电压。AGC 电压被检波电路输出端耦合电容隔离，不能与音频信号一起加到后级放大器电路中，而是专门加到 AGC 电路中。

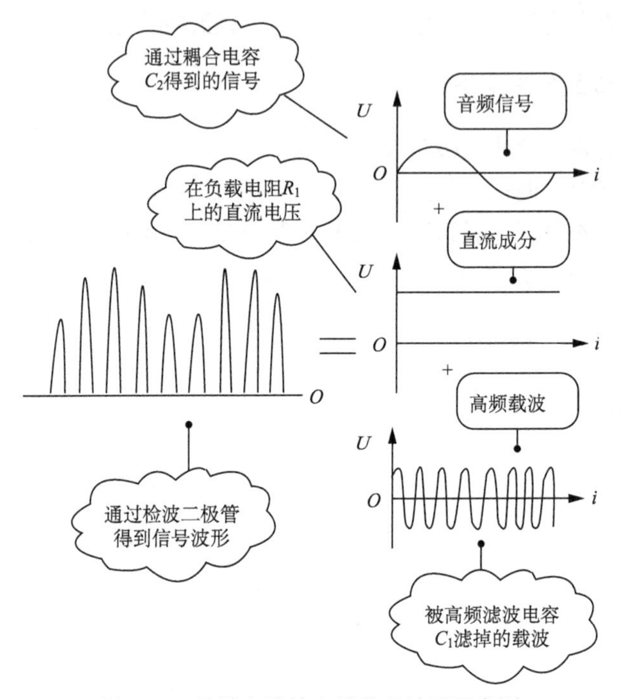

图 5-13　检波电路输出端信号波形示意图

(3)检波电路输出信号中还有高频载波信号，这一信号无用，通过接在检波电路输出端的高频滤波电容 C_1，被滤波到地端。

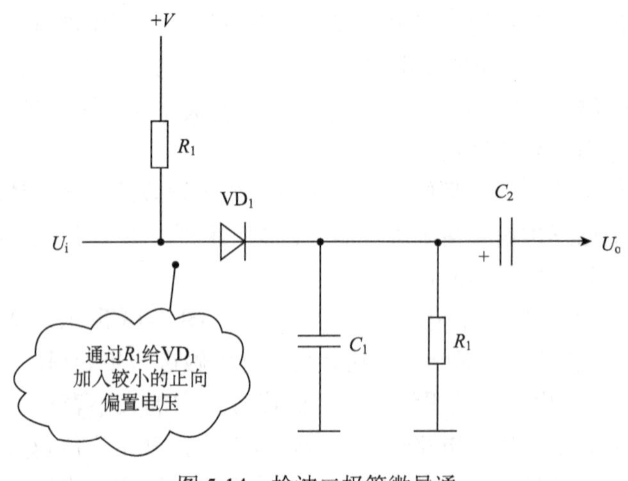

图 5-14　检波二极管微导通

一般检波电路中不给检波二极管加入直流电压，但在一些小信号检波电路中，由于调幅信号的幅度比较小，不足以使检波二极管导通，所以给检波二极管加入较小的正向直流偏置电压，如图 5-14 所示，使检波二极管处于微导通状态。

从检波电路中可以看出，高频滤波电容 C_1 接在检波电路输出端与地线之间，由于检波电路输出端的三种信号的频率不同，加上高频滤波电容 C_1 的容量取得很小，这样 C_1 对三种信号的处理过程不同。

(1) 对于直流电压而言，电容的隔直特性使 C_1 开路，所以检波电路输出端的直流电压不能被 C_1 旁路到地线。

(2) 对于音频信号而言，由于高频滤波电容 C_1 的容量很小，它对音频信号的容抗很大，相当于开路，所以音频信号也不能被 C_1 旁路到地线。

(3) 对于高频载波信号而言，其频率很高，C_1 对它的容抗很小而呈通路状态，这样唯有检波电路输出端的高频载波信号被 C_1 旁路到地线，起到高频滤波的作用。

如图 5-15 所示是检波二极管导通后的三种信号电流回路示意图。负载电阻构成直流电流回路，耦合电容取出音频信号。

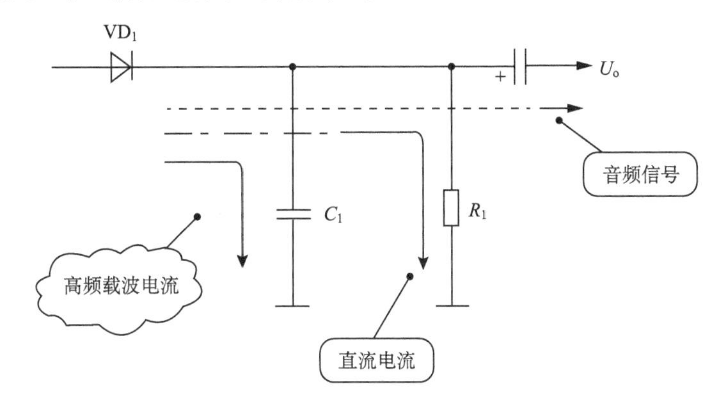

图 5-15　检波二极管导通后三种信号电流回路示意图

4. 故障检测方法及电路故障分析

对于检波二极管不能用测量直流电压的方法来进行检测，因这种二极管不工作在直流电压中，所以要采用测量正向和反向电阻的方法来判断检波二极管的质量。

当检波二极管开路和短路时，都不能完成检波任务，所以收音电路均会出现收音无声故障。

5. 实用倍压检波电路工作原理分析

如图 5-16 所示是实用倍压检波电路，电路中的 C_2 和 VD_1、VD_2 构成二倍压检波电路，在收音机电路中用来将调幅信号转换成音频信号。电路中的 C_3 是检波后的滤波电容。通过这一倍压检波电路得到的音频信号，经耦合电容 C_5 加到音频放大管中。

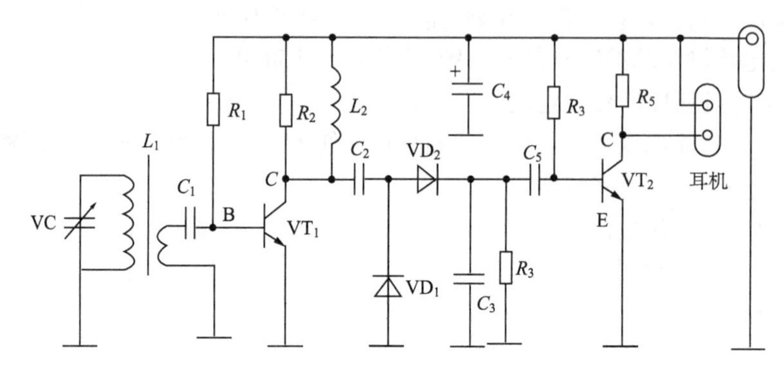

图 5-16　实用倍压检波电路

5.3.7　继电器驱动电路中二极管保护电路及故障处理

继电器内部具有线圈的结构，所以它在断电时会产生电压很大的反向电动势，会击穿继电器的驱动三极管，为此要在继电器驱动电路中设置二极管保护电路，以保护继电器驱动管。

如图 5-17 所示是继电器驱动电路中的二极管保护电路，电路中的 J_1 是继电器，VD_1 是驱动管 VT_1 的保护二极管，R_1 和 C_1 构成继电器内部开关触点的消火花电路。图 5-18 是其等效电路。

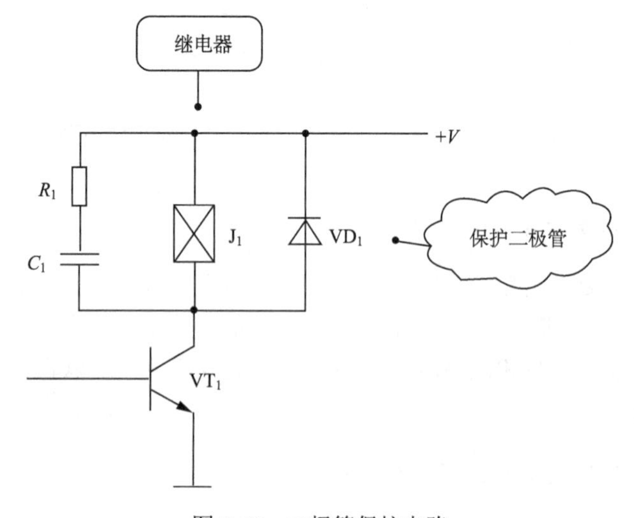

图 5-17　二极管保护电路

1. 电路工作原理分析

继电器内部有一组线圈，如图 5-18 所示是等效电路，在继电器断电前，流过继电器线圈 L_1 的电流方向为从上而下，在断电后线圈产生反向电动势阻碍这一电流变化，即产生一个从上而下流过的电流，见图中虚线所示。根据前面介绍的线圈两端反向电动势判别方法可知，反向电动势在线圈 L_1 上的极性为下正上负，如图 5-18 所示。这一电路中保护二极管正常通电情况下，直流电压+V 加到 VD_1 负极，VD_1 处于截止状态，内阻相当大，所以二极管在电路中不起任何作用，也不影响其他电路工作。电路断电瞬间，继电器 J_1 两端产生下正上负、幅度很大的反向电动势，这一反向电动势正极加在二极管正极上，负极加在二极管负极上，使二极管处于正向导通状态，反向电动势产生的电流通过内阻很小的二极管 VD_1 构成回路。二极管导通后的管压降很小，这样继电器 J_1 两端的反向电动势幅度大大减小，达到保护驱动管 VT_1 的目的。

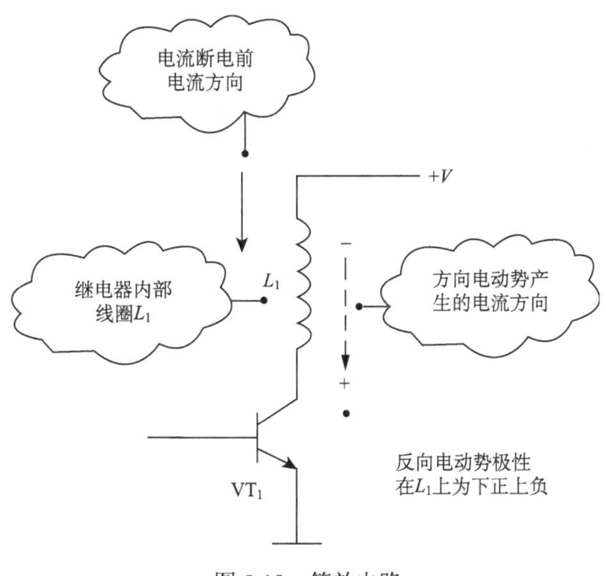

图 5-18　等效电路

2. 故障检测方法和电路故障分析

对于这一电路中的保护二极管不能采用测量二极管两端直流电压降的方法来判断检测故障，也不能采用在路测量二极管正向和反向电阻的方法，因为这一二极管两端并联着继电器线圈，这一线圈的直流电阻很小，所以无法通过测量电压降的方法来判断二极管质量。应该采用代替检查的方法。

当保护二极管开路时，对继电器电路工作状态没有大的影响，但是没有了保护作用而很有可能会击穿驱动管；当保护二极管短路时，相当于将继电器线圈短接，这时继电器线圈中没有电流流过，继电器不能动作。

5.4 三极管一键开关机电路

如图 5-19 所示是一个低功耗的一键开关机电路，这个电路的特点在于关机时所有三极管全部截止几乎不耗电。

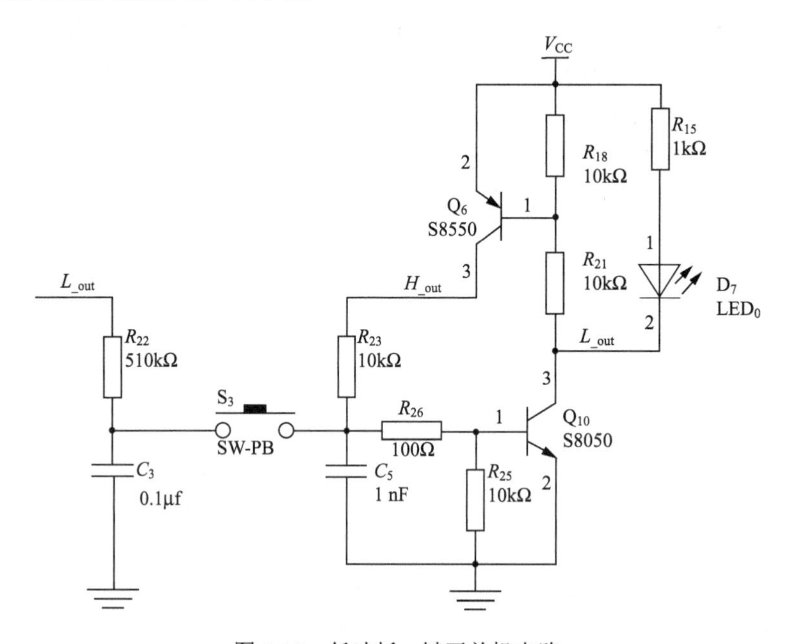

图 5-19 低功耗一键开关机电路

工作原理：利用 Q_{10} 的输出与输入状态相反(非门)特性和电容的电流积累特性。刚上电时，Q_6 和 Q_{10} 的发射结均被 10kΩ 电阻短路，所以 Q_6 和 Q_{10} 均截止，此时实测电路耗电流仅为 0.1μA，L_out 输出高，H_out 输出低。此时 C_3 通过 R_{22} 缓慢充电最终等于 V_{CC} 电压，当按下 S_3 后，C_3 通过 R_{26} 给 Q_{10} 基极放电，Q_{10} 迅速饱和，Q_6 也因此饱和，H_out 变为高电平，当 C_3 放电到 Q_{10}BE 结压降 0.7V 左右时，C_3 不再放电，此时若按键弹开，C_3 将进一步放电，到 Q_{10} 的饱和压降为 0.3V 左右，当再次按下 S_3 时，Q_{10} 即截止。

这个电路可以完美解决按键抖动和长按按键跳挡的问题，开关状态翻转只发生在按键接触的瞬间，之后即便按键存在抖动或长按按键的情况，开关状态也不会受到影响。这是因为 R_{22} 的电阻很大(相对 R_{23}、R_{26}、R_{25})，当电容 C_3 的电压稳定后，R_{22}远不足以改变 Q_{10} 的开关状态。R_{22}要改变 Q_{10} 的状态，必须要等 S_3 弹开后，C_3将流过 R_{22} 的小电流累积存储，电荷达到一定值之后，通过 S_3 的瞬间接触产生大电流，才能改变 Q_{10} 的状态。

图 5-20 是非低功耗的三极管一键开关机电路，原理和第一个低功耗电路相似。

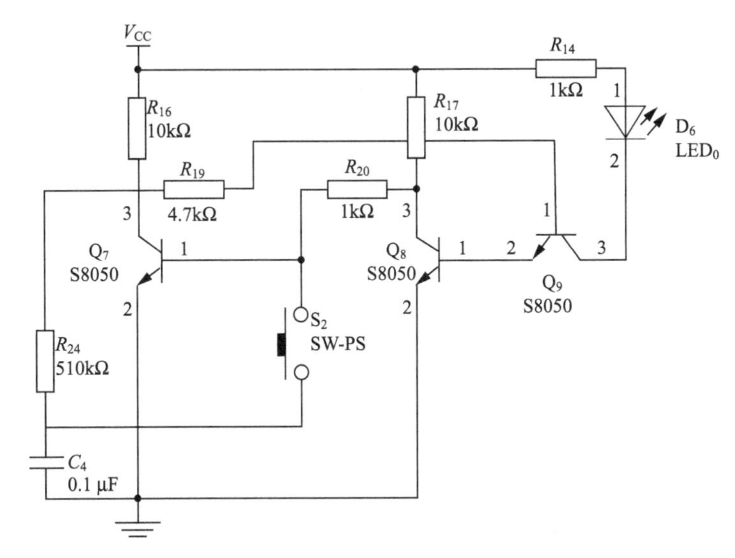

图 5-20　非低功耗的三极管一键开关机电路

对以上两个电路都深入了解之后，再看图 5-21 一键三挡电路。

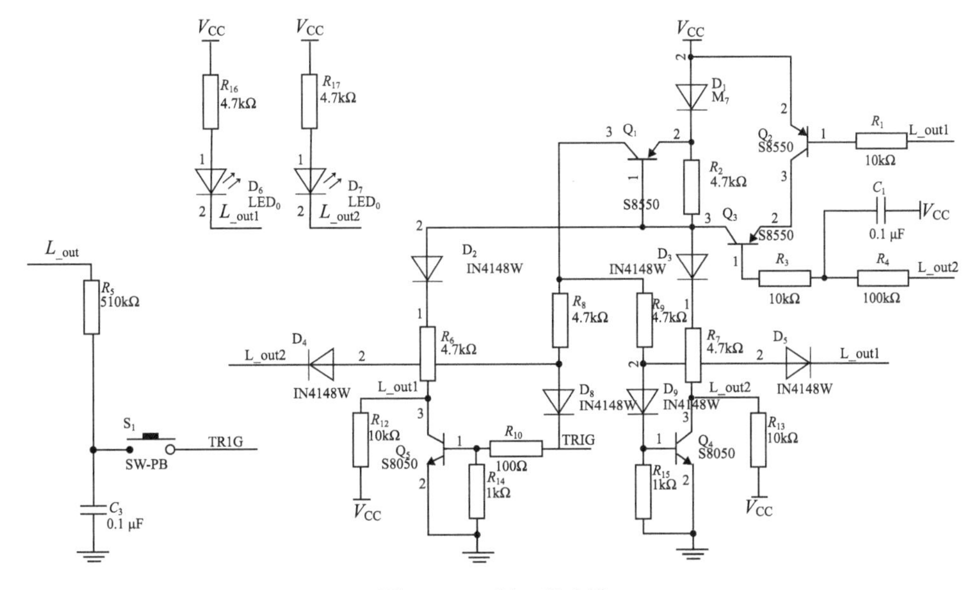

图 5-21　一键三挡电路

这个电路实际就是前两个电路的融合，可以实现低功耗待机和 1 挡、2 挡、关机等 3 个挡位。

上电之初由于 Q_1、Q_4、Q_5 的 BE 结都并联了电阻，因此所有三极管都截止，电路低功耗待机，C_3 开始充电到 V_{CC} 电压。

当按下 S_1 后，Q_5 饱和，同时 Q_1 也因此饱和，L_out1 输出低电平，Q_4 截止，Q_3 截止，Q_2 饱和，C_3 放电，为 0.3V(Q_5 的饱和压降)左右。

再次按下 S_1，Q_5 截止，L_out1 输出高电平使 Q_2 截止，Q_4 饱和 L_out2 输出低电平，由于 R_4 和 C_1 的延时作用，Q_3 会延迟饱和，可以保证 Q_2 完全截止后 Q_3 基极才会为低电平，因此 Q_2、Q_3 都不会饱和。

当再次按下 S_1，Q_5 由截止变为饱和，L_out1 再次输出低电平使 Q_2 饱和(同时 Q_4 截止)，Q_3 饱和延迟使 Q_1 截止，电路进入待机状态。

5.5 5V-3.3V 转换电路

5.5.1 使用 LDO 稳压器，从 5V 电源向 3.3V 系统供电

标准三端线性稳压器的压差通常是 2.0～3.0V。要把 5V 可靠地转换为 3.3V，就不能使用它们。压差为几百毫伏的低压降(low dropout，LDO)稳压器，是此类应用的理想选择。图 5-22 是基本 LDO 系统的框图，标注了相应的电流。从图中可以看出， LDO 由四个主要部分组成：导通晶体管、带隙参考源、运算放大器、反馈电阻分压器。

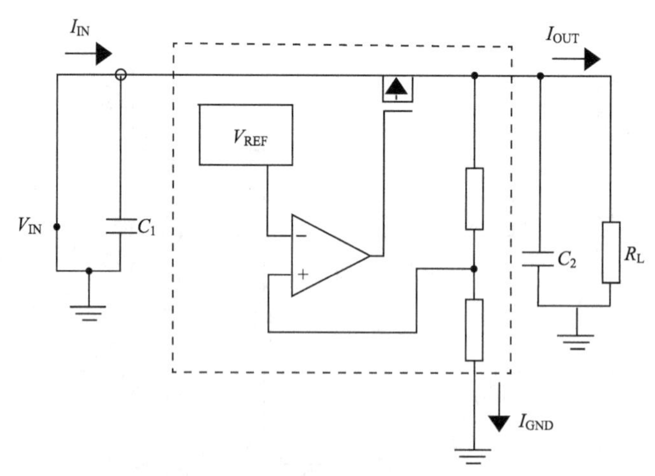

图 5-22 基本 LDO 系统的框图

在选择 LDO 时，重要的是要知道如何区分各种 LDO。器件的静态电流、封装大小和型号是重要的器件参数。根据具体应用来确定各种参数，将会得到最优

的设计。

LDO 的静态电流 I_Q 是器件空载工作时器件的接地电流 I_{GND}。I_{GND} 是 LDO 用来进行稳压的电流。当 $I_{OUT}>>I_Q$ 时，LDO 的效率可用输出电压除以输入电压来近似地得到。然而，轻载时，必须将 I_Q 计入效率计算中。具有较低 I_Q 的 LDO 的轻载效率较高。轻载效率的提高对于 LDO 性能有负面影响。静态电流较高的 LDO 对于线路和负载的突然变化有更快的响应。

5.5.2　采用齐纳二极管的低成本稳压器

用齐纳二极管和电阻做成简单的低成本 3.3V 稳压器，如图 5-23 所示。在很多应用中，该电路可以替代 LDO 稳压器，这种稳压器对负载敏感的程度要高于 LDO 稳压器。另外，它的能效较低，因为 R_1 和 D_1 始终有功耗。R_1 限制流入 D_1 和 PICmicro® MCU 的电流，从而使 VDD 保持在允许范围内。由于流经齐纳二极管的电流变化时，二极管的反向电压也将发生改变，所以需要仔细考虑 R_1 的值。

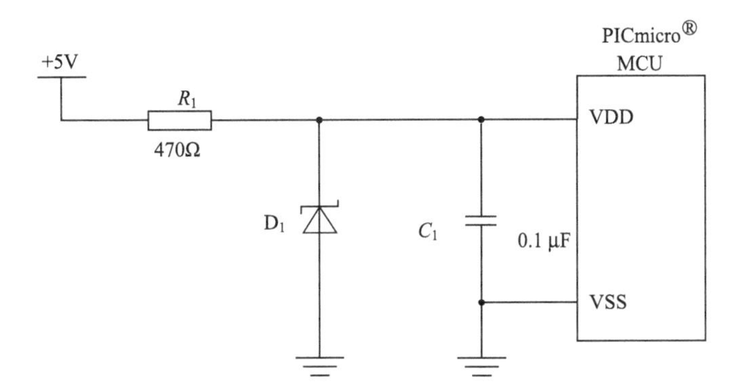

图 5-23　齐纳二极管低成本稳压器

R_1 的选择依据是：在最大负载时——通常是在 PICmicro® MCU 运行且驱动其输出为高电平时——R_1 上的电压降要足够低，从而使 PICmicro® MCU 有足以维持工作所需的电压。同时，在最小负载时——通常是 PICmicro® MCU 复位时——VDD 不超过齐纳二极管的额定功率，也不超过 PICmicro® MCU 的最大 VDD。

5.5.3　采用 3 个整流二极管稳压系统

把几个常规开关二极管串联起来，用其正向压降来降低进入 PICmicro® MCU 的电压，如图 5-24 所示。所需二极管的数量根据所选用二极管的正向电压而变化。二极管 D_1～D_3 的电压降是流经这些二极管的电流的函数。连接 R_1 是为了避免在负载最小时——通常是 PICmicro® MCU 处于复位或休眠状态时——PICmicro®

MCU VDD 引脚上的电压超过 PICmicro® MCU 的最大值 VDD。根据其他连接至 VDD 的电路，可以提高 R_1 的阻值，甚至也可能完全不需要 R_1。二极管 D_1～D_3 的选择依据是：在最大负载时——通常是 PICmicro® MCU 运行且驱动其输出为高电平时——D_1～D_3 上的电压降要足够低，从而能够满足 PICmicro® MCU 的最低 VDD 要求。

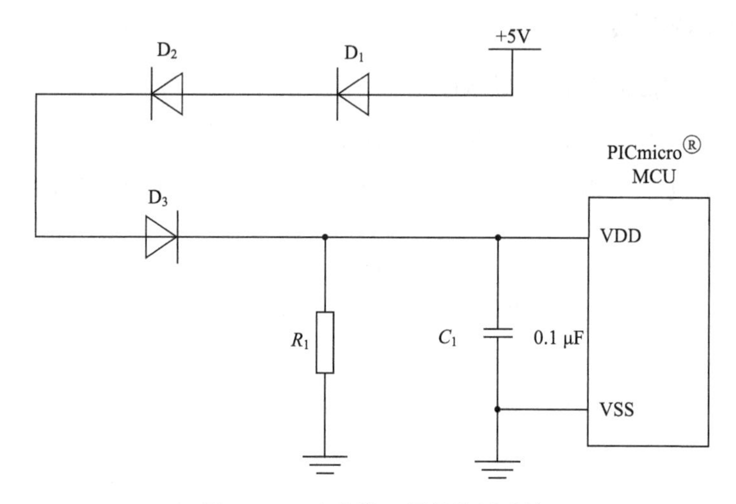

图 5-24　3 个整流二极管稳压系统

5.5.4　使用开关稳压器，从 5V 电源向 3.3V 系统供电

如图 5-25 所示，降压开关稳压器是一种基于电感的转换器，用来把输入电压源降低至幅值较低的输出电压。输出稳压是通过控制 MOSFET Q_1 的导通(ON)时间来实现的。由于 MOSFET 要么处于低阻状态，要么处于高阻状态（分别为 ON 和 OFF），因此高输入源电压能够高效率地转换成较低的输出电压。在选择输出电容值时，好的初值是：使 LC 滤波器特性阻抗等于负载电阻。这样在满载工

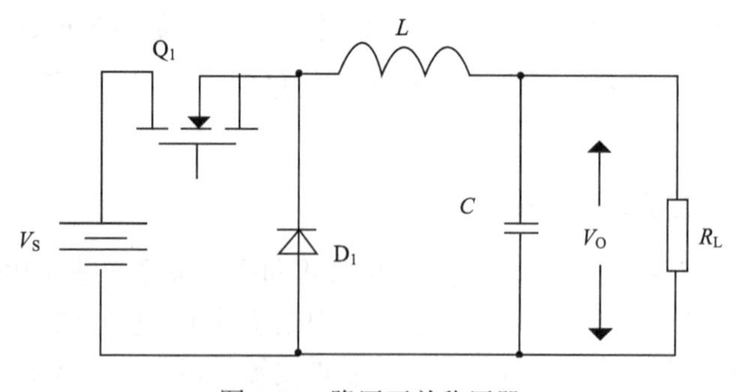

图 5-25　降压开关稳压器

作期间，如果突然卸掉负载，电压过冲能处于可接受范围之内。在选择二极管 D_1 时，应选择额定电流足够大的元件，使之能够承受脉冲周期(IL)放电期间的电感电流。

5.5.5　3.3V→5V 直接连接

将 3.3V 输出连接到 5V 输入最简单、最理想的方法是直接连接。直接连接需要满足以下两点要求：3.3V 输出的 V_{OH} 大于 5V 输入的 V_{IH}，3.3V 输出的 V_{OL} 小于 5V 输入的 V_{IL}。能够使用这种方法的例子之一是将 3.3V LVCMOS 输出连接到 5V TTL 输入。

5.5.6　3.3V→5V 使用 MOSFET 转换器

如果 5V 输入的 V_{IH} 比 3.3V CMOS 器件的 V_{OH} 要高，则驱动任何这样的 5V 输入就需要额外的电路。图 5-26 所示为低成本的双元件解决方案。

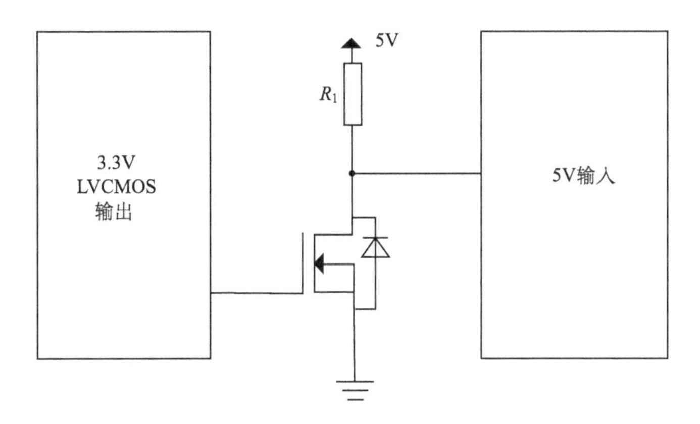

图 5-26　MOSFET 转换器

在选择 R_1 的阻值时，需要考虑两个参数，即输入的开关速度和 R_1 上的电流消耗。当把输入从 0 切换到 1 时，需要计入因 R_1 形成的 RC 时间常数而导致的输入上升时间、5V 输入的输入容抗及电路板上任何的杂散电容。由于输入容抗和电路板上的杂散电容是固定的，提高输入开关速度的唯一途径是降低 R_1 的阻值。而降低 R_1 的阻值以获取更短的开关时间，却是以增大 5V 输入为低电平时的电流消耗为代价的。通常，切换到 0 要比切换到 1 的速度快得多，因为 N 沟道 MOSFET 的导通电阻要远小于 R_1。另外，在选择 N 沟道 FET 时，所选 FET 的 VGS 应低于 3.3V 输出的 V_{OH}。

5.5.7　3.3V→5V 使用二极管补偿

输出电压确定后，就已经假定：高输出驱动的是输出和地之间的负载，而低输出驱动的是 3.3V 和输出之间的负载。如果高电压阈值的负载实际上是在输出和 3.3V 之间，那么输出电压实际上要高得多，因为拉高输出的机制是负载电阻，而不是输出三极管。

设计一个二极管补偿电路如图 5-27 所示，二极管 D_1 的正向电压（典型值 0.7V）将会使输出电压上升，在 5V CMOS 输入得到 1.1～1.2V 的低电压。它安全地处于 5V CMOS 输入的低输入电压阈值之下。输出高电压由上拉电阻和连至 3.3V 电源的二极管 D_2 确定。这使得输出高电压大约比 3.3V 电源高 0.7V，也就是 4.0～4.1V，很安全地在 5V CMOS 输入阈值(3.5V)之上。

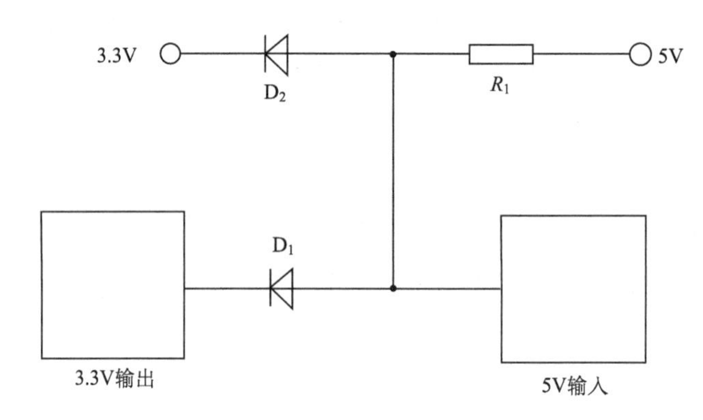

图 5-27　二极管补偿电路

为了使电路工作正常，上拉电阻必须显著小于 5V CMOS 输入的输入电阻，从而避免由于输入端电阻分压器效应而导致的输出电压下降。上拉电阻还必须足够大，从而确保加载在 3.3V 输出上的电流在器件规范之内。

5.5.8　使用电压比较器实现 3.3V→5V

比较器的基本工作如下：反相(–)输入电压大于同相(+)输入电压时，比较器输出切换到 V_{ss}。同相(+)输入端电压大于反相(–)输入端电压时，比较器输出为高电平。为了保持 3.3V 输出的极性，3.3V 输出必须连接到比较器的同相输入端。比较器的反相输入连接到由 R_1 和 R_2 确定的参考电压处，如图 5-28 所示。

经过适当连接后的运算放大器可以用作比较器，以将 3.3V 输入信号转换为 5V 输出信号，如图 5-29 所示。这是利用了比较器的特性，即根据“反相”输入与“同相”输入之间的压差幅值，比较器迫使输出为高(V_{DD})或低（V_{ss})电平。

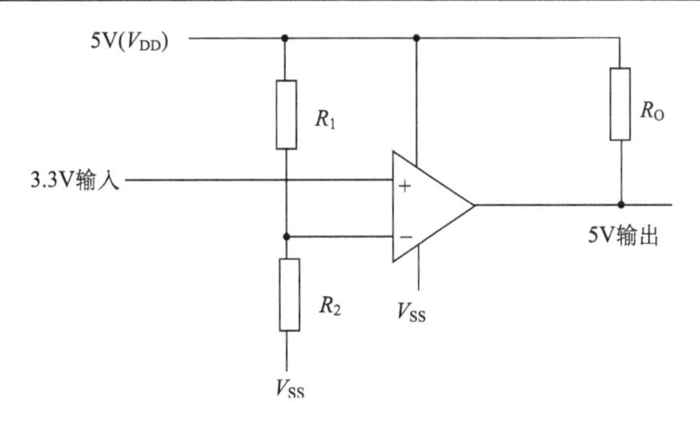

图 5-28　比较器转换电路

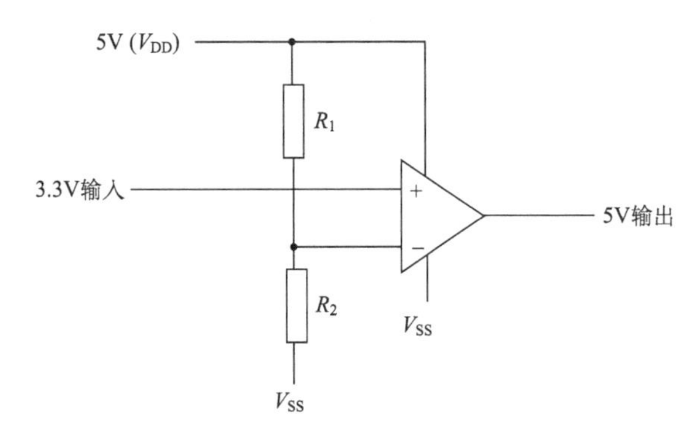

图 5-29　运算放大器用作比较器

5.5.9　5V→3.3V 直接连接

通常 5V 输出的 V_{OH} 为 4.7V，V_{OL} 为 0.4V；而通常 3.3V LVCMOS 输入的 V_{IH} 为 0.7 V_{DD}，V_{IL} 为 0.2 V_{DD}。

当 5V 输出驱动为低时，不会有问题，因为 0.4V 的输出小于 0.8V 的输入阈值。当 5V 输出为高时，4.7V 的 V_{OH} 大于 2.1 V 的 V_{IH}，所以，可以直接把两个引脚相连，不会有冲突，前提是 3.3V CMOS 输出能够耐受 5V 电压。

如果 3.3V CMOS 输入不能耐受 5V 电压，则将出现问题，因为超出了输入的最大电压规范。

5.5.10　5V→3.3V 使用二极管钳位

可以使用钳位二极管来保护器件的 I/O 引脚，防止引脚上的电压超过最大允许电压规范。钳位二极管使引脚上的电压不会低于 V_{ss} 而超过一个二极管压降，也不会高于 V_{DD} 而超过一个二极管压降。要使用钳位二极管来保护输入，仍然要关注流经钳位二极管的电流。流经钳位二极管的电流应该始终比较小（在微安数量级上）。如果流经钳位二极管的电流过大，就存在部件闭锁的危险。由于5V 输出的源电阻通常在 10Ω 左右，因此仍需要串联一个电阻，限制流经钳位二极管的电流，如图 5-30 所示。使用串联电阻的后果是降低了输入开关的速度，因为电容 C_L 上构成了 RC 时间常数。

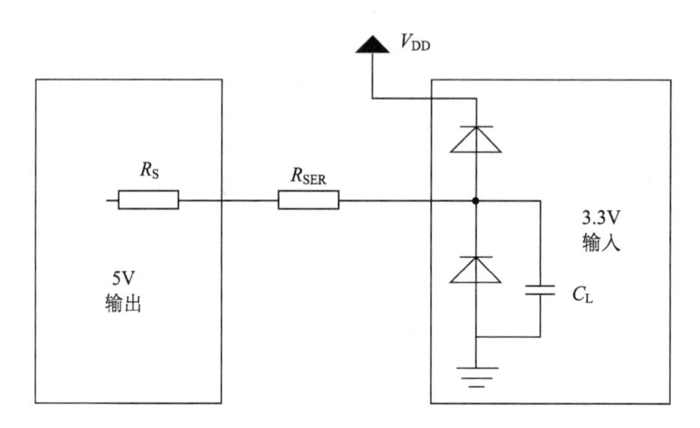

图 5-30　使用钳位二极管电路

5.5.11　5V→3.3V 有源钳位

使用二极管钳位有一个问题，它将向 3.3V 电源注入电流。在具有高电流 5V 输出且轻载 3.3V 电源轨的设计中，这种电流注入可能会使 3.3V 电源电压超过 3.3V。为了避免这个问题，可以用一个三极管来替代，三极管使过量的输出驱动电流流向地，而不是 3.3V 电源。有源钳位的电路如图 5-31 所示。

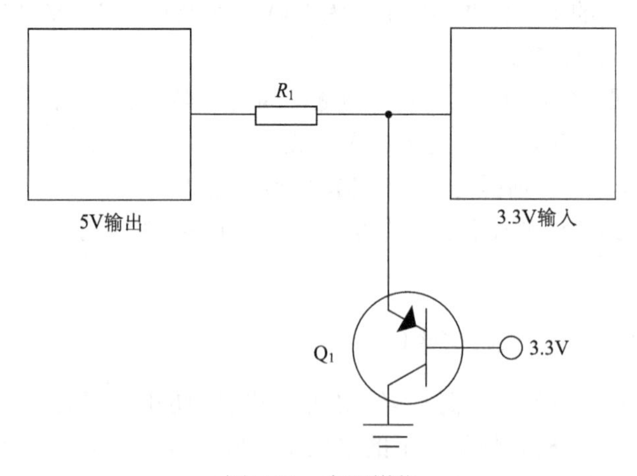

图 5-31　有源钳位

Q_1 的基极-发射极所起的作用与二极管钳位电路中的二极管相同，区别在于，发射极电流只有很小部分流出基极，绝大部分电流都流向集电极，再从集电极无害地流入地。基极电流与集电极电流之比，由晶体管的电流增益决定，通常为 10～400，取决于所使用的晶体管。

5.5.12　5V→3.3V 电阻分压器

可以使用简单的电阻分压器将 5V 器件的输出降低到适用于 3.3V 器件输入的电平。这种接口的等效电路如图 5-32 所示。

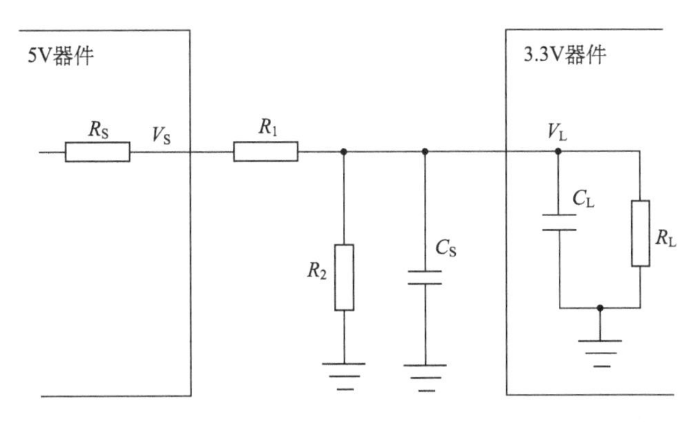

图 5-32　电阻分压

通常，源电阻 R_S 非常小（小于 10Ω），如果选择的 R_1 远大于 R_S，那么可以忽略 R_S 对 R_1 的影响。在接收端，负载电阻 R_L 非常大（大于 500kΩ），如果选择的 R_2 远小于 R_L，那么可以忽略 R_L 对 R_2 的影响。

为了使接口电流的功耗需求最小，串联电阻 R_1 和 R_2 应尽可能大。但是，负载电容（由杂散电容 C_S 和 3.3V 器件的输入电容 C_L 合成）可能会对输入信号的上升和下降时间产生不利影响。如果 R_1 和 R_2 过大，上升和下降时间可能会过长而无法接受。

5.5.13　3.3V→5V 模拟增益模块

从 3.3V 电源连接至 5V 时，需要提升模拟电压。如图 5-33 所示，33kΩ 和 17kΩ 电阻设定了运算放大器的增益，从而在两端均使用满量程。11kΩ 电阻限制了流回 3.3V 电路的电流。

5.5.14　3.3V→5V 模拟补偿模块

该模块用于补偿 3.3V 转换到 5V 的模拟电压。图 5-34 是将 3.3V 电源供电的模拟电压转换为由 5V 源供电。右上方的 147kΩ、30.1kΩ 电阻及+5V 电源，等效于串联了 25kΩ 电阻的 0.85V 电压源。这个等效的 25kΩ 电阻、三个 25kΩ 电阻及运算放大器构成了增益为 1V/V 的差动放大器。0.85V 等效电压源将出现在输入端的任何信号向上平移相同的幅度；以 3.3V/2=1.65V 为中心的信号将同时以 5.0V/2 = 2.50V 为中心。左上方的电阻限制了来自 5V 电路的电流。

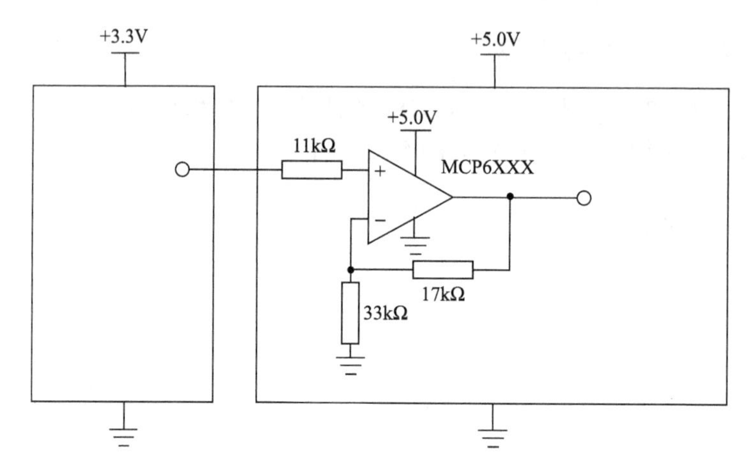

图 5-33　模拟增益模块

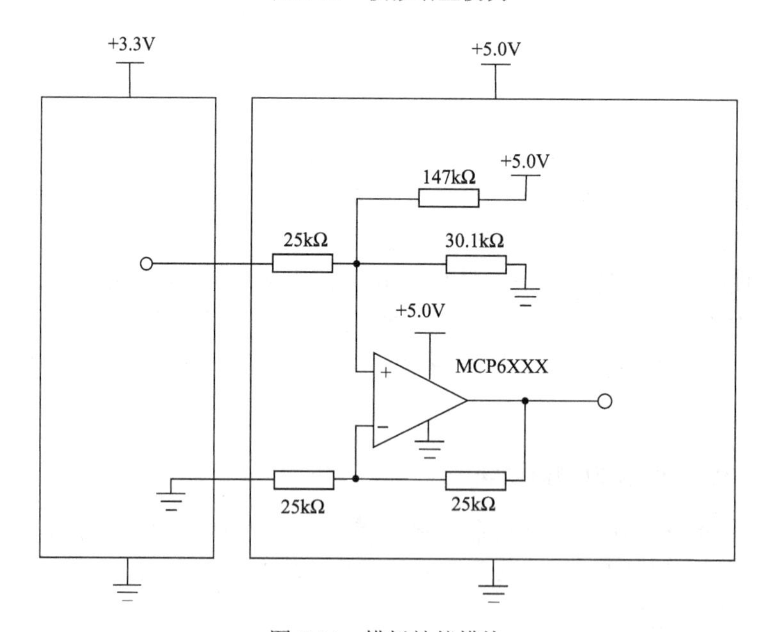

图 5-34　模拟补偿模块

5.5.15　5V→3.3V 模拟限幅器

在将 5V 信号传送给 3.3V 系统时，有时可以将衰减用作增益。如果期望的信号小于 5V，那么把信号直接送入 3.3V ADC 将产生较大的转换值。当信号接近 5V 时就会出现危险。所以，需要控制电压越限的方法，同时不影响正常范围中的电压。

使用运算放大器可以得到不依赖于电源的更为精确的过电压钳位，电路如图 5-35 所示。运算放大器补偿了二极管的正向压降，使得电压正好被钳位在运算放大器的同相输入端电源电压上。如果 V_{IN}＞3.3V，则 V_{OUT}=3.3V，如果 V_{IN}≤3.3V，则 V_{OUT}=V_{IN}。如果运算放大器是轨到轨的，可以用 3.3V 供电。

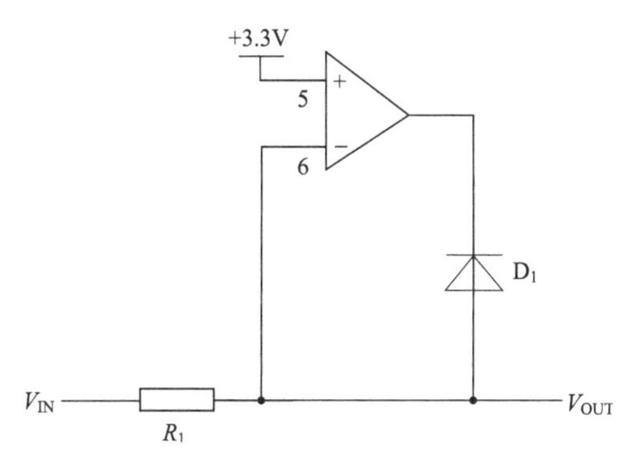

图 5-35　精确二极管钳位

由于钳位是通过运算放大器来进行的，不会影响电源。运算放大器不能改善低电压电路中出现的阻抗，阻抗仍为 R_1 加上源电路阻抗。

5.6　单片机电路设计常见模块

1. 双路 232 通信电路

图 5-36 为双路 232 通信电路，电路中 3 线连接方式，对应的是母头，工作电压为 5V，可以使用 MAX202 或 MAX232。

2. 三极管串口通信电路

图 5-37 是三极管串口通信电路，电路简单，成本低，一般在低波特率下是非常好的。模块中 9014 可以用 8050 替代。

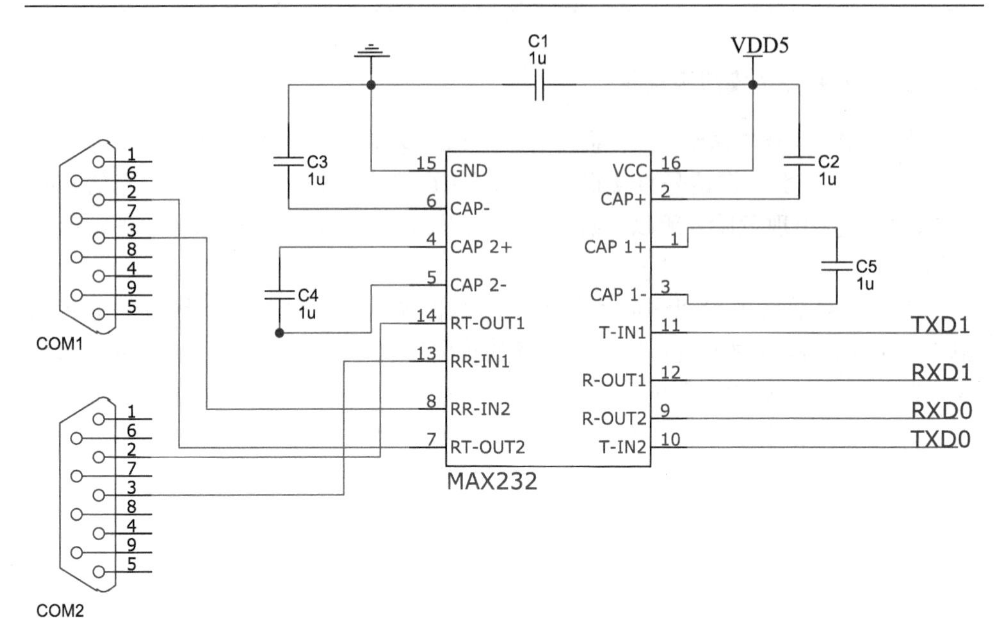

图 5-36　双路 232 通信电路

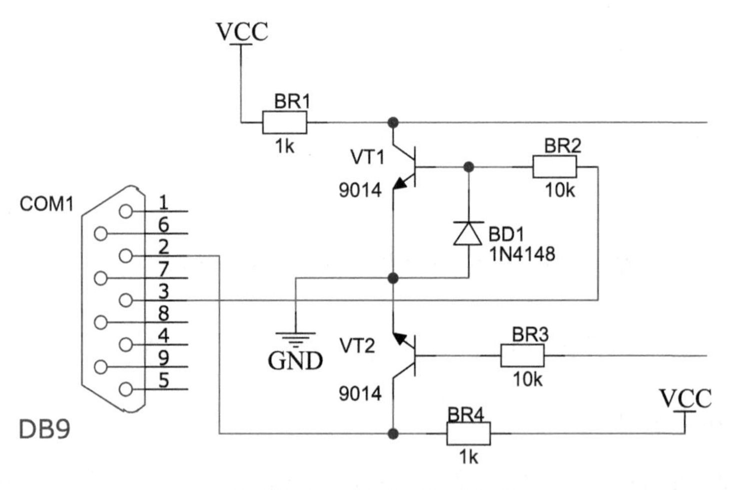

图 5-37　三极管串口通信电路

3. 单路 232 通信电路

图 5-38 是单路 232 通信电路，三线方式，与图 5-37 三极管的完全等效。

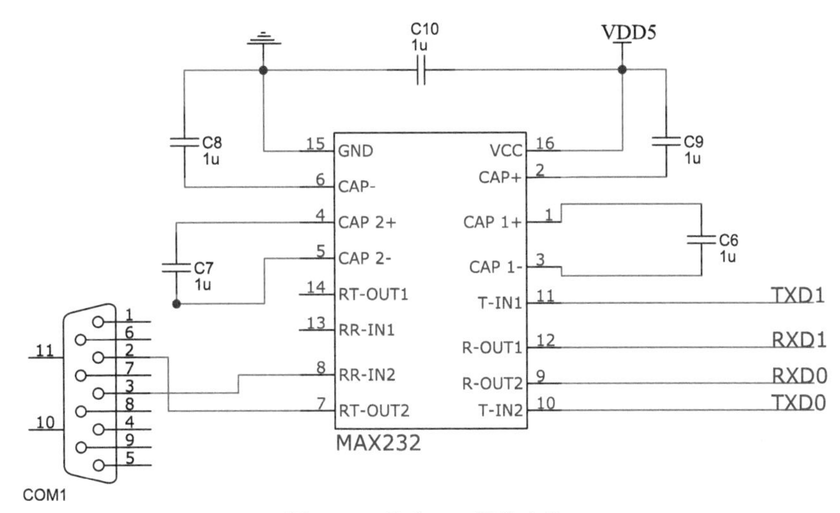

图 5-38　单路 232 通信电路

4. USB 转串口模块

图 5-39 为 USB 转串口模块，采用的是 PL2303TA，价格便宜，稳定性不错。本模块需要 5V 和 3.3V 双电源供电，如果没有 3.3V 电源，需要加一个 SPX1117 3.3V 电源模块。

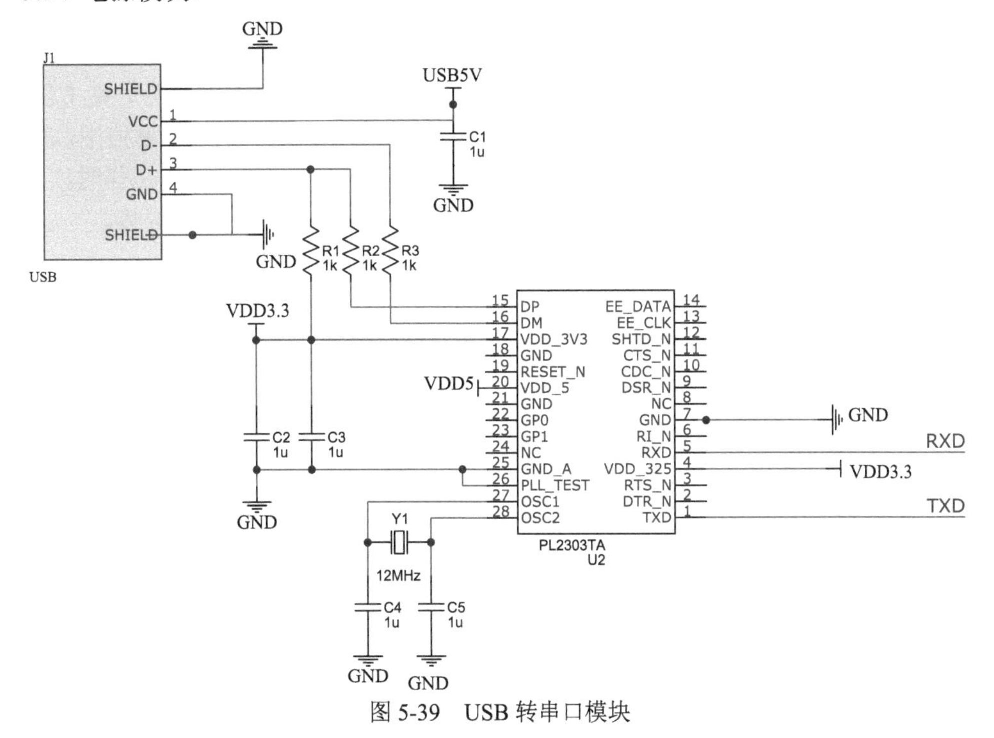

图 5-39　USB 转串口模块

5. SP706S 复位电路

图 5-40 为 SP706S 复位电路，带看门狗和手动复位，价格便宜，R_4 为调试用，调试完后焊接好 R_4。

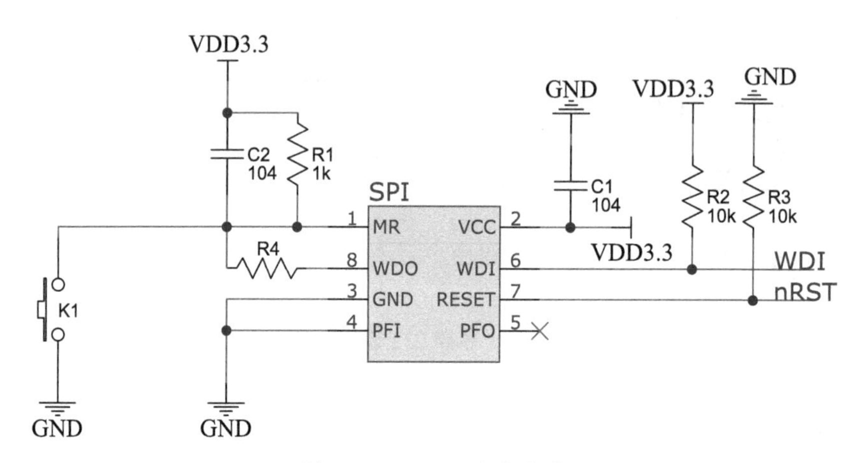

图 5-40　SP706S 复位电路

6. SD 卡模块电路(带锁)

图 5-41 为 SD 卡模块电路，与 SD 卡的封装有关，注意与封装对应。此电路可以通过端口控制 SD 卡的电源，比较完善，可以用于 5V 和 3.3V。但是要注意，有些器件的使用，5V 和 3.3V 是不一样的。本模块可用于 5V 或 3.3V 通信中。3V 工作时，去掉 R_4/R_5/R_6/SPX1117，R_1/R_2/R_3 改为 0Ω；焊接好 R_{15}。5V 工作时，去掉 R_9/R_{10}/R_{15}。不用控制 SD 卡电源时，焊接 R_{14}，2SJ355/R_{15}/C_4 不用焊接。

7. LCM12864 液晶模块(ST7920)

图 5-42 的电路是最常见的 12864 电路，价格便宜，带中文字库。可以通过 PSB 端口的电平来设置其工作在串口模式还是并行模式，带背光控制功能。

8. LCD1602 字符液晶模块(KS0066)

图 5-43 为最常用的 LCD1602 字符液晶模块，只能显示数字和字符，可 4 位或 8 位控制，带背光功能。本模块用 5V 供电，有背光控制。VT_1 既可以用 9013 替换，也可以用 8050 替换。

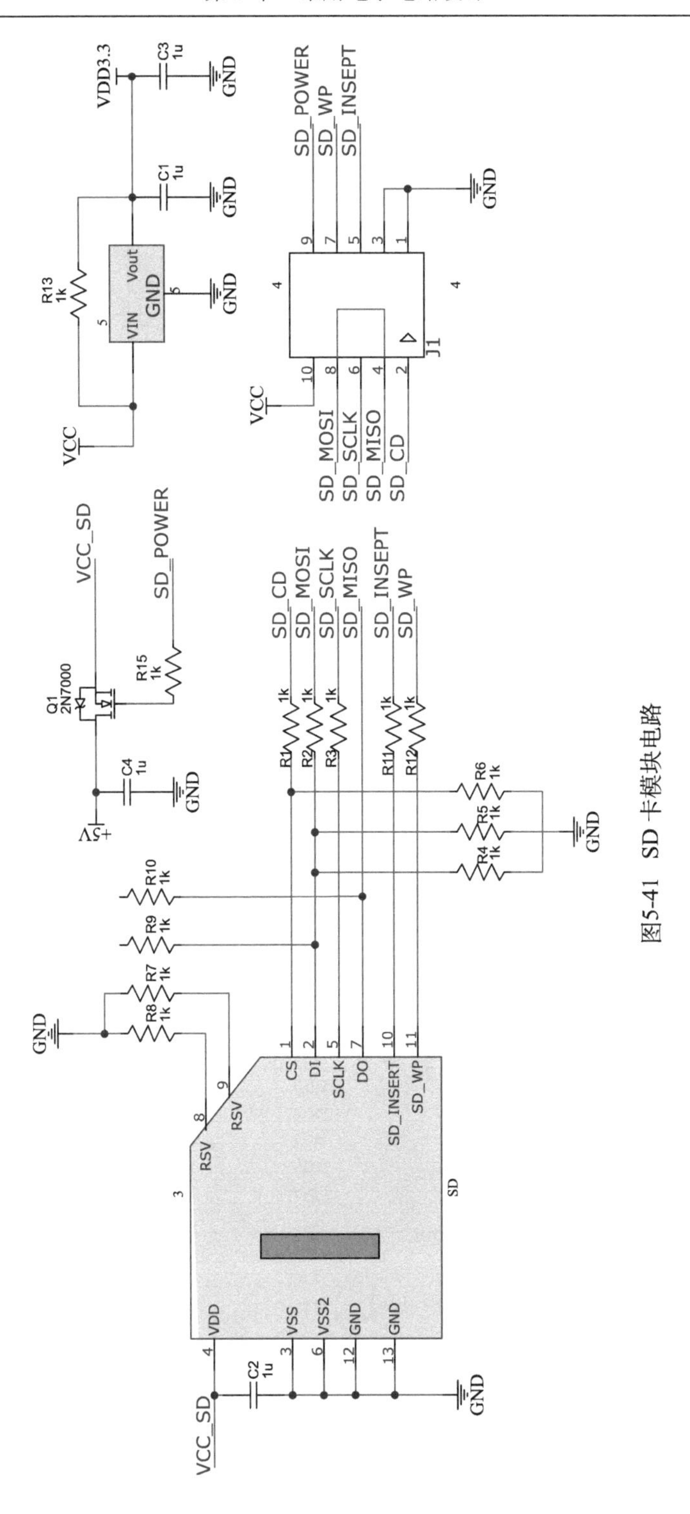

图5-41　SD 卡模块电路

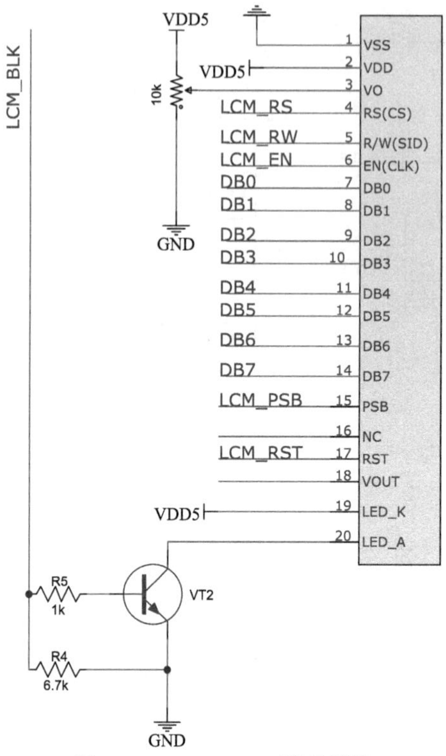

图 5-42　LCM12864 液晶模块

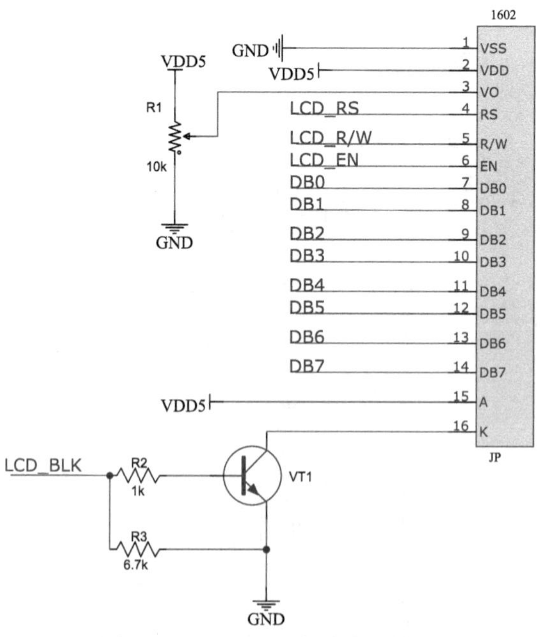

图 5-43　LCD1602 字符液晶模块

9. 全双工 RS485 电路(带保护功能)

图 5-44 为全双工 RS485 电路，带有保护功能，全双工 4 线通信模式，适合远距离通信用。

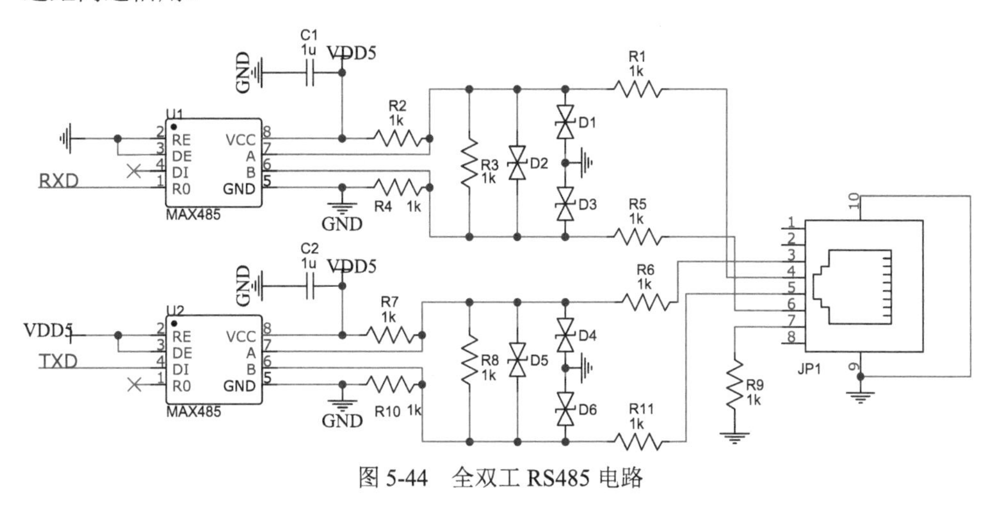

图 5-44　全双工 RS485 电路

10. RS485 半双工通信模块

图 5-45 为 RS485 半双工通信模块，可以通过选择端口选择数据的传输方向，该模块带保护功能。此模块只能工作在 5V。本模块采用半双工 485，只能带 32 个分控模块。

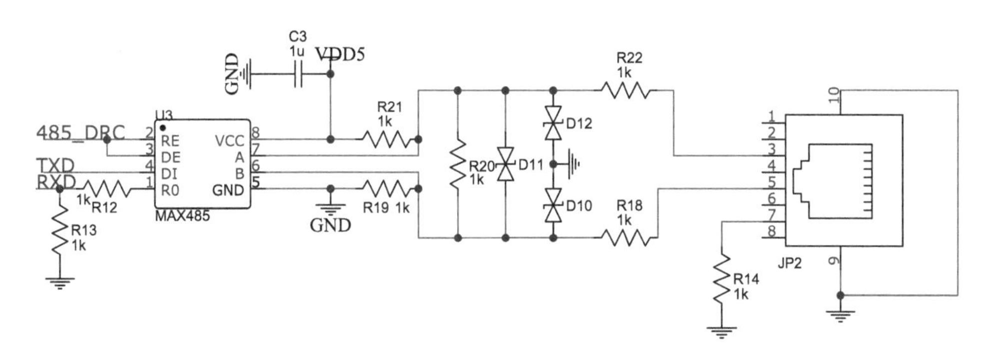

图 5-45　RS485 半双工通信模块

11. ARM JTAG 仿真接口电路

图 5-46 为 ARM JTAG 仿真接口电路，比较完善，可以应用在常规的 ARM 芯

片下，具有自动下载功能，可以用 JLINK 或 ULINK。

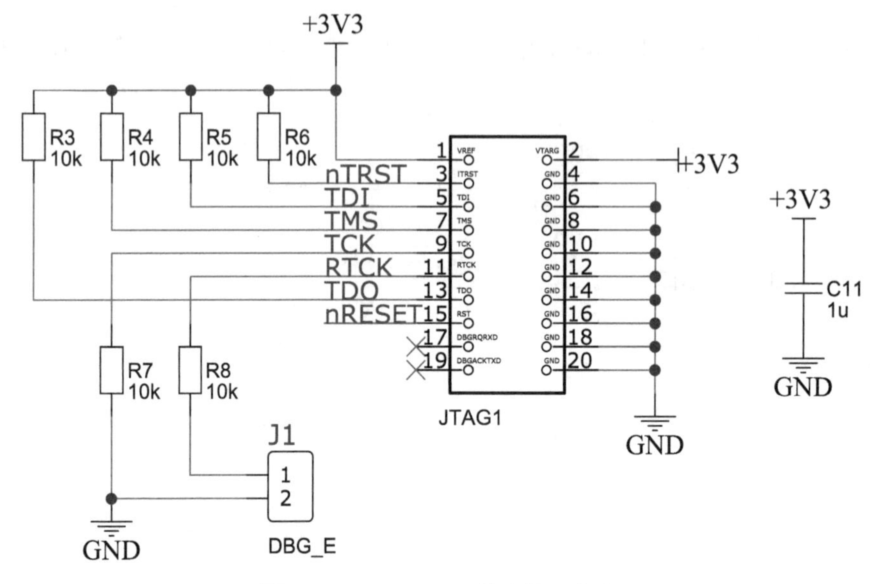

图 5-46　ARM JTAG 仿真接口电路

12. 5V 电源模块

图 5-47 是 5V 电源模块，这个电路比较简单，如果用直插电源，电流可以达到 1.5A，如果用贴片电源，电流可以到达 1A。

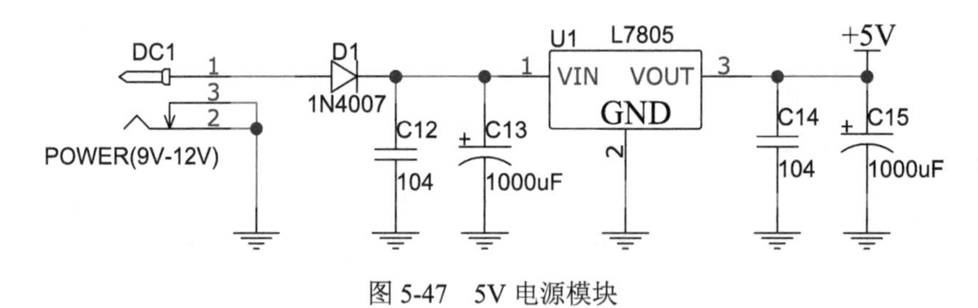

图 5-47　5V 电源模块

13. 3.3V 电源模块

图 5-48 为 3.3V 电源模块，电流可以到达 800mA，价格非常便宜，也有相应的 1.8/1.2 的芯片，可以直接替换。

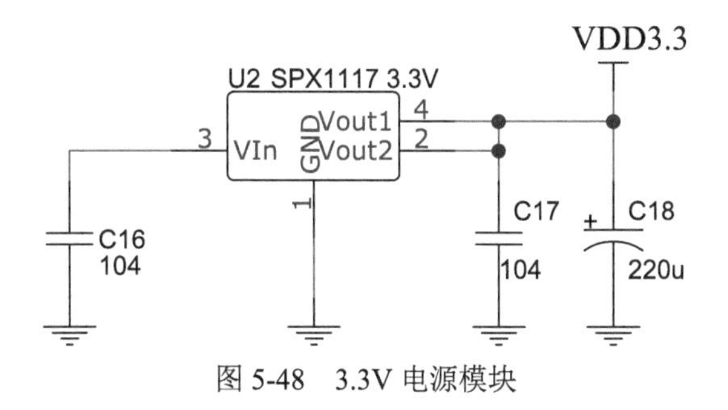

图 5-48　3.3V 电源模块

14. 常用开关电源

图 5-49 电路采用 LM2596S-5.0 开关电源设计，电流可以达到 3A，可以通过更换同一系列的 IC，得到不同的电流或电压输出，电感做相应改变。

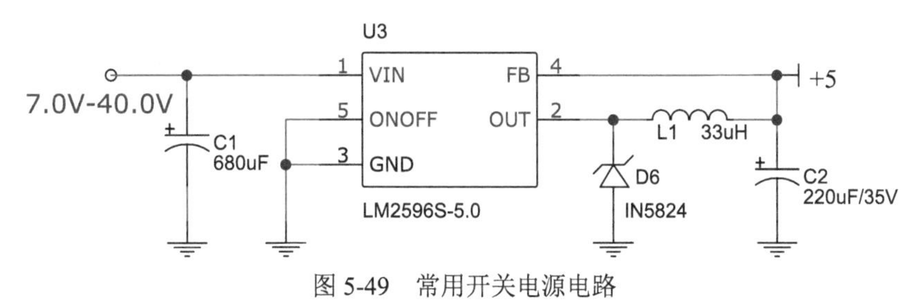

图 5-49　常用开关电源电路

15. DS1302 数字时钟

图 5-50 为一款非常普及的时钟电路，好用，成本低。本模块工作电压为 2～5.5V，模块中必须有上拉电阻，取值一般为 10kΩ。

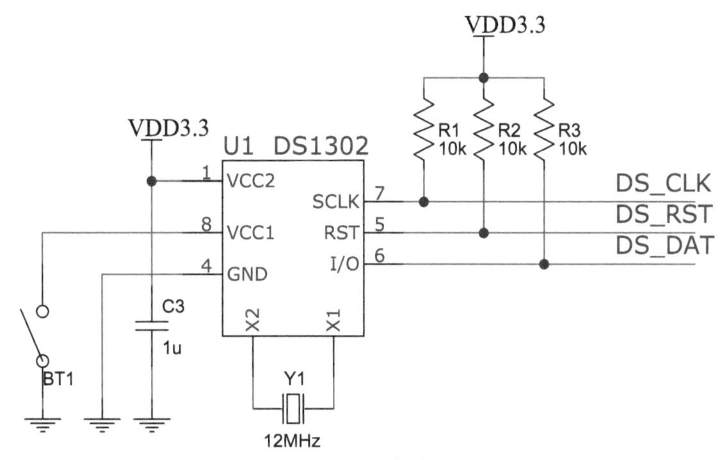

图 5-50　DS1302 数字时钟电路

16. AT24C02(EEPROM)电路

图 5-51 为最常用的 EEPROM 电路。工作电压为 1.8～6.0V，上拉电阻是必要的，一般取值为(1kΩ 或 10kΩ)，容量为 400kB 时上拉电阻取 1kΩ，容量为 100kB 时，上拉电阻可以选择 5.1kΩ 或 10kΩ。

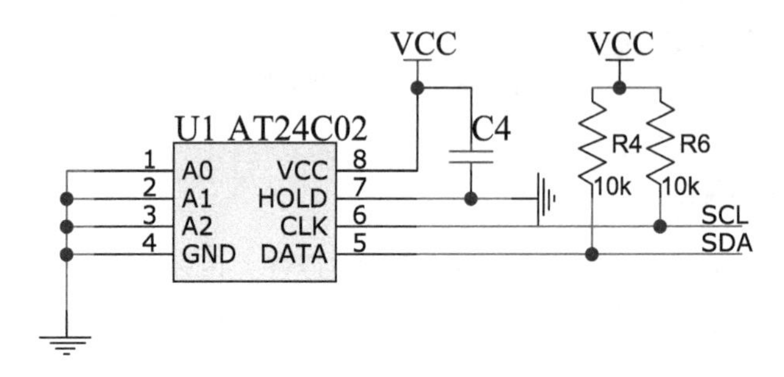

图 5-51　AT24C02(EEPROM)电路

17. 蜂鸣器驱动电路

图 5-52 是蜂鸣器驱动电路，这个电路比较简单。

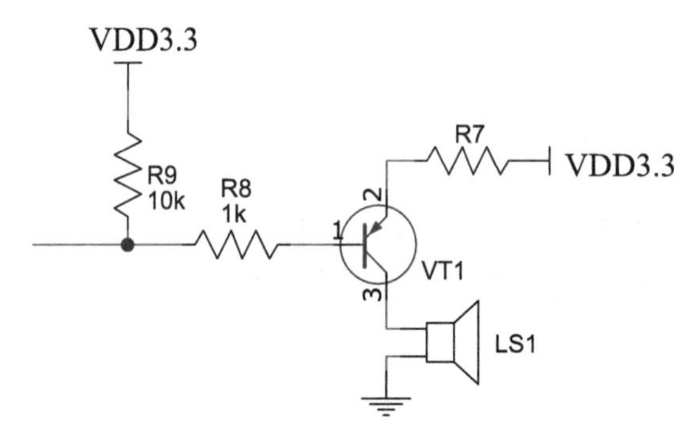

图 5-52　蜂鸣器驱动电路

第 6 章　传感器及其应用

6.1　温湿度传感器及其应用设计

1. 温湿度测量电路

如图 6-1 所示，DHT_{11} 的供电电压为 3～5.5V，传感器上电后，要等待 1s 以越过不稳定状态，在此期间无须发送任何指令。电源引脚(VDD，GND)之间可增加一个 100nF 的电容，用以去耦滤波。数据用于微处理器与 DHT_{11} 之间的通信和同步，采用单总线数据格式，一次通信时间为 4ms 左右，数据分小数部分和整数部分。本电路上拉电阻为 5kΩ，数据端接 P1.7(接受温湿度数据)。

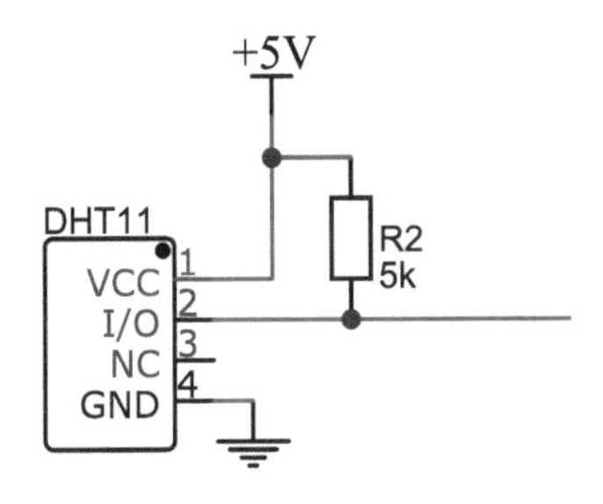

图 6-1　温湿度测量电路

2. 显示电路

如图 6-2 所示，本电路由四位一体共阳极数码管显示，采用 9015 三极管做位驱动。根据发光二极管物理连接的不同，七段数码管可以分为共阴极和共阳极两种结构。其中，P00 端口为段选，P20～P23 为位选。

3. 按键电路

单片机设计中按键可分为独立式按键和矩阵式按键，本系统由于按键较少，故采用四个独立按键，如图 6-3 所示。上拉电阻为 1kΩ。其中，四个按键功能分别是显示温度、显示湿度、实时监控显示温湿度、测试温湿度。

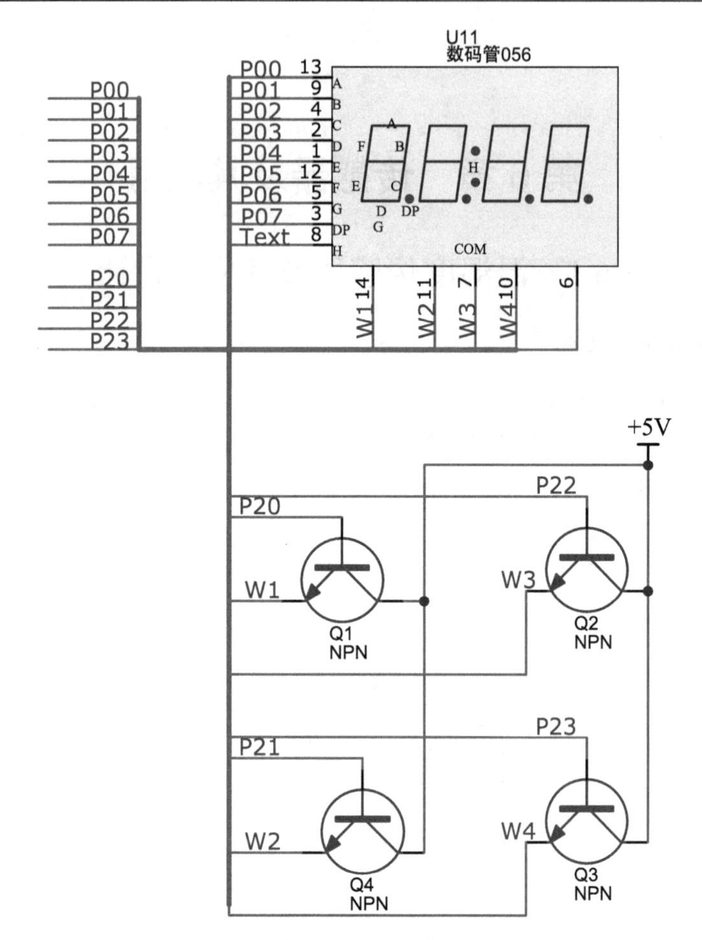

图 6-2　显示电路

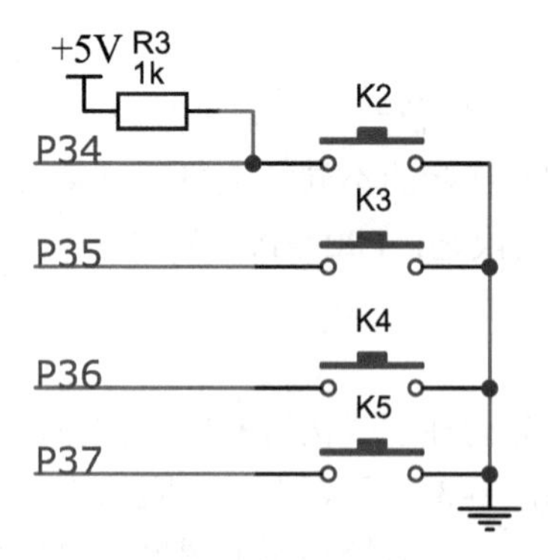

图 6-3　按键电路

4. 系统整体电路图

系统整体电路图如图6-4所示。

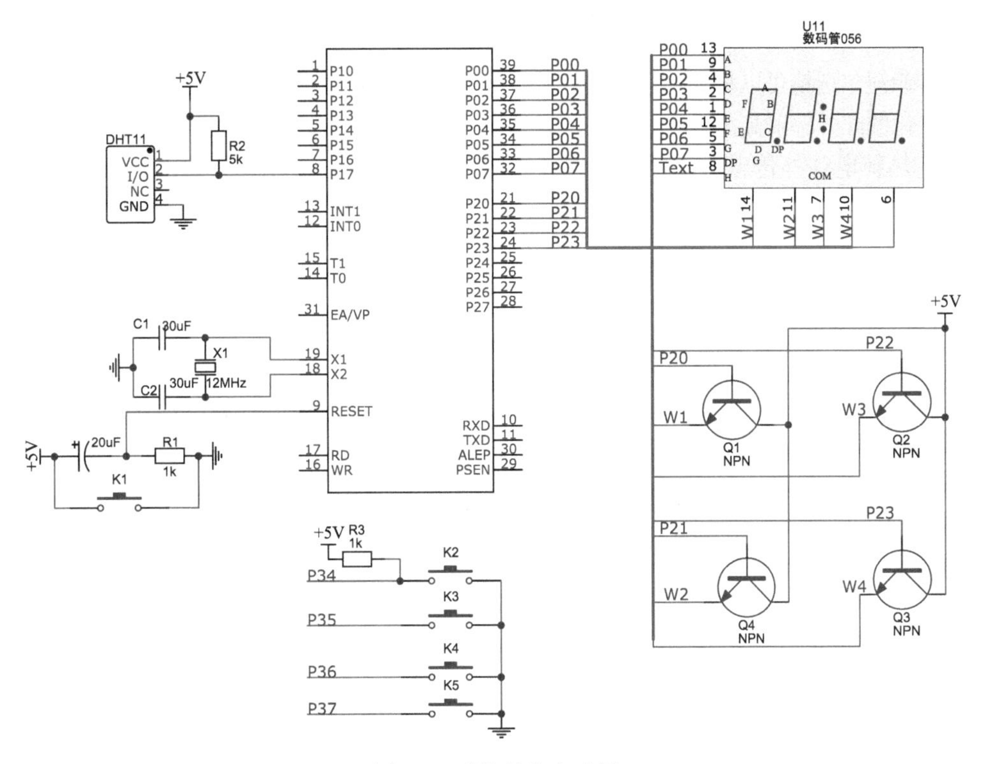

图6-4 系统整体电路图

6.2 热释电红外报警器及其应用设计

该报警器主要由热释电红外传感器及其检测电路、报警电路组成。热释电红外传感器是报警器设计中的核心器件，它可把人体的红外信号转换为电信号以供信号处理部分使用。检测电路主要是把传感器输出的微弱电信号进行放大、滤波、延迟、比较，从而实现报警功能。

热释电红外报警器主要由光学系统、热释电红外传感器、信号处理和报警电路等几部分组成。图6-5所示的是将待测目标、光学系统(菲涅尔透镜)、热释电红外传感器等相结合使用时的系统整体框图。

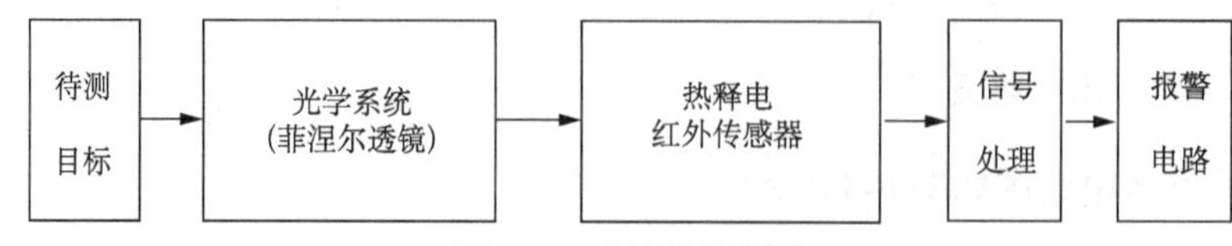

图 6-5　系统整体框图

菲涅尔透镜可以将人体辐射的红外线聚焦到热释电红外探测元上，同时也产生交替变化的红外辐射高灵敏区和盲区，以适应热释电探测元要求信号不断变化的特性。

热释电红外传感器是报警器设计中的核心器件，它可以把人体的红外信号转换为电信号以供信号处理部分使用。

信号处理主要是把传感器输出的微弱电信号进行放大、滤波、延迟、比较，为报警功能的实现打下基础。

1. 热释电红外传感器

热释电红外传感器能以非接触形式检测出人体辐射的红外线，并将其转变为电压信号，同时，它还能鉴别出运动的生物与其他非生物。热释电红外传感器既可用于防盗报警装置，也可以用于自动控制、接近开关、遥测等领域。

热释电红外传感器的内部由敏感元件、场效应管、高阻电阻、滤光片等组成，并向壳内充入氮气封装起来。

2. BISS0001 红外传感信号处理器

BISS0001 红外传感信号处理器是由运算放大器、电压比较器、状态控制、延迟时间定时器、封锁时间定时器及参考电压源等构成的数模混合专用集成电路。可广泛应用于多种传感器和延时控制器。图 6-6 为其信号处理器的原理框图。

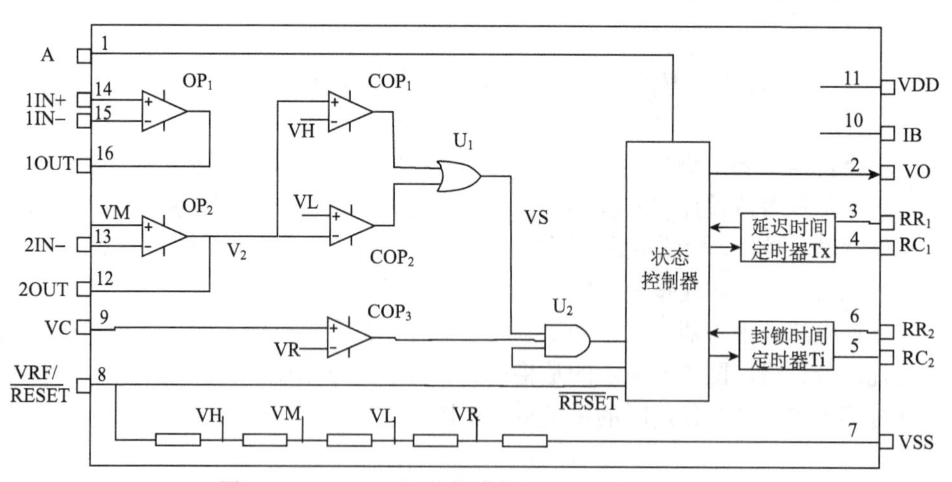

图 6-6　BISS0001 红外传感信号处理器的原理框图

3. 系统整体电路图

系统整体电路如图 6-7 所示。

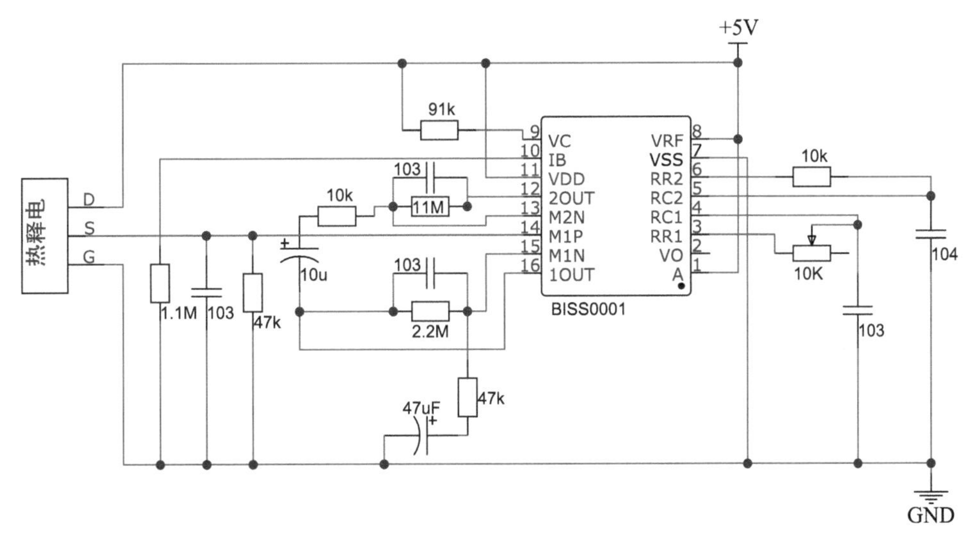

图 6-7　系统整体电路

6.3　超声波传感器及其应用设计

超声波测距是通过超声波发射器向某一方向发射超声波，在发射的同时开始计时，超声波在空气中传播时碰到障碍物就立即返回来，超声波接收器收到反射波就立即停止计时。超声波在空气中的传播速度为 v，而根据计时器记录的测出发射和接收回波的时间差 Δt，就可以计算出发射点距障碍物的距离 S 。

基于单片机的超声波测距仪框图如图 6-8 所示。该系统由单片机定时器产生 40kHz 的频率信号、超声波传感器、接收处理电路和显示电路等构成。单片机是整个系统的核心部件，它协调和控制各部分电路的工作。工作过程：开机、单片机复位，然后控制程序使单片机输出载波为 40kHz 的 10 个脉冲信号加到超声波传感器上，使超声波发射器发射超声波。当第一个超声波脉冲群发射结束后，单片机片内计数器开始计数，在检测到第一个回波脉冲的瞬间，计数器停止计数，这样就得到了从发射到接收的时间差 Δt，就可以计算出被测距离，由显示装置显示出来。

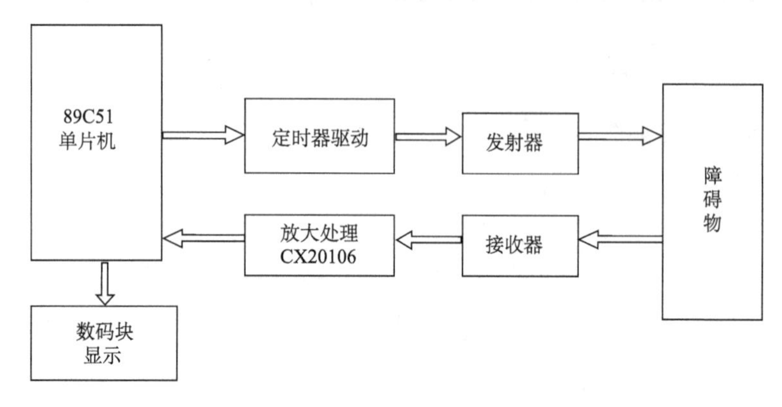

图 6-8　基于单片机的超声波测距仪框图

1. 超声波发射电路

超声波发射电路如图 6-9 所示，89C51 通过外部引脚 P1.0 输出脉冲宽度为 250μs，40kHz 的 10 个脉冲串通过超声波驱动电路以推挽方式加到超声波传感器而发射出超声波。由于超声波的传播距离与它的振幅成正比，为了使测距范围足够远，可对振荡信号进行功率放大后再加在超声波传感器上。

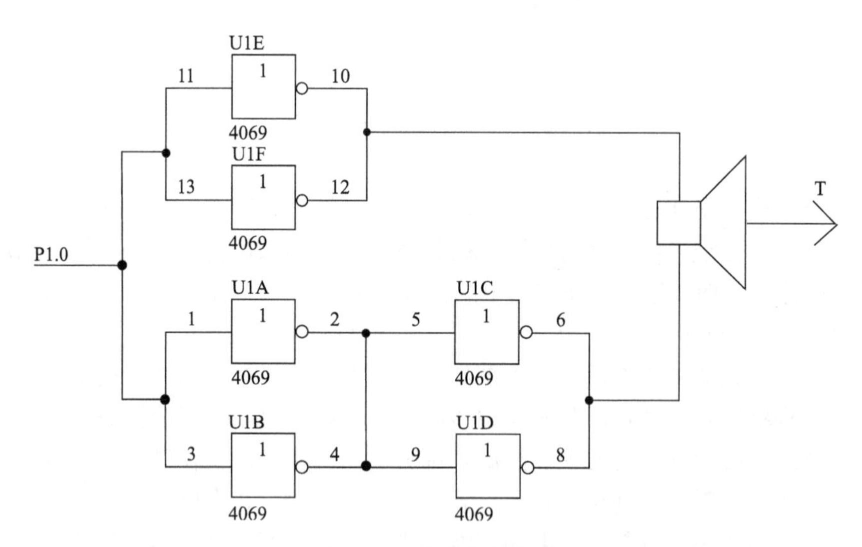

图 6-9　超声波发射电路

图 6-9 中 T 为超声波传感器，是超声波测距系统中的重要器件。利用逆压电效应将加在其上的电信号转换为超声机械波向外辐射；利用压电效应可以将作用在它上面的机械振动转换为相应的电信号，从而起到能量转换的作用。市售的超声波传感器有专用型和兼用型，专用型就是发送器用作发送超声波，接收器用作

接收超声波；兼用型就是收发一体，只有一个传感器头，具有发送和接收声波的双重作用，称为可逆元件。

2. 超声波接收电路

超声波接收及信号处理电路是此系统设计和调试的一个难点。超声波接收器接收反射的超声波转换为 40kHz 毫伏级的电压信号，需要经过放大、处理、用于触发单片机中断 INT0。一方面传感器输出信号微弱，同时根据反射条件不同，信号大小变化较大，需要放大倍数为 100～5000 倍；另一方面传感器输出阻抗较大，这就需要高输入阻抗的多级放大电路，这就会引入两个问题：高输入阻抗容易接收干扰信号，同时多级放大电路容易自激振荡。SONY 公司的专用集成前置放大器 CX20106 达到了比较好的效果。

CX20106 由前置放大器、限幅放大器、带通滤波器、峰值滤波器、积分比较器、整形输出电路组成，其中，前置放大器具有自动增益控制功能，可以保证在超声波传感器接收较远反射信号输出微弱电压时放大器有较高的增益，在近距离输入信号强时放大器不会过载。其带通滤波器中心频率可由芯片引脚 5 的外接电阻调节。其主要指标：单电源 5V 供电，电压增益为 77～79dB，输入阻抗为 27kΩ，滤波器中心频率为 30～60kHz。功能可描述为: 在接收到与滤波器中心频率相符的信号时，其输出引脚 7 输出低电平。芯片中的带通滤波器、积分器等使得它抗干扰能力很强。

CX20106 采用引脚 8 单列直插式塑料封装，内部结构框图如图 6-10 所示。超声波接收器能将接收到的发射电路所发射的红外光信号转换成数十伏至数百伏的电信号，送到 CX20106 的引脚①，CX20106 的总放大增益约为 80dB，以确保其引脚⑦输出的控制脉冲序列信号幅度在 3.5～5V 范围内。总增益大小由引脚②外接的 R_1、C_1 决定，R_1 越小或 C_1 越大，增益越高。C_1 取值过大时将造成频率响应变差，通常取为 1μF。C_2 为检波电容，一般取 3.3μF。CX20106 采用峰值检波方式，当 C_2 容量较大时将变成平均值检波，瞬态响应灵敏度会变低，C_2 较小时虽然仍为峰值检波，且瞬态响应灵敏度很高，但检波输出脉冲宽度会发生较大变动，容易造成解调出错而产生误操作。R_2 为带通滤波器中心频率 f_0 的外部电阻，改变 R_2 的阻值，可改变载波信号的接收频率，当 f_0 偏离载波频率时，放大增益会显著下降，C_3 为积分电容，一般取 330pF，取值过大，虽然可使抗干扰能力增强，但也会使输出编码脉冲的低电平持续时间增长，造成遥控距离变短。引脚⑦为输出端，CX20106 处理后的脉冲信号由引脚⑦输出给单片机处理从而获得显示输出。

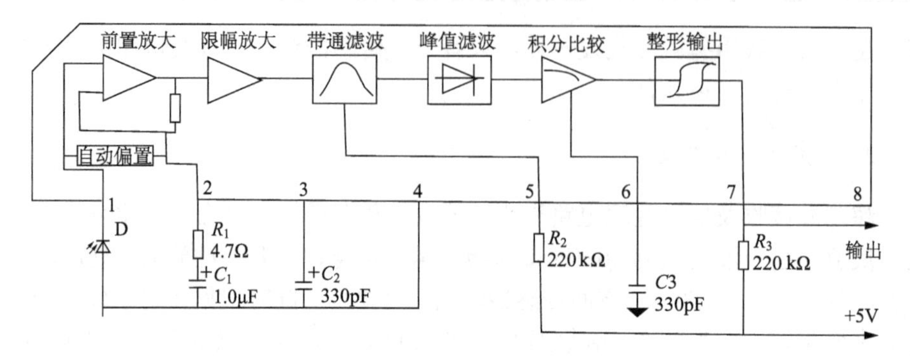

图 6-10　CX20106 内部结构框图

本系统中应用的接收电路如图 6-11 所示。

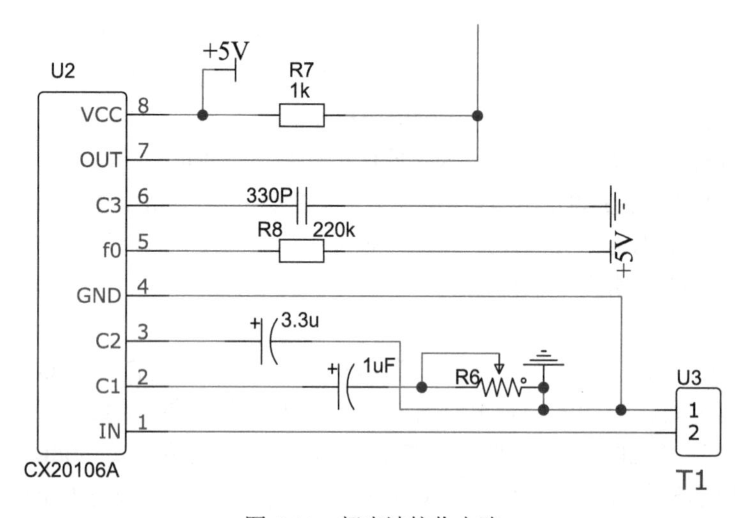

图 6-11　超声波接收电路

3. 距离显示电路

超声波显示电路如图 6-12 所示。该电路利用单片机的串行输出，只用单片机的 TXD、RXD 端即可显示数字。

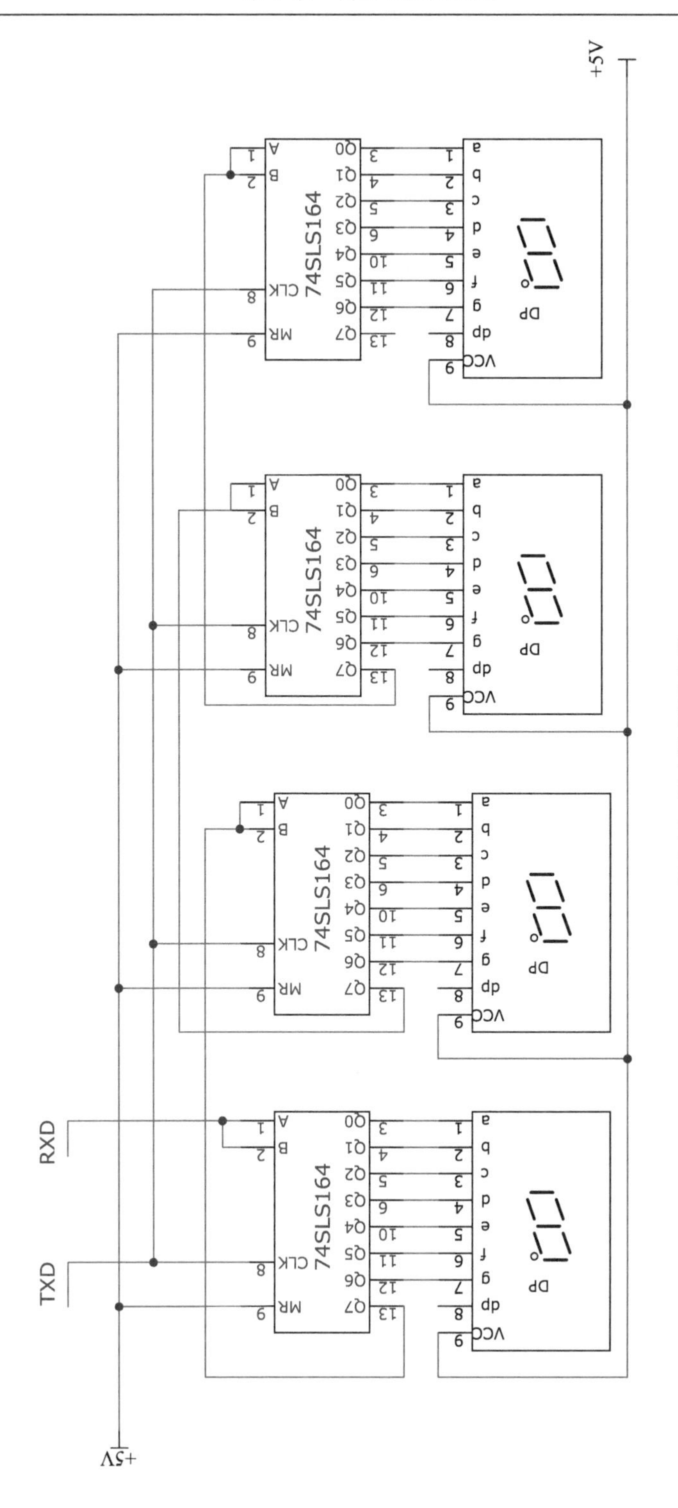

图6-12　超声波显示电路

6.4　MQ-2 烟雾传感器及其应用设计

设计烟雾传感器采用 MQ-2，在可燃气体或烟雾中，MQ-2 烟雾传感器的电阻会有相应的变化，MQ-2 气敏元件由微型 AL_2O_3 陶瓷管、SnO_2 敏感层，测量电极和加热器构成的敏感元件固定在塑料或不锈钢制成的腔体内，加热器为气敏元件提供了必要的工作条件。封装好的气敏元件有 6 只针状引脚，其中 4 个用于信号取出，2 个用于提供加热电流。

由于有烟雾或有害气体产生时，引起传感器变化的是电阻，所以用图 6-13 所示的驱动电路就可以将非电信号转换成电压。H 两端接到电源的两端起预热的作用。

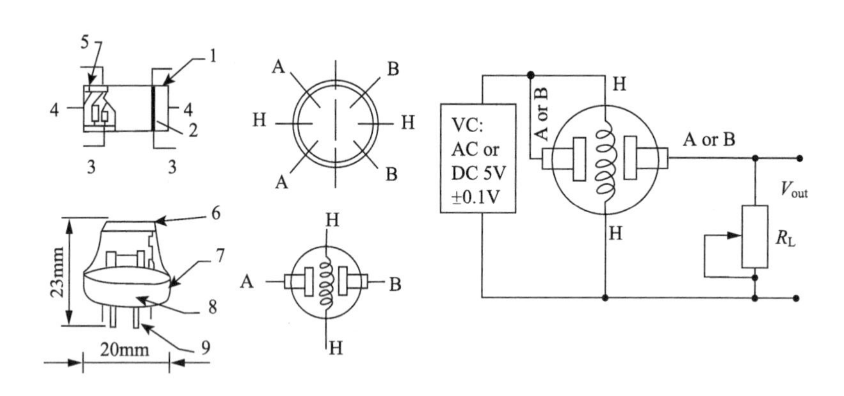

图 6-13　典型应用电路

当采集到电压后就可以用 A/D 转换器将模拟量转换为数字量，显示出来，如图 6-14 所示。调节滑动变阻器模拟烟雾传感器检测到有害气体，电压变小，如图 6-15 所示；经过校准就可以准确地显示烟雾或者可燃气体的浓度。

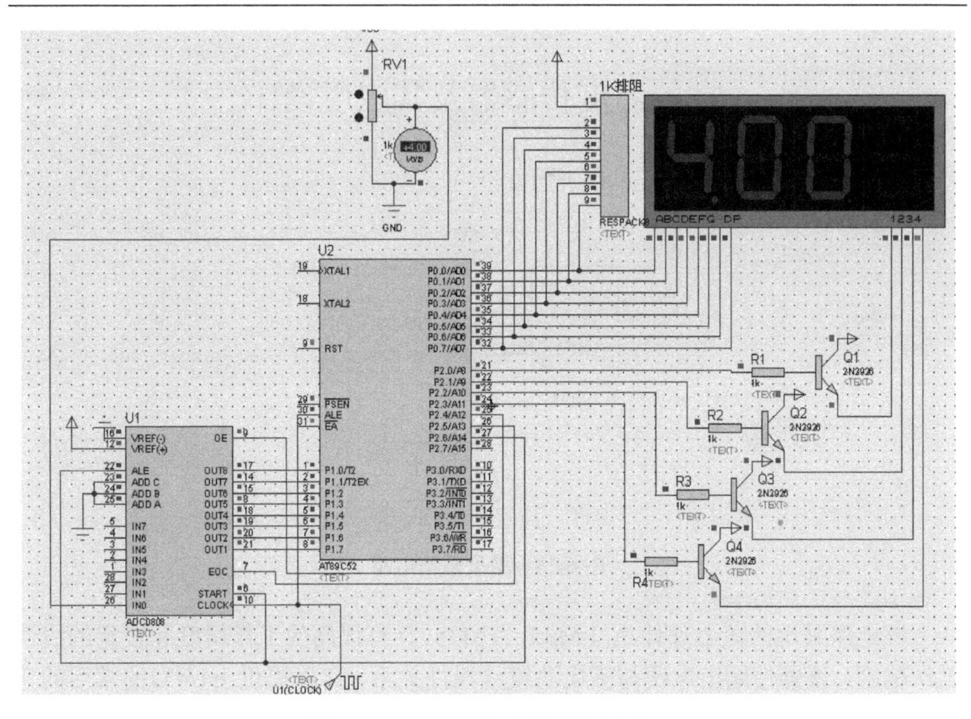

图 6-14　Protues 仿真图当前电压 4V

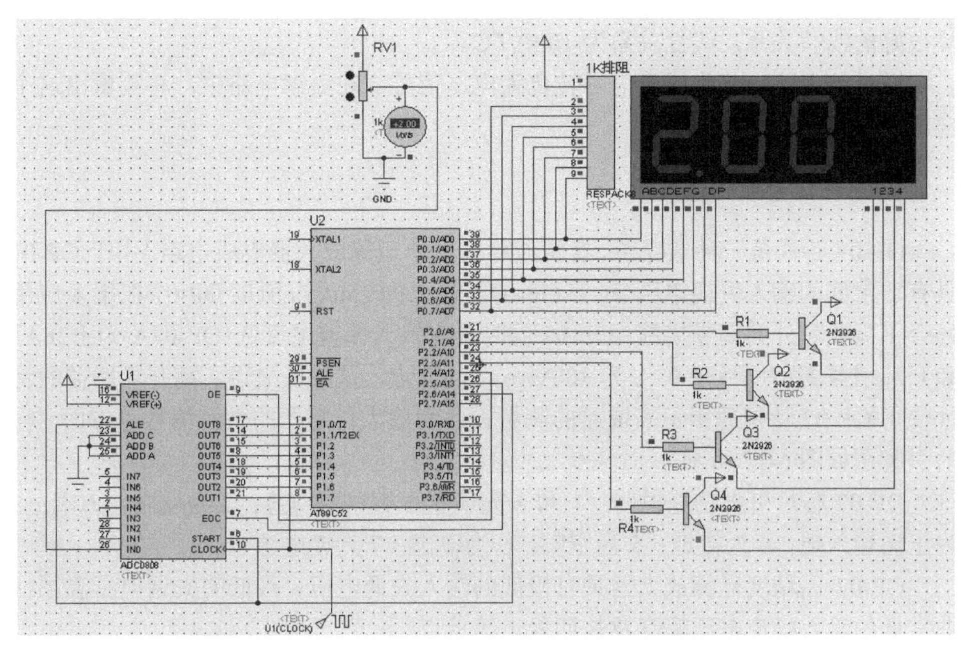

图 6-15　调节滑动变阻器模拟烟雾传感器检测到有害气体

6.5　温度传感器及其应用设计

温度采集电路设计如图 6-16 所示。

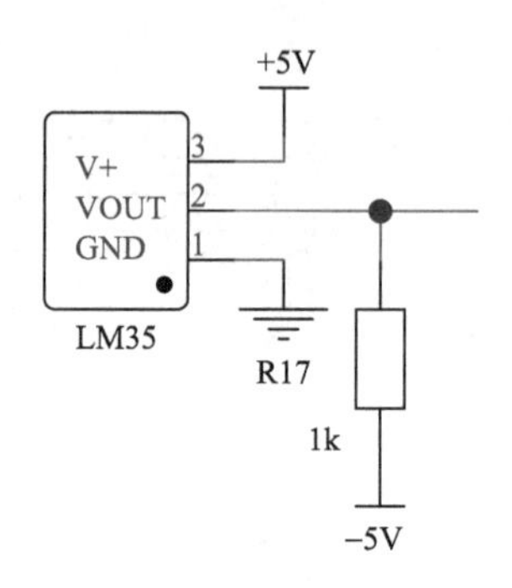

图 6-16　温度采集电路

该电路采用的核心部件是 LM35，LM35 具有很高的工作精度和较宽的线性工作范围，该器件输出电压与摄氏温度呈线性关系，可以提供±1/4℃的常用的室温精度。LM35 供电电压为双电源供电模式，采用直流+5V 和–5V 供电，工作电流约为 120μA，功耗极低。输出电压有标识 TOUT 线输出，其输出电压值与温度呈很好的线性关系，线性关系为 10mV/℃。

通过该电路，就将温度信号转化为电压信号，在后续电路中，将测量出这个电压值并显示出来。

1. 温度信号处理电路

OP-07 芯片是一种低噪声、非斩波稳零的单运算放大器集成电路。由于 OP-07 具有非常低的输入失调电压(对于 OP-07A 最大为 25μV)，所以 OP-07 在很多应用场合不需要额外的调零措施。OP-07 同时具有输入偏置电流低(OP-07A 为±2nA)和开环增益高(对于 OP-07A 为 300V/mV)的特点，这种低失调、高开环增益的特性使得 OP-07 特别适用于高增益的测量设备和放大传感器的微弱信号等方面。它的引脚图如图 6-17 所示。

OP-07 芯片引脚功能说明：1 和 8 为偏置平衡(调零端)；2 为反向输入端；3 为正向输入端；4 为接地；5 为空脚；6 为输出；7 为接电源+。

OP-07 高精度运算放大器具有极低的输入失调电压、极低的失调电压温漂、非常低的输入噪声电压幅度及长期稳定等特点。

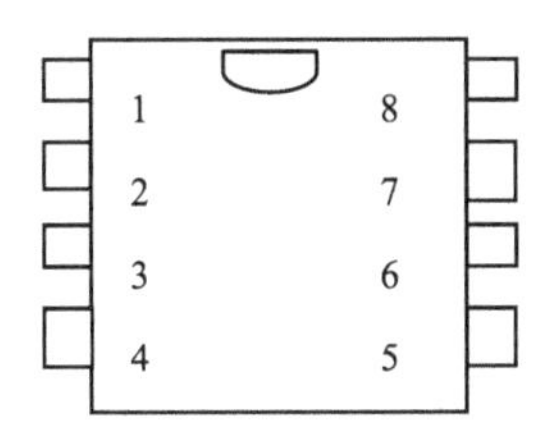

图 6-17　OP-07 引脚图

由 LM35 和 OP-07 组成的信号处理电路如图 6-18 所示。

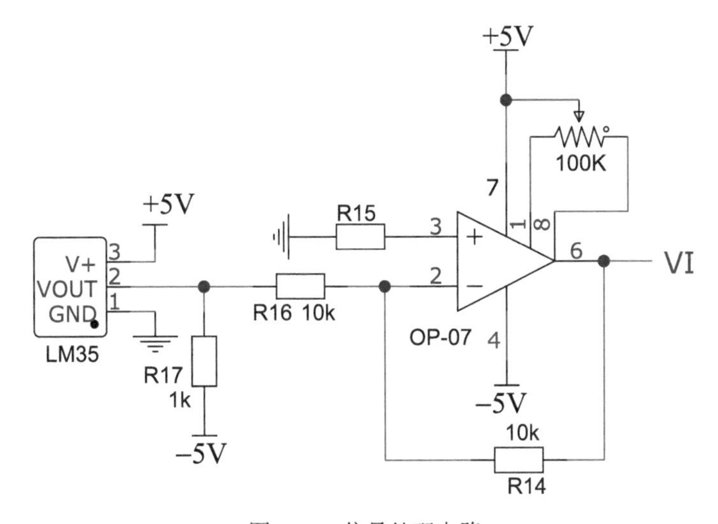

图 6-18　信号处理电路

2. 电阻衰减网络

当需要将量程扩大 10 倍时，只需要简单的两个阻值为 1∶9 的电阻即可。具体电路如图 6-19 所示。

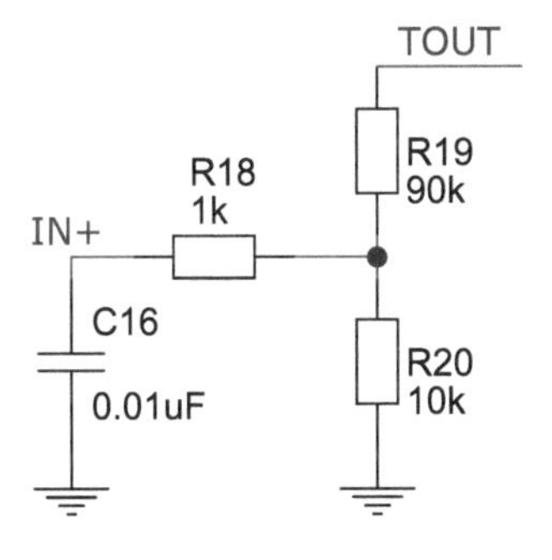

图 6-19　电阻衰减网络电路

TOUT 即 LM35 采集到的温度信号(电压的形式)，通过电阻衰减网络，即可将电压降到原来的 1/10，从而使得 ICL7107 的量程扩大十倍。

3. 数码管显示电路

由于用 ICL7107 直接驱动共阳极数码管,因此数码管显示无须外加驱动电路。数码管显示电路如 6-20 所示。

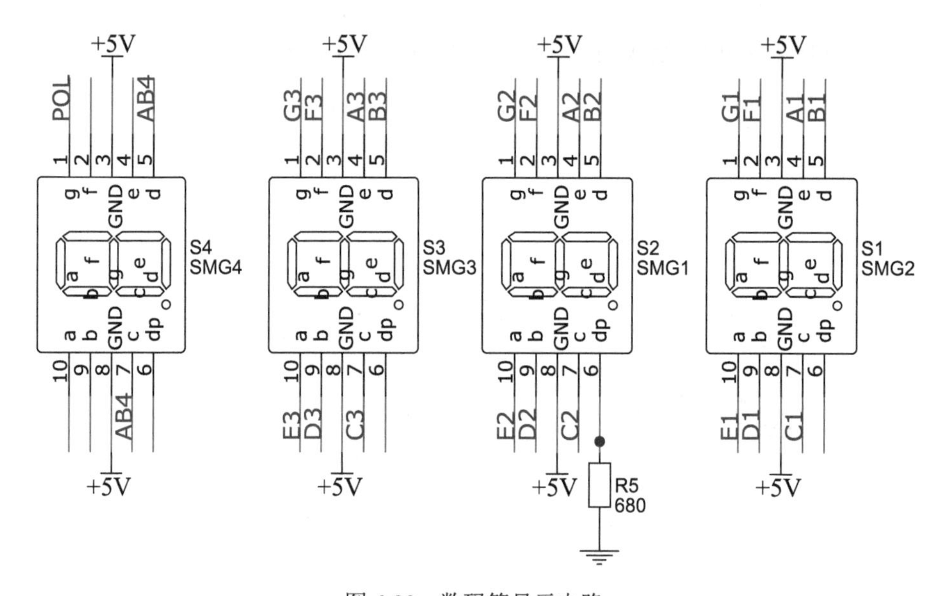

图 6-20　数码管显示电路

图 6-20 中 R_5 和 GND 是为了显示一个小数点，由于量程为 2V，当温度为 150℃时，显示为 1500，而此时的温度为 150℃，因此小数点应该在 S_2 数码管显示。

4. 系统总体电路图

系统总体电路图如图 6-21 所示。

6.6　ICL7107 传感器

A/D 转换的核心芯片是 ICL7107，ICL7107 是高性能、低功耗的三位半 A/D 转换器，同时包含七段译码器、显示驱动器、参考源和时钟系统。ICL7107 可直接驱动共阳极 LED 数码管。ICL7107 将高精度、通用性和真正的低成本很好地结合在一起，它有低于 10μV 的自动校零功能，零漂小于 1μV/℃，低于 10pA 的输入电流，极性转换误差小于一个字。真正的差动输入和差动参考源在各种系统中都很有用。在用于测量负载单元、压力规管和其他桥式传感器时会有更突出的特点。

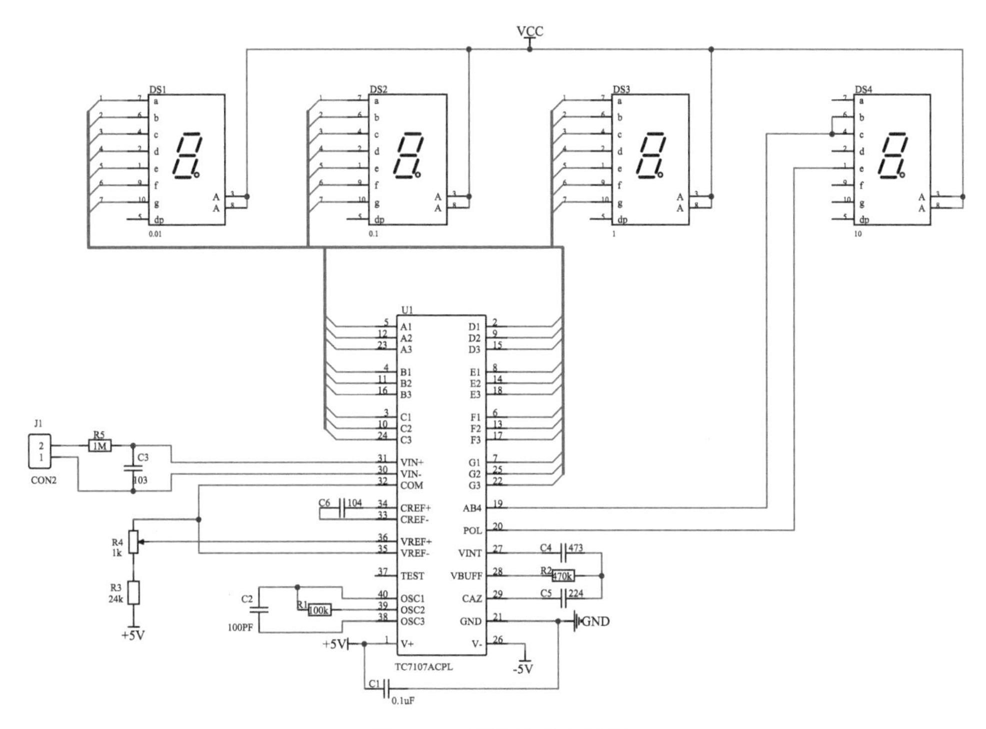

图 6-21　系统总体电路图

ICL7107 传感器原理图如图 6-22 所示。其中，计数器对反向积分过程的时钟脉冲进行计数。控制逻辑包括分频器、译码器、相位驱动器、控制器和锁存器。

驱动器是将译码器输出对应于共阳极数码管七段笔画的逻辑电平变成驱动相应笔画的方波。

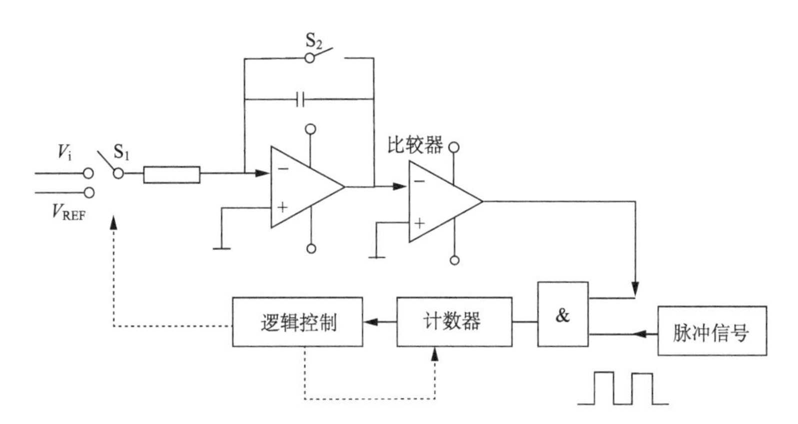

图 6-22　ICL7107 传感器原理图

控制器的作用有三个：

识别积分器的工作状态，适时发出控制信号，使各模拟开关接通或断开，A/D转换器能循环进行。

识别输入电压极性，控制 LED 数码管的显示。

当输入电压超量限时，发出溢出信号，使千位显示“1”，其余码全部熄灭。

锁存器用来存放 A/D 转换的结果，锁存器的输出经译码器后驱动 LED 。它的每个测量周期包括自动调零（AZ）、信号积分（INT）和反向积分（DE）三个阶段。

双积分型 A/D 转换器的电压波形图如图 6-23 所示。

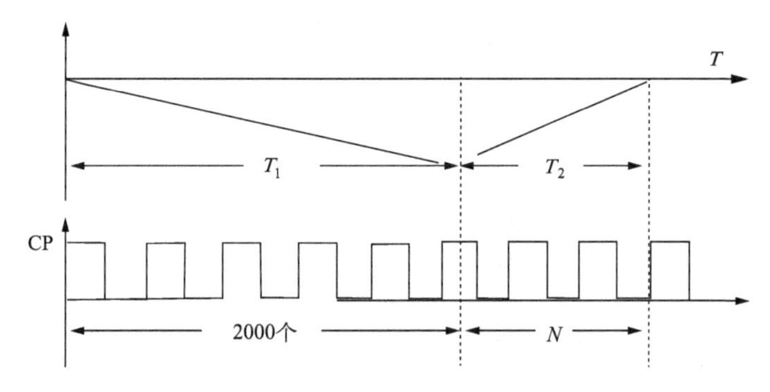

图 6-23　双积分型 A/D 转换器的电压波形图

总之，ICL7107 是集 A/D 转换和译码器为一体的芯片，而且这个芯片能够驱动三个数码管工作而不需要更多的译码器，这给我们连接电路或者分析电路提供了一定的方便。ICL7107 芯片的引脚比较多，每一个引脚所代表的功能也各不相同，能够组成各种电路，如积分电路。

ICL7107 的各引脚连接如图 6-24 所示。

各引脚功能简单介绍如下：

1 脚，正电源端，接直流+5V；

2～20 脚、22～25 脚，接相应的数码管；

21 脚，接 GND；

26 脚，负电源端，接直流–5V；

27 脚，积分器输出端，外接积分电容 C（一般取 C=0.22μF）；

28 脚，输入缓冲放大器的输入端。外接积分电阻 R（一般取 R=47kΩ）；

29 脚，积分器和比较器的反向输入端，接自校零电容 C（一般取 C=0.47μF）；

30、31 脚，模拟量输入端；

32 脚，模拟信号公共端；

33、34 脚，基准电容端；

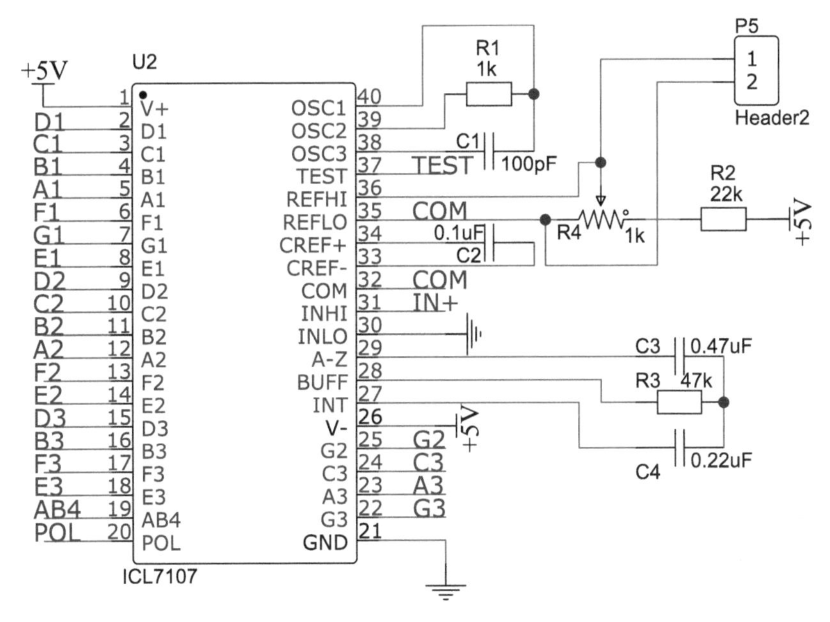

图 6-24　ICL7107 各引脚连接图

35、36 脚，基准正负电压端。

37 脚，测试端。

38、39、40 脚，产生时钟脉冲的振荡器的引出端，外接 R、C 元件。

通过如图 6-24 所示的连接，若将 P_5 两端(即 35 脚和 36 脚)之间的电压调节至 100mV，则其测量电压的量程为 0～200mV。这样一个 200mV 量程的电压测量仪就实现了。

参 考 文 献

华成英, 童诗白, 2006. 模拟电子技术基础[M]. 4 版. 北京: 高等教育出版社.
李敬伟, 段维莲, 2005. 电子工艺训练教程[M]. 北京: 电子工业出版社.
汪明添, 2008. 电子元器件[M]. 北京: 北京航空航天大学出版社.
阎石, 2006. 数字电子技术基础[M]. 5 版. 北京: 高等教育出版社.